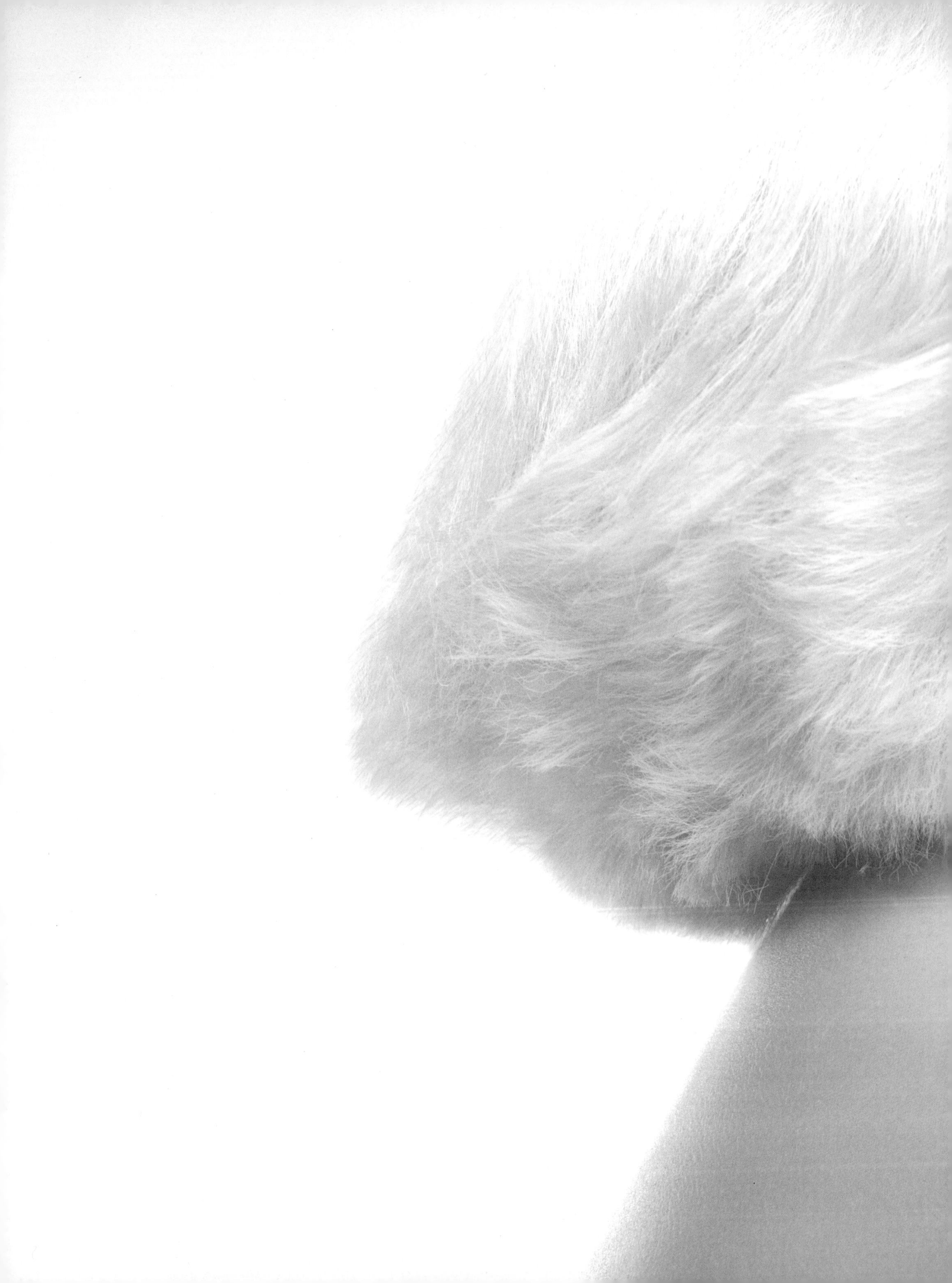

교육역량 강화를 위한

BASIC HAIR CUT

베이직 헤어커트

메디시인

머리말

최근 우리나라는 모든 기술직종에서 국가직무능력표준(NCS, National Competency Standards)을 제정하여 산업현장에서 성공적이고도 효율적인 직무수행 능력을 갖도록 필요한 지식과 기술, 그리고 소양 등을 체계화하여 기술 및 학습 교육의 표준화를 이루었습니다.

이 책은 이에 준거하여 NCS 능력단위 중 베이직 헤어커트 원랭스 헤어커트 〈1201010128_17v4〉, 그래쥬에이션 헤어커트 〈1201010131_17v4〉, 레이어 헤어커트 〈1201010132_ 19v5〉를 완벽하게 실행할 수 있도록, NCS 기반 베이직 헤어커트의 교과목 정리와 다양한 기본 헤어커트 이해와 실습으로 나누었고, 실습 사진을 세세히 촬영, 수록하여 학생들로 하여금 자세하고도 쉽게 이해하게 하려는 의도에서 집필 · 개정되었습니다.

이와 같이 베이직 헤어커트 준비에서 헤어커트 도구사용 및 원랭스, 그래쥬에이션, 레이어 헤어커트, 기본 이해로부터 다양한 실습까지를 습득함으로써 산업현장에 나아가 베이직 헤어커트를 자신감 있게 시행하고 나아가 고객들에게 인정을 받도록 하는 것이 이 책의 목표입니다.

이 분야의 새로운 학습 모듈이 제시되는 등 시대에 따른 변화에도 연구를 게을리하지 않을 것을 약속드리며, 아울러 교수님들의 지도와 성원을 부탁드립니다.

끝으로 실습과 촬영에 적극적으로 참여해 주신 선생님들과 편집디자인에서 출판에 이르기까지 애써주신 메디시언 임직원들에게도 심심한 감사의 말씀을 드립니다.

신축년 삼월에

필자 대표 박 은 준

차례

Chapter 4. 원랭스 커트

Chapter 6. 레이어 커트

차례

Chapter 1

NCS 4, 5 수준 베이직 헤어커트

1. 교과목 PROFILE
2. NCS기반 강의계획서
3. 주차별 강의계획서

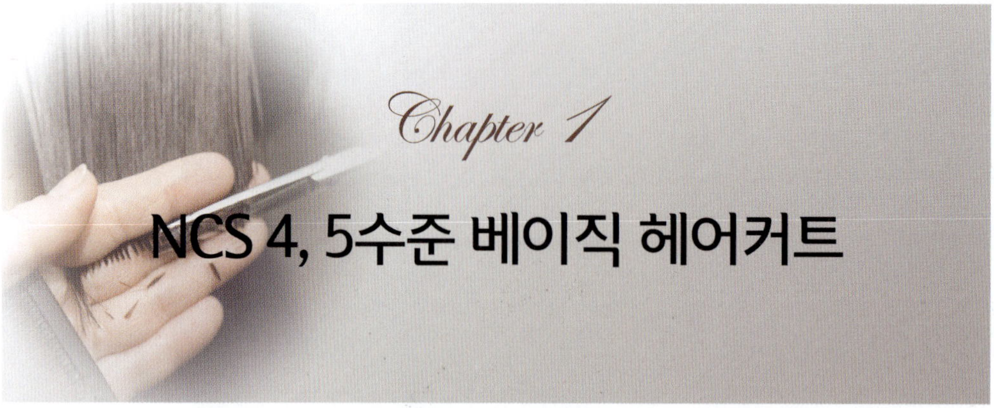

Chapter 1
NCS 4, 5수준 베이직 헤어커트

1. 교과목 PROFILE

대분류	중분류	소분류	세분류
숙박 · 여행 · 오락	이 · 미용	이 · 미용 서비스	헤어미용
능력단위 수준	4, 5수준		
능력단위 명칭	원랭스 헤어커트 〈1201010128_17v4〉 그래쥬에이션 헤어커트 〈1201010131_17v4〉 레이어 헤어커트 〈1201010132_19v5〉		
교과목표	1. 원랭스 헤어 커트란 층이 없는 형태의 헤어커트 스타일로 두상의 모든 모발을 동일선상에서 커트하는 능력이다. 2. 그래쥬에이션 헤어 커트란 모발에 층이 있는 형태의 헤어커트로 헤어스타일에 따라 원하는 부분에 볼륨형성을 목적으로 모발을 커트하는 능력이다. 3. 레이어 헤어 커트란 모발에 층이 있는 형태의 헤어커트로 가벼운 헤어스타일을 연출할 목적으로 모발을 커트하는 능력이다.		

능력단위 명칭	단원명 (능력단위 요소명)	교과내용
원랭스 헤어커트 〈1201010128_17v4〉	원랭스 헤어 커트하기 〈1201010128_ 17v4.1〉	1.1 고객에게 어깨보, 커트보 등을 착용해 줄 수 있다. 1.2 헤어커트 유형에 따라 모발의 수분 함량을 조절하거나 오염이 심한 모발은 사전 샴푸를 할 수 있다. 1.3 헤어커트 공간을 정리한 후 커트 목적에 따라 도구를 선택하여 바른 자세로 블런트 커트할 수 있다. 1.4 원랭스 스타일에 따라 블로킹과 섹션을 정확하게 구분하여 수평, 사선의 형태로 커트할 수 있다. 1.5 커트 후 균형 및 완성도를 체크할 수 있다.

능력단위 명칭	단원명 (능력단위 요소명)	교과내용
원랭스 헤어커트 〈1201010128_17v4〉	원랭스 헤어 커트 마무리하기 〈1201010128_ 17v4.2〉	2.1 고객의 얼굴과 목 등에 남아있는 머리카락을 제거할 수 있다. 2.2 헤어커트 후 고객 만족을 파악하여 필요한 경우 수정 및 보정커트를 할 수 있다. 2.3 헤어커트 후 원랭스 스타일에 따라 모발을 건조하여 마무리할 수 있다. 2.4 사용한 헤어커트 도구는 청결하게 관리하고 주변을 정리 · 정돈할 수 있다.
그래쥬에이션 헤어커트 〈1201010131_17v4〉	그래쥬에이션 헤어커트하기 〈1201010131_ 17v4.1〉	1.1 그래쥬에이션 스타일에 따른 블로킹과 섹션을 할 수 있다. 1.2 그래쥬에이션 스타일에 따른 빗질의 방향과 각도를 조절할 수 있다. 1.3 빗과 커트도구를 정확하게 사용하여 그래쥬에이션 커트를 할 수 있다. 1.4 모량조절이 필요한 부분에 틴닝 가위를 사용할 수 있다. 1.5 가위 또는 클리퍼를 사용하여 아웃라인을 정리할 수 있다.
	그래쥬에이션 헤어커트 마무리하기 〈1201010131_ 17v4.2〉	2.1 고객의 얼굴과 목 등의 머리카락을 제거할 수 있다. 2.2 헤어커트 후 고객 만족을 파악하여 필요한 경우 수정 및 보정 커트를 할 수 있다. 2.3 그래쥬에이션 커트에 어울리는 스타일로 마무리 할 수 있다. 2.4 사용한 헤어커트 도구는 청결하게 관리하고 주변을 정리 · 정돈할 수 있다.
레이어 헤어커트 〈1201010132_19v5〉	레이어 헤어커트하기 〈1201010132_ 19v5.1〉	1.1 레이어 헤어커트 스타일에 따른 블로킹과 섹션을 할 수 있다. 1.2 레이어 헤어커트 스타일에 따른 빗질의 방향과 각도를 조절할 수 있다. 1.3 헤어커트 빗과 가위를 정확하게 사용하여 레이어 커트를 할 수 있다. 1.4 모량조절이 필요한 부분에 틴닝 가위를 사용할 수 있다.
	레이어 헤어커트 마무리하기 〈1201010132_ 19v5.2〉	2.1 고객의 얼굴과 목 등의 머리카락을 제거할 수 있다. 2.2 레이어 헤어커트 마무리 후 고객 만족도를 파악하여 필요한 경우 수정 · 보완커트를 할 수 있다. 2.3 레이어 헤어커트 마무리가 종료된 후 사용한 헤어커트 도구와 주변을 즉시 정리 · 정돈할 수 있다. 2.4 레이어 헤어커트에 어울리게 헤어스타일을 마무리할 수 있다.

능력단위 명칭	단원명 (능력단위 요소명)	교과내용
교육방법	강의법, 실험실습법, AI 교수법, 문제해결식 수업	
평가 시 고려사항	원랭스 헤어커트 〈1201010128_ 17v4〉	① 수행준거에 제시되어 있는 내용을 성공적으로 수행할 수 있는지를 평가해야 한다. ② 평가자는 다음 사항을 평가해야 한다. • 수행준거에 따른 지식 · 기술 · 태도의 습득 능력 • 원랭스 커트의 특징과 커트기법 • 원랭스 커트에 필요한 도구의 선택능력 • 블로킹, 섹션, 각도 등 헤어커트 개념에 대한 이해 • 올바른 헤어커트 자세 • 헤어커트 도구와 주변의 정리 · 정돈 상태
	그래쥬에이션 헤어커트 〈1201010131_ 17v4〉	① 수행준거에 제시되어 있는 내용을 성공적으로 수행할 수 있는지를 평가해야 한다. ② 평가자는 다음 사항을 평가해야 한다. • 수행준거에 따른 지식 · 기술 · 태도의 습득 능력 • 그래쥬에이션 헤어커트의 특징과 커트기법 • 그래쥬에이션 커트의 빗질, 각도, 섹션 등에 대한 이해 • 올바른 헤어커트 자세 • 주변 정리 · 정돈 상태
	레이어 헤어커트 〈1201010132_ 19v5〉	① 수행준거에 제시되어 있는 내용을 성공적으로 수행할 수 있는지를 평가해야 한다. ② 평가자는 다음 사항을 평가해야 한다. • 수행준거에 따른 지식 · 기술 · 태도의 습득 능력 • 레이어 유형의 특징과 기법(블로킹, 섹션, 각도 등에 대한 이해) • 올바른 헤어커트 자세 • 주변 정리 · 정돈 상태
평가 방법	A.포트폴리오 B.문제해결 시나리오 C.서술형 시험 D.논술형 시험 E.사례연구 F.평가자 질문 G.평가자 체크리스트 H.피평가자 체크리스트 I.일지/저널 · 역할연기 K.구두발표 L.작업장평가 M.기타	
작업기초능력	의사소통 능력, 수리 능력, 문제해결 능력, 대인관계 능력, 기술능력	

2. NCS 기반 강의계획서

능력단위명 〈코드〉	원랭스 헤어커트 〈1201010128_17v4〉 그래쥬에이션 헤어커트 〈1201010131_17v4〉 레이어 헤어커트 〈1201010132_19v5〉		
이수구분	이수시간	학점	학년/학기
		3학점	
강의실		요일	
담당교수	(인)	연구실	
연락처		E-mail	
학습환경	헤어 실습실	학습자료	교재
인력양성 유형	• 어시스턴트 • 주니어 디자이너	관련자격증	
교과목표	1. 원랭스 헤어커트란 층이 없는 형태의 헤어커트 스타일로 두상의 모든 모발을 동일선상에서 커트하는 능력이다. 2. 그래쥬에이션 헤어커트란 모발에 층이 있는 형태의 헤어커트로 헤어스타일에 따라 원하는 부분에 볼륨형성을 목적으로 모발을 커트하는 능력이다. 3. 레이어 헤어커트란 모발에 층이 있는 형태의 헤어커트로 가벼운 헤어스타일을 연출할 목적으로 모발을 커트하는 능력이다.		
실습장비 및 재료	• 다양한 형태의 헤어커트 가위 • 다양한 형태의 헤어커트 빗 • 핀셋 • 분무기 • 마네킹과 홀더(테이블 용, 스탠드 형) • 얼굴털이용 스폰지 또는 붓 • 어깨보, 커트보, 고객가운, 타월 • 헤어드라이기와 다양한 형태의 브러시		

교재 및 참고도서	구분	교재명	저자	출판사	출판년도
	주 교재				
	참고도서				

수업진행 방식	이론강의	실습	발표	토론	팀 프로젝트	현장견학	코 · 티칭 등 기타
	√	√					

평가방법	A	B	C	D	E	F	G	H	I	J	K	L	M	출석	계(%)
	20		30				30							20	100

A. 포트폴리오 B. 문제해결 시나리오 C. 서술형 시험 D. 논술형 시험
E. 사례연구 F. 평가자 질문 G. 평가자 체크리스트 H. 피평가자 체크리스트
I. 일지/저널 · 역할연기 K. 구두발표 L. 작업장평가 M. 기타

능력단위 명칭〈코드〉	단원명 (능력단위 요소명)	수행준거 (평가내용)
원랭스 헤어커트 〈1201010128_17v4〉	원랭스 헤어커트하기 〈201010128_17v4.1〉	1.1 고객에게 어깨보, 커트보 등을 착용해 줄 수 있다. 1.2 헤어커트 유형에 따라 모발의 수분 함량을 조절하거나 오염이 심한 모발은 사전 샴푸를 할 수 있다. 1.3 헤어커트 공간을 정리한 후 커트 목적에 따라 도구를 선택하여 바른 자세로 블런트 커트할 수 있다. 1.4 원랭스 스타일에 따라 블로킹과 섹션을 정확하게 구분하여 수평, 사선의 형태로 커트할 수 있다. 1.5 커트 후 균형 및 완성도를 체크할 수 있다.
	원랭스 헤어커트 마무리하기 〈1201010128_17v4.2〉	2.1 고객의 얼굴과 목 등에 남아있는 머리카락을 제거할 수 있다. 2.2 헤어커트 후 고객 만족을 파악하여 필요한 경우 수정 및 보정커트를 할 수 있다. 2.3 헤어커트 후 원랭스 스타일에 따라 모발을 건조하여 마무리할 수 있다. 2.4 사용한 헤어커트 도구는 청결하게 관리하고 주변을 정리 · 정돈할 수 있다.
그래쥬에이션 헤어커트 〈1201010131_17v4〉	그래쥬에이션 헤어커트하기 〈1201010131_17v4.1〉	1.1 그래쥬에이션 스타일에 따른 블로킹과 섹션을 할 수 있다. 1.2 그래쥬에이션 스타일에 따른 빗질의 방향과 각도를 조절할 수 있다. 1.3 빗과 커트도구를 정확하게 사용하여 그래쥬에이션 커트를 할 수 있다. 1.4 모량조절이 필요한 부분에 틴닝 가위를 사용할 수 있다. 1.5 가위 또는 클리퍼를 사용하여 아웃라인을 정리할 수 있다.
	그래쥬에이션 헤어커트 마무리하기 〈1201010131_17v4.2〉	2.1 고객의 얼굴과 목 등의 머리카락을 제거할 수 있다. 2.2 헤어커트 후 고객 만족을 파악하여 필요한 경우 수정 및 보정 커트를 할 수 있다. 2.3 그래쥬에이션 커트에 어울리는 스타일로 마무리할 수 있다. 2.4 사용한 헤어커트 도구는 청결하게 관리하고 주변을 정리 · 정돈할 수 있다.
레이어 헤어커트 〈1201010132_19v5〉	레이어 헤어커트하기 〈1201010132_19v5.1〉	1.1 레이어 헤어커트 스타일에 따른 블로킹과 섹션을 할 수 있다. 1.2 레이어 헤어커트 스타일에 따른 빗질의 방향과 각도를 조절할 수 있다. 1.3 헤어커트 빗과 가위를 정확하게 사용하여 레이어 커트를 할 수 있다. 1.4 모량조절이 필요한 부분에 틴닝 가위를 사용할 수 있다.
	레이어 헤어커트 마무리하기 〈1201010132_19v5.2〉	2.1 고객의 얼굴과 목 등의 머리카락을 제거할 수 있다. 2.2 레이어 헤어커트 마무리 후 고객 만족도를 파악하여 필요한 경우 수정 · 보완커트를 할 수 있다. 2.3 레이어 헤어커트 마무리가 종료된 후 사용한 헤어커트 도구와 주변을 즉시 정리 · 정돈할 수 있다. 2.4 레이어 헤어커트에 어울리게 헤어스타일을 마무리할 수 있다.

능력단위 명칭〈코드〉	관련 지식 (K), 기술(S), 태도(A)		
원랭스 헤어커트 〈1201010128_17v4〉	원랭스 헤어커트하기 〈1201010128_17v4.1〉	지식(K)	• 원랭스 헤어커트 종류와 특징에 관한 지식 • 원랭스 헤어커트의 빗질과 각도에 대한 개념 • 블런트 헤어커트 방법과 자세에 관한 지식 • 블로킹, 섹션, 슬라이스, 각도 등 헤어커트 지식 • 원랭스 커트의 도해도를 이해하고 분석할 수 있는 지식
		기술(S)	• 블런트 커트의 헤어커트 빗과 가위 사용 능력 • 원랭스 스타일에 따른 올바른 커트자세 능력 • 원랭스 스타일에 따른 블로킹과 섹션의 활용기술 • 원랭스 커트 도해도를 작성할 수 있는 능력
		태도(A)	• 정확한 방법으로 빗질하는 자세 • 블로킹과 섹션을 정확하게 사용하려는 노력 • 정확한 블런트 커트방법을 숙련하려는 의지 • 원랭스 커트의 올바른 커트자세를 연출하려는 노력 • 헤어커트 시 두피를 자극하지 않도록 주의하는 자세 • 원랭스 커트의 숙련도를 높이기 위해 노력하는 자세
	원랭스 헤어커트 마무리하기 〈1201010128_17v4.2〉	지식(K)	• 원랭스 스타일의 보정커트에 대한 지식 • 헤어커트 도구별 관리와 보관에 관한 지식 • 모발 건조와 블로우 드라이에 대한 개념
		기술(S)	• 원랭스 커트를 수정 · 보완하는 기술 • 고객과의 커뮤니케이션하는 능력 • 모발을 건조하고 스타일을 마무리하는 기술 • 주변을 정돈하고 헤어커트 도구를 관리하는 능력
		태도(A)	• 정확한 결과를 확인하는 태도 • 고객만족을 위해 노력하는 자세 • 고객의 불편을 확인하고 대처하는 태도 • 주변을 정돈하고 도구를 청결하게 정리하는 자세
그래쥬에이션 헤어커트 〈1201010131_17v4〉	그래쥬에이션 헤어커트하기 〈1201010131_17v4.1〉	지식(K)	• 그래쥬에이션 커트의 개념 • 클리퍼, 틴닝, 블런트 가위사용법 • 그래쥬에이션 스타일 커트방법 • 모량조절과 질감처리에 관한 지식 • 그래쥬에이션 도해도를 분석할 수 있는 지식
		기술(S)	• 그래쥬에이션 도해도를 작성할 수 있는 능력 • 빗, 커트 가위, 틴닝 가위를 사용할 수 있는 능력 • 틴닝 가위를 사용하여 모량을 조절하는 기술 • 클리퍼 사용기술
		태도(A)	• 그래쥬에이션 커트를 정확하게 서비스하는 자세 • 그래쥬에이션 커트의 숙련도를 높이려는 노력 • 헤어커트 시 두피를 자극하지 않도록 주의하는 자세

능력단위 명칭〈코드〉	관련 지식 (K), 기술(S), 태도(A)		
그래쥬에이션 헤어커트〈1201010131_17v4〉	그래쥬에이션 헤어커트 마무리하기〈1201010131_17v4.2〉	지식(K)	• 그래쥬에이션 스타일의 보정커트에 대한 지식 • 헤어커트 도구별 관리와 보관에 관한 지식 • 모발 건조와 블로우 드라이에 대한 개념 • 헤어스타일 연출 제품의 사용법
		기술(S)	• 그래쥬에이션 커트를 수정 · 보완하는 기술 • 고객과의 커뮤니케이션하는 능력 • 모발을 건조하고 스타일을 마무리하는 기술 • 주변을 정돈하고 헤어커트 도구를 관리하는 능력
		태도(A)	• 정확한 결과를 확인하는 태도 • 고객만족을 위해 노력하는 자세 • 고객의 불편을 확인하고 대처하는 태도 • 주변을 정돈하고 도구를 청결하게 정리하는 자세
레이어 헤어커트〈1201010132_19v5〉	레이어 헤어커트하기〈1201010132_19v5.1〉	지식(K)	• 다양한 레이어스타일에 대한 지식 • 틴닝, 가위사용법 • 모량조절과 질감처리에 관한 지식 • 레이어 커트의 도해도를 분석할 수 있는 지식 • 레이어 커트의 블로킹, 섹션, 각도 등에 관한 지식
	레이어 헤어커트하기〈1201010132_19v5.1〉	기술(S)	• 레이어커트 도해도를 작성할 수 있는 능력 • 빗, 커트 가위, 틴닝 가위를 사용할 수 있는 능력 • 틴닝 가위를 사용하여 모량을 조절하는 기술 • 다양한 형태의 레이어 스타일 커트기술
		태도(A)	• 레이어 헤어커트를 정확하게 서비스하는 자세 • 레이어 헤어커트의 숙련도를 높이려는 노력 • 헤어커트 시 두피를 자극하지 않도록 주의하는 자세
	레이어 헤어커트 마무리하기〈1201010132_19v5.2〉	지식(K)	• 레이어 스타일의 보정커트에 대한 지식 • 헤어커트 도구별 관리와 보관에 관한 지식 • 모발 건조와 블로우 드라이에 대한 개념 • 헤어스타일 연출법과 제품사용법
		기술(S)	• 레이어 헤어커트를 수정 · 보완하는 기술 • 고객과 커뮤니케이션하는 능력 • 모발을 건조하고 스타일을 마무리하는 기술 • 레이어 헤어스타일 연출 기술 • 주변을 정돈하고 헤어커트 도구를 관리하는 능력
		태도(A)	• 정확한 결과를 확인하는 태도 • 고객만족을 위해 노력하는 자세 • 고객의 불편을 확인하고 대처하는 태도 • 주변을 정돈하고 도구를 청결하게 정리하는 자세

3. 주차별 강의계획서

주차	학습내용 (단원명)	수업(수행)목표	수업 방식	수업 매체 및 자료	평가
1	헤어 커트의 개념 및 요소	• 헤어 커트의 정의를 이해할 수 있다. • 블로킹, 섹션, 슬라이스, 각도 등의 헤어 커트 개념에 대한 이해를 할 수 있다. • 헤어 커트의 구성 요소를 이해할 수 있다.	강의	교재	
2	두상과 헤어라인의 명칭	• 두상의 주요 부분, 두상의 기초 분할선을 할 수 있다. • 커트를 하기 위해 여러 가지 라인으로 커트를 할 수 있다. • 헤어라인을 이해하고 정확한 커트를 할 수 있다.	강의	교재	
3	헤어 커트의 절차	• 분배와 베이스 컨트롤을 이해할 수 있다. 가이드 라인을 이용한 커트 형태를 이해할 수 있다.	강의	교재	
4	도구의 분석/가위 테 크닉/헤어커트 도구 사용	• 커트 시술에 필요한 각 도구의 적절한 사용법을 알 수 있다. • 각 도구 사용의 주의 사항을 알 수 있다. • 각 도구의 테크니션을 이해할 수 있다. • 기본, 응용, 변형 가위 테크니션을 구사할 수 있다. • 빗과 가위, 빗과 클리퍼, 빗과 레이저 헤어 커트 도구를 사용할 수 있다.	강의	교재	
5	원랭스 (One–Length)커트 – 수평(Parallel)	• 원랭스 커트 수평형을 수행할 수 있다. • 수평 파팅 패턴과 자연 분배를 이용하여 수행할 수 있다. • 수평 라인을 만들기 위한 정확한 손가락 위치와 가위 위치를 수행할 수 있다.	강의, 실습	교재	
6	원랭스 (One–Length)커트 – 스파니엘(Spaniel)	• 원랭스 커트 스파니엘형을 수행할 수 있다. • 전대각 파팅 패턴과 자연 분배를 이용하여 수행할 수 있다. • 전대각 라인을 만들기 위한 정확한 손가락 위치와 가위 위치를 수행할 수 있다.	강의, 실습	교재	
7	원랭스 (One–Length)커트 – 이사도라(Isadora)	• 원랭스 커트 이사도라형을 수행할 수 있다. • 후대각 파팅 패턴과 자연 분배를 이용하여 수행할 수 있다. • 후대각 라인을 만들기 위한 정확한 손가락 위치와 가위 위치를 수행할 수 있다.	강의, 실습	교재	

주차	학습내용 (단원명)	수업(수행)목표	수업 방식	수업 매체 및 자료	평가
8	그래쥬에이션 (Graduation) – 머슈룸 (Mushroom)	• 원랭스 커트 머슈룸형을 수행할 수 있다. • 라운드 라인 파팅 패턴과 자연 분배를 이용하여 수행할 수 있다. • 라운드 라인을 만들기 위한 정확한 손가락 위치와 가위 위치를 수행할 수 있다.	강의, 실습	교재	1차 (서술형 시험)
9	로우 그래쥬에이션 (Low Graduation)	• 로우 그래쥬에이션을 수행할 수 있다. • 로우 그래쥬에이션 형태를 만들기 위해 사용되는 직각 분배와 변이 분배를 이용하여 수행할 수 있다. • 디자인 라인을 만들기 위한 정확한 손가락 위치와 가위 위치를 수행할 수 있다.	강의, 실습	교재	
10	미디움 그래쥬에이션 (Medium Graduation)	• 미디움 그래쥬에이션을 수행할 수 있다. • 미디움 그래쥬에이션 형태를 만들기 위해 사용되는 직각 분배와 변이 분배를 이용하여 수행할 수 있다. • 디자인 라인을 만들기 위한 정확한 손가락 위치와 가위 위치를 수행할 수 있다.	강의, 실습	교재	
11	하이 그래쥬에이션 (High Graduation)	• 하이 그래쥬에이션을 수행할 수 있다. • 하이 그래쥬에이션 형태를 만들기 위해 사용되는 직각 분배와 변이 분배를 이용하여 수행할 수 있다. • 디자인 라인을 만들기 위한 정확한 손가락 위치와 가위 위치를 수행할 수 있다.	강의, 실습	교재	
12	인크리스 레이어 (Increase Layer)	• 인크리스 레이어를 수행할 수 있다. • 인크리스 레이어 형태를 만들기 위해 사용되는 수평 파팅에서 고정 디자인 라인으로 집중전환 레이어링 기법을 사용하여 수행할 수 있다. • 수평의 커팅 자세로 두상 위에 정확한 손가락 위치와 가위 위치를 수행할 수 있다.	강의, 실습	교재	
13	유니폼 레이어 (Uniform Layer)	• 유니폼 레이어를 수행할 수 있다. • 유니폼 레이어 형태를 만들기 위해 사용되는 수직 파팅에서 수직 분배기법을 사용하여 수행할 수 있다. • 두상의 곡면에 편행하게 정확한 손가락 위치와 가위 위치를 수행할 수 있다.	강의, 실습	교재	

주차	학습내용 (단원명)	수업(수행)목표	수업 방식	수업 매체 및 자료	평가
14	쇼트레이어 (클리퍼&싱글링)	• 클리퍼 커트를 위해 모발의 수분함량을 조절할 수 있다. • 헤어커트 빗과 클리퍼사용의 올바른 커트 동작을 할 수 있다. • 헤어커트 디자인에 따라 빗의 각도를 조절한 클리퍼 커트동작을 할 수 있다. • 두상의 곡선과 위치에 따라 빗과 클리퍼를 올바른 방법으로 잡을 수 있다.	강의, 실습	교재	3차 (포트폴리오)
15	레자(razor)	• 레자(razor)커트를 위해 모발의 수분함량을 조절할 수 있다. • 헤어커트 빗과 레자 사용의 올바른 커트 동작을 할 수 있다. • 헤어커트 디자인에 따라 레자의 커트위치와 방향을 변경할 수 있다. • 헤어커트 디자인에 따라 모발의 패널과 레자의 각도를 조절할 수 있다.	강의, 실습	교재	2차 (평가자 체크리스트)

Chapter 2

베이직 커트의 이해

1주_ 헤어커트의 개념 및 요소

2주_ 두상과 헤어라인의 명칭

3주_ 헤어 커트의 절차

Chapter 2 베이직 커트의 이해

1st week

헤어커트의 개념 및 요소

학습내용(단원명)	수업 목표
헤어 커트의 개념 및 요소	• 헤어 커트의 정의를 이해할 수 있다. • 블로킹, 섹션, 슬라이스, 각도 등의 헤어커트 개념에 대한 이해를 할 수 있다. • 헤어 커트의 구성 요소를 이해할 수 있다.

1. 커트의 개념

커트는 모든 헤어 디자인을 연출하기 위한 가장 기초가 되는 하나의 기술로써 가위, 빗, 클리퍼 등의 도구를 이용하여 모발을 자르는 행위를 말하며, 모발의 길이나 양을 조절하고, 형태 등의 머리 모양에 변화를 줌으로써 헤어스타일을 결정하는 과정으로 두상의 외적 특징을 고려하여 전문적인 헤어 커트에 접근할 수 있다.[1)]

2. 커트의 3요소[2)]

커트의 요소로는 형태(커트 형태, 모발 길이), 질감, 컬러 등을 들 수 있다. 커트 요소들의 시각적인 특징이 조합되어 형성되며, 이는 헤어스타일 이미지에 중요한 시각적 매개체로 작용함으로써 전체 이미지에 영향을 줄 뿐만 아니라 내면을 상대방에게 전달하는 비언어적 전달매체의 역할을 한다. 따라서 커트 요소는 원리와 조화롭게 조합되면 그 효과는 더욱 선명해지며 명확하게 표현된다.

1. 형태(Form)[3)]

형태의 일반적인 개념은 구체적인 입체의 형태를 말하며, 3차원의 볼륨(volume)으로 정의할 수 있다. 이러한 형대는 방향성올 지닌 선의 결합으로 이루이지며 선은 점과 점이 만나 이루어진 것이다.

형태의 특성 : 선(Line), 방향(Direction), 모양(Shape)

① 선(line): 직선 또는 곡선의 연속된 점들의 모임으로 형태의 분석은 선의 이해에서 비롯된다.

② 방향(direction): 커트 분석의 핵심요소 중 하나로 주어진 선의 진로, 직선의 상하좌우가 기본 방향이다.

- 직선: 수평, 수직, 좌대각, 우대각
- 곡선: 컨케이브(concave), 컨벡스(convex)

③ 모양(shape): 너비와 길이로 이루어진 형태의 2차원적 표현(면)으로 시작점에서 만나는 선으로 둘러 쌓인 평면(닫힌 공간), 직선 디자인(각진 디자인)과 곡선(유선형의 디자인)으로 간주한다.

2. 질감(Texture)

머리 질감은 촉각과 시각을 통해 느낄 수 있는 머리 표면의 질이며, 빛 또한 머리 질감에 대한 인식에 영향을 준다. 머리 질감은 커트한 머릿결이 보이는 엑티베이티드(activated)와 커트한 머리 질감이 보이지 않는 언엑티베이티드(unactivated), 또는 이 두 가지가 혼합된 질감이 될 수 있다.

3. 색채(Color)

컬러는 생동감과 방향감에 대한 착시를 일으키게 하여 특정한 부분에 시선을 집중시키게 할 수 있으며, 전체적인 머리형은 동일하지만 컬러를 더해주어 명도와 입체감이 달라진다.

Chapter 2 베이직 커트의 이해

2nd week

두상과 헤어라인의 명칭

학습내용(단원명)	수업 목표
두상과 헤어라인의 명칭	• 두상의 주요 부분, 두상의 기초 분할선을 나눌 수 있다. • 커트를 하기 위해 여러 가지 라인으로 커트를 할 수 있다. • 헤어라인을 이해하고 정확한 커트를 할 수 있다.

1. 두상의 기본 Point

커트 시술 시 정확성을 위해 두상의 특정 포인트들을 연결하여 섹션 또는 파팅을 나누며, 두상 포인트들은 모든 헤어 시술에 사용되어 매우 중요하다.

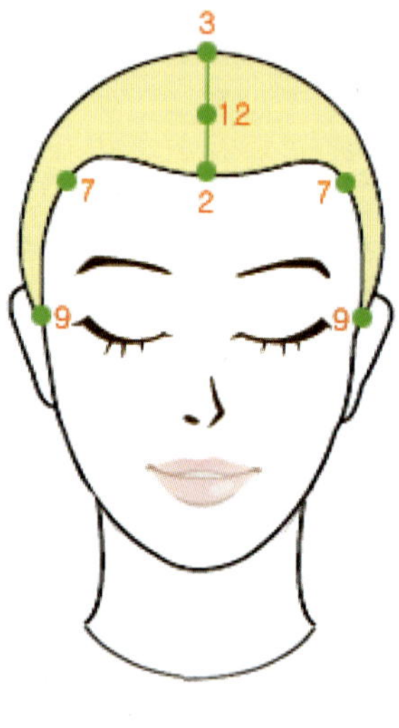

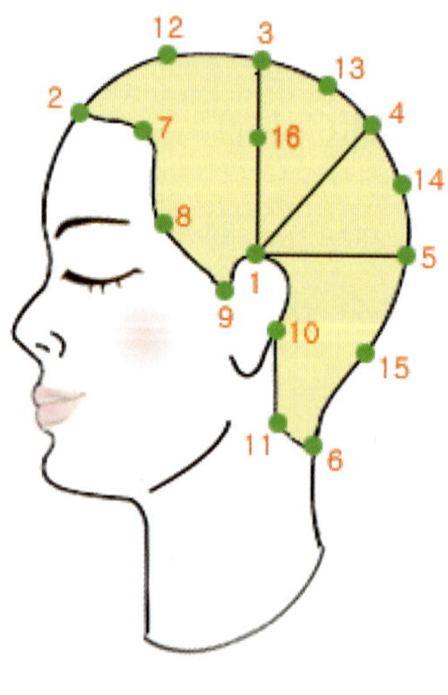

번호	약어	용어
①	E · P	이어 포인트 (Ear Point)
②	C · P	센타 포인트 (Center Point)
③	T · P	탑 포인트 (Top Point)
④	G · P	골덴 포인트 (Golden Point)
⑤	B · P	백 포인트 (Back Point)
⑥	N · P	네이프 포인트 (Nape Point)
⑦	F · S · P	프론트 사이드 포인트 (Front Side Point)
⑧	S · P	사이드 포인트 (Side Point)
⑨	S · C · P	사이드 코너 포인트 (Side Corner Point)
⑩	E · B · P	이어 백 포인트 (Ear Back Point)
⑪	N · S · P	네이프 사이드 포인트 (Nape Side Point)
⑫	C · T · M · P	센타 탑 미디움 포인트 (Center Top Medium Point)
⑬	T · G · M · P	탑 골덴 미디움 포인트 (Top Golden Medium Point)
⑭	G · B · M · P	골덴 백 미디움 포인트 (Golden Back Medium Point)
⑮	B · N · M · P	백 네이프 미디움 포인트 (Back Nape Medium Point)
⑯	E · T · M · P	이어 탑 미디움 포인트 (Ear Top Medium Point)

2. 두상의 Line

커트에 있어 두상의 포인트와 포인트의 연결선이다. 두상의 위치에 따라 곡선, 직선이 생기며 두상에서의 선은 머리가 나기 시작하는 부분과 얼굴과의 경계라인, 햄라인과 구역을 세분화한 라인이 있다.

1. 햄 기본 라인

① 햄 라인(Hem Line)

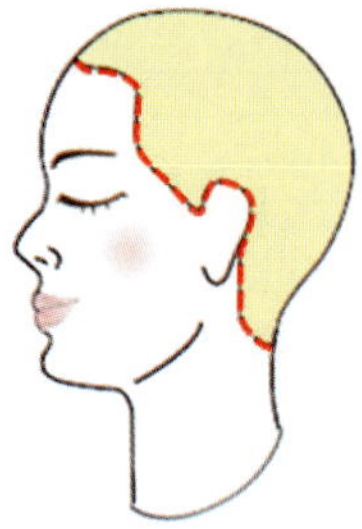

햄(hem)은 “가장자리”, “경계”라는 의미이다. 모발이 나기 시작한 부분과 나지 않는 부분의 경계선이다.

② 페이스 라인(Face Line)

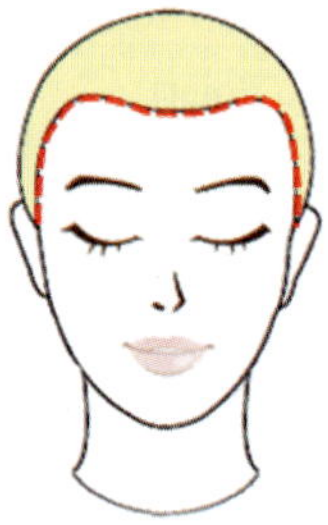

얼굴을 정면으로 보았을 때 보이는 라인으로 센타 포인트(C.P)에서 양쪽 사이드 코너 포인트(S.C.P)까지의 연결선을 말하며, 페이스 라인 모발은 얼굴 이미지에 영향을 준다.

③ 이어 라인(Ear Line)

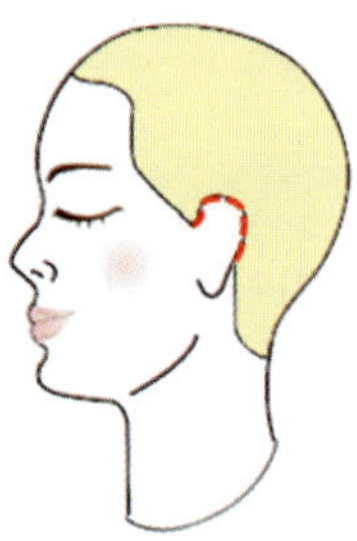

얼굴의 측면을 보았을 때 사이드 코너 포인트(S.C.P)에서 이어 백 포인트(E.B.P)까지의 연결선이며, 이어 라인의 주변은 측중선을 기준으로 앞쪽 머리와 뒤쪽머리를 연결하는 역할을 한다.

④ 네이프 라인(Nape Line)

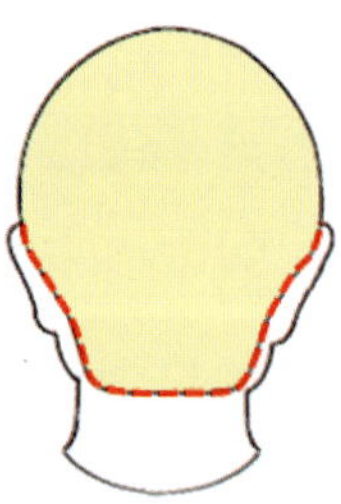

두상을 뒤에서 보았을 때 이어 백 포인트(E.B.P)에서 반대편 이어 백 포인트(E.B.P)까지 연결된 선이며, 네이프 라인 주변 모발은 모발의 기장과 후두부 헤어 라인을 표현한다.

2. 햄 라인 그려보기

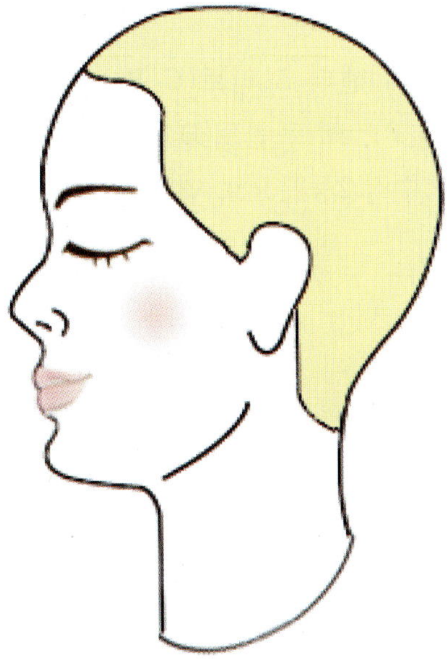

햄 라인 (Hem line)

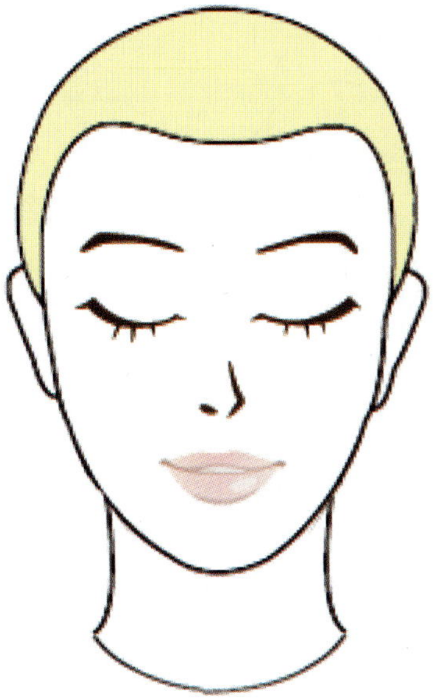

페이스 라인 (Face Line)

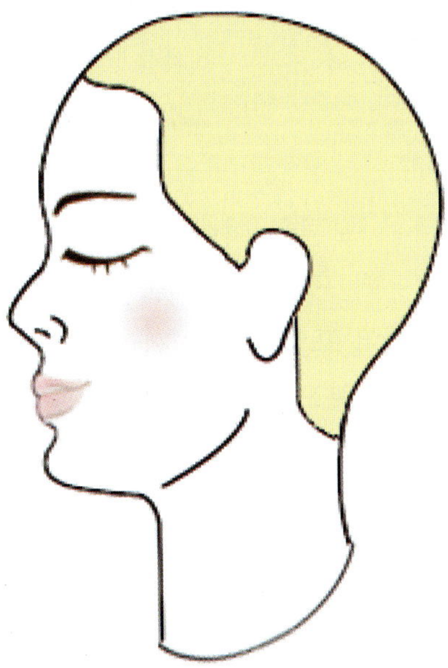

이어 라인 (Ear Line)

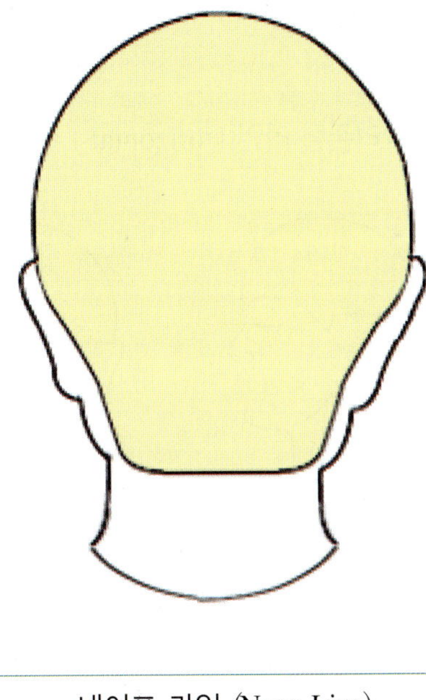

네이프 라인 (Nape Line)

3. 두상의 기본 라인

① 센터 라인 (Center Line, 정중선)

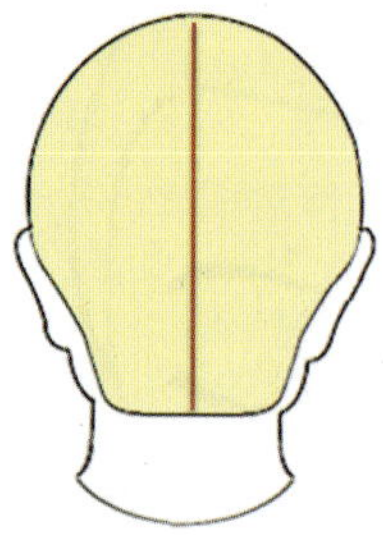

코를 중심으로 두상의 센터 포인트(C.P), 탑 포인트(T.P), 골덴 포인트(G.P), 백 포인트(B.P), 네이프 포인트(N.P)까지 좌, 우를 수직 2등분으로 연결하는 선이다.

② 이어 투 이어 라인 (Ear to Ear Line, 측중선)

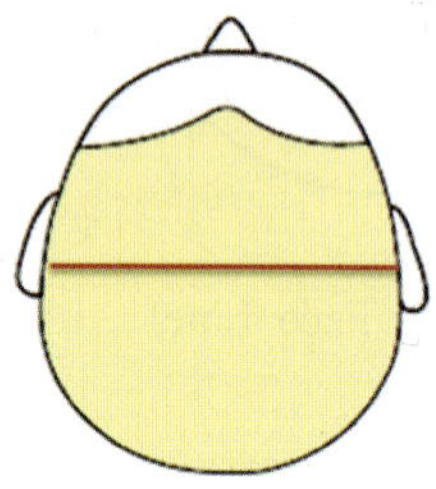

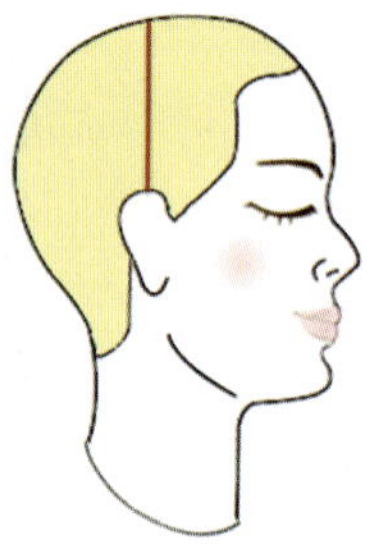

오른쪽의 이어 포인트(E.P)에서 탑 포인트(T.P)를 지나 왼쪽 이어 포인트(E.P)까지 상 · 하 2등분으로 연결하는 선이다.

③ 호리존탈 라인(Horizontal Line, 수평선)

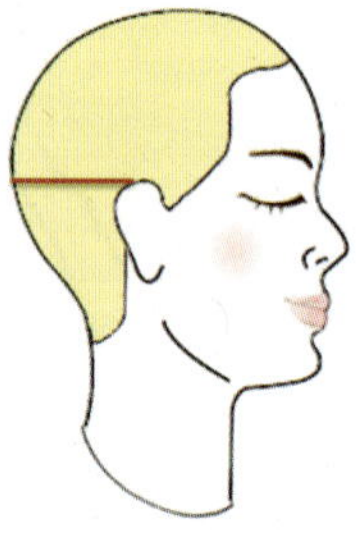

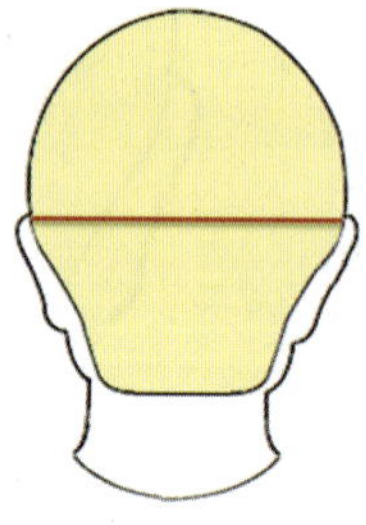

오른쪽 이어 포인트(E.P)에서 백 포인트(B.P)를 지나 왼쪽 이어 포인트(E.P)까지 상 · 하로 2등분으로 나누는 선이다.

④ U 라인(U Line, 측두선)

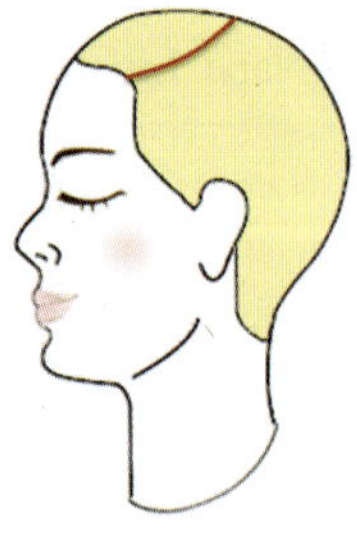

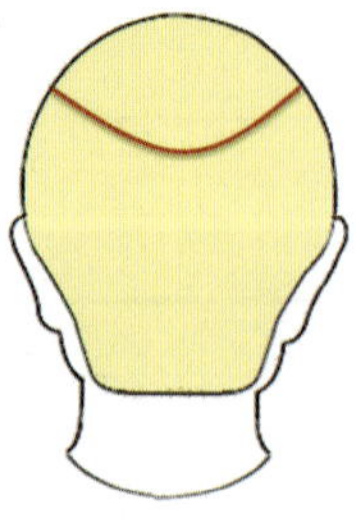

오른쪽 프런트 사이드 포인트(F.S.P)에서 탑 골덴 미디움 포인트(T.G.M.P)를 지나 왼쪽 프런트 사이드 포인트(F.S.P)로 연결한 선이다.

4. 두상의 기본 라인 그려보기

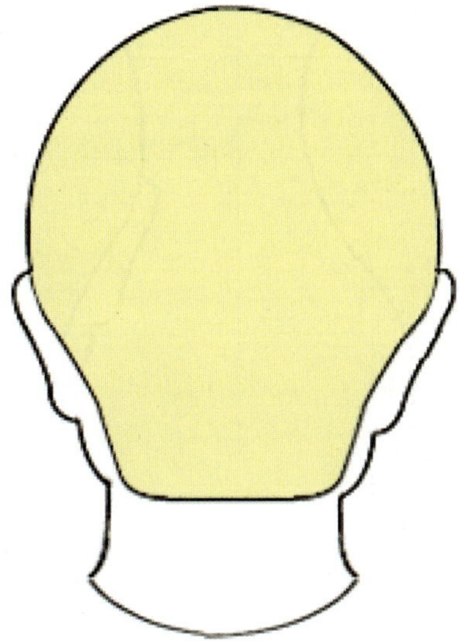

센터 라인(Center Line, 정중선)

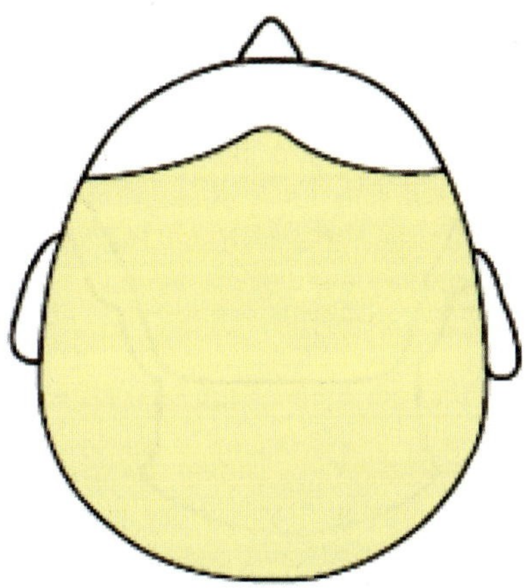

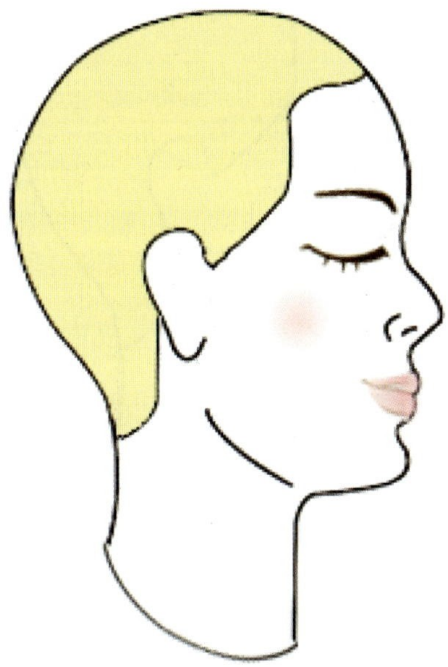

이어 투 이어 라인(Ear to Ear Line, 측중선)

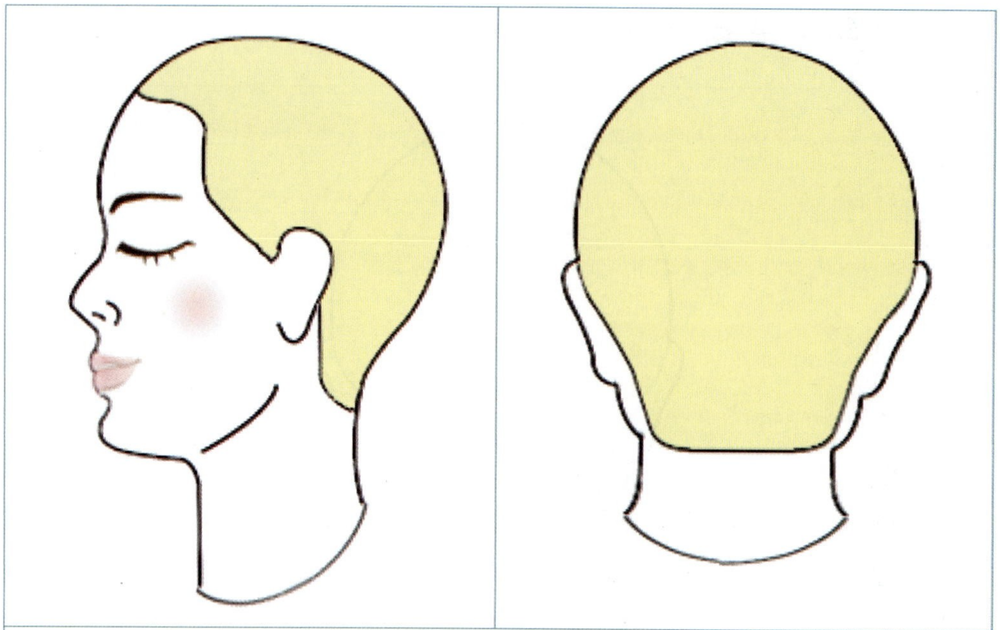

호리존탈 라인(Horizontal Line, 수평선)

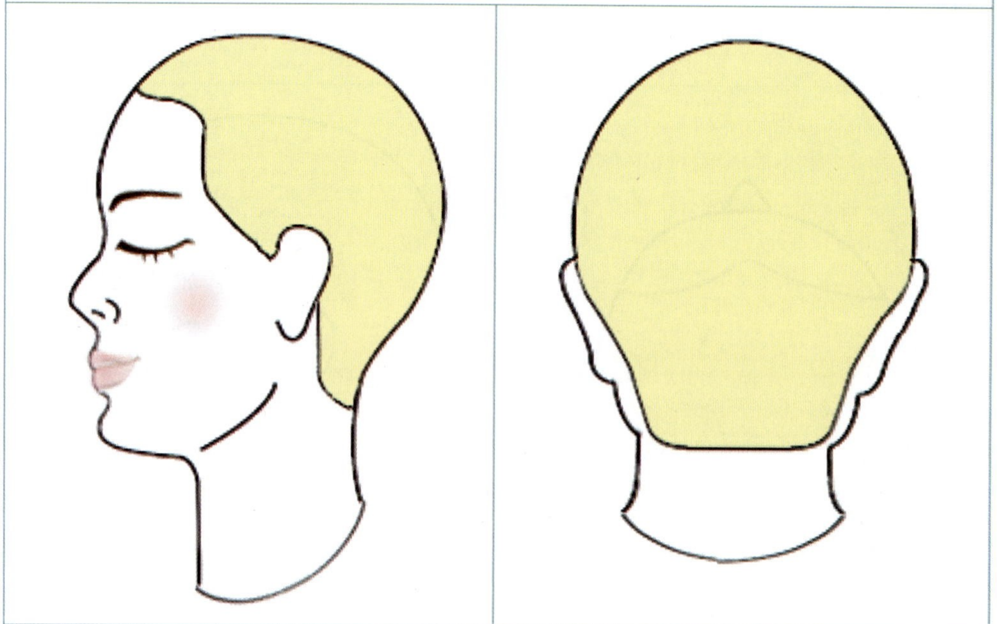

U 라인(U Line, 측두선)

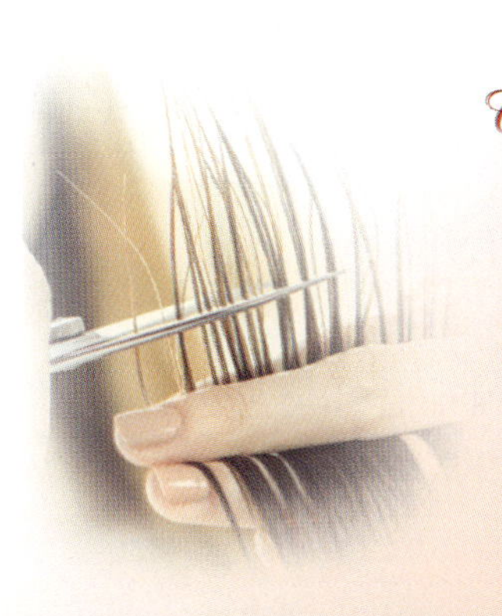

Chapter 2 베이직 커트의 이해

3rd week

헤어 커트의 절차

학습내용(단원명)	수업 목표
헤어 커트의 절차	• 분배와 베이스 컨트롤을 이해할 수 있다. • 가이드 라인을 이용한 커트 형태를 이해할 수 있다.

1. 헤어 커트의 절차

1. 상담

고객이 생각한 스타일을 충분한 대화를 통해 디자인을 결정하여 시술할 수 있도록 해야 한다. 이때 고객의 체형, 얼굴형, 두상, 모류, 모질, 모량, 앞머리 유무, 직업, 성격 등을 파악해서 고객과의 합의점을 결정하고 고객이 "예"하면 디자인을 시작한다.

2. 샴푸[4]

정확한 헤어스타일을 만들기 위한 가장 기본적인 방법으로 모발과 두피의 세정을 의미하며 고객의 연령, 두피, 모발의 상태 등에 따라 개개인별 특성을 정확하게 판단하여 시술해야 한다.

※ 샴푸 시 주의 사항

① 샴푸하는 시술자는 반지, 팔찌, 긴 목걸이 등의 액세서리 착용으로 고객의 모발과 얼굴 등에 피해를 주지 않도록 주의해야 한다.
② 고객이 샴푸 받는 자세가 불편하지 않도록 주의해야 한다.
③ 시술자의 손톱의 길이가 길지 않아야 한다.
④ 샴푸 시술 전 물의 온도가 적당한지 체크하고 고객에게 물어봐야 한다.
⑤ 고객의 얼굴에 물이 튀지 않도록 주의해야 하고, 작은 타월이나 가리개를 사용하여 가려 준다.
⑥ 샴푸 시술 시 샴푸 테크닉이나 지압의 자극이 강하지 않은지 체크해야 한다.
⑦ 헤어 라인과 후두부 부분을 섬세한 테크닉으로 깨끗하게 헹군다.
⑧ 샴푸 시술자는 몸에서 불쾌한 냄새(담배 냄새, 땀 냄새, 입 냄새, 음식물 냄새)가 나지 않도록 청결해야 한다.

3. 어깨 보

고객의 피부와 옷을 보호하기 위해 착용한다.

4. 파팅(Parting)

커트 시술 시 정확하고 쉽게 원하는 스타일을 시술하기 위하여 사용되어지며, 다양한 파팅을 사용할 수 있다.

(1) 2파트(Two Part)

전체 두상의 각 점(point)과 점(point)를 연결하여 2등분하는 것을 말한다.

① 센터 파트(Center Part)

- 센터 포인트(C.P), 탑 포인트(T.P), 골덴 포인트(G.P), 네이프 포인트(N.P)를 연결하는 선으로 정중선이라 한다.
- 정중선을 기준으로 좌 · 우가 동일하게 대칭이 되도록 나누는 것을 말한다.
- 헤어 커트 시 가장 기본이 되는 파트 방법이다.

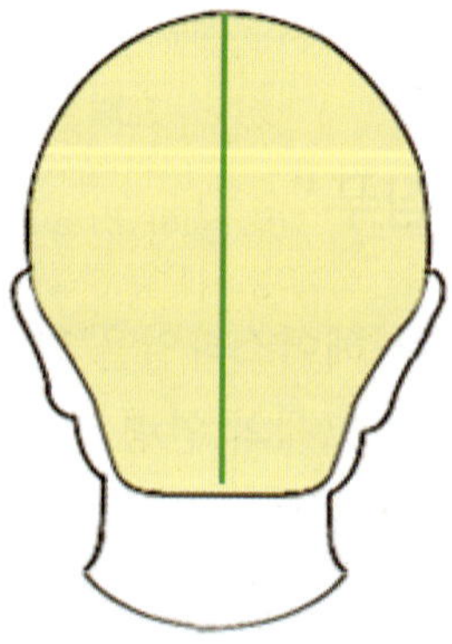

② 이어 투 이어 파트(Ear to Ear Part)

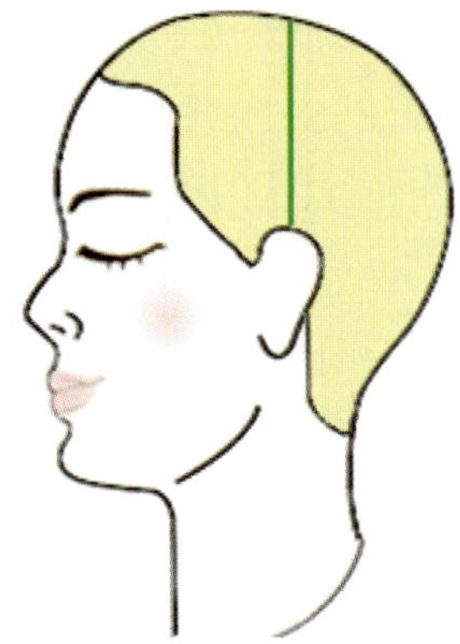

- 두상의 오른쪽 이어 포인트(E.P)에서 탑 포인트(T.P)를 지나 왼쪽 이어 포인트(E.P)까지 연결하는 선을 측중선이라 한다.
- 이어 투 이어 파트(ear to ear part)를 기준으로 2파트로 나누고 얼굴방향(forward direction)의 디자인과 얼굴 반대방향(reverse direction)의 디자인이 서로 다른 스타일을 시술할 때 쓰이는 파트 방법이다.

③ 템플 투 템플 파트(Temple to Temple Part)

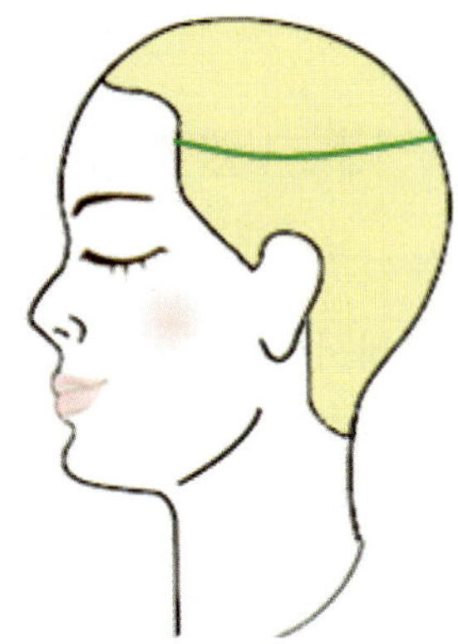

- 두상의 오른쪽 프런트 사이드 포인트(F.S.P)에서 탑 골덴 미디움 포인트(T.G.M.P)를 지나 왼쪽 프런트 사이드 포인트(F.S.P)까지 수평으로 나눈다.
- 2파트의 상 · 하로 나누고, 탑 골덴 미디움 포인트(T.G.M.P)를 기준으로 위쪽은 인터널(Internal)이라 하고 아래쪽은 엑스터널(External)이라고 한다.

* 인터널(Internal) : 층, 볼륨, 무게, 움직임을 표현
* 엑스터널(External) : 아웃라인을 형성

(2) 3파트(Three Part)

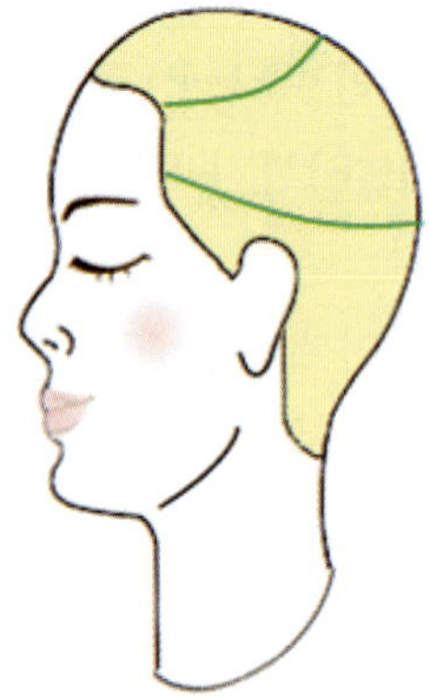

① 두상의 오른쪽 프론트 사이드 포인트(F.S.P)에서 탑 골덴 미디움 포인트(T.G.M.P)를 지나 왼쪽 프런트 사이드 포인트(F.S.P)까지 수평으로 나눈다.

② 두상의 오른쪽 사이드 포인트(S.P)에서 백 포인트(B.P)를 지나 왼쪽 사이드 포인트(S.P)까지 파트를 나눈다.

③ 2파트에 비해 좀 더 정밀하고 정확한 커트 시술을 할 때 활용된다.

④ 섹션은 크게 언더섹션(under section), 미들섹션(middle section), 오버섹션(over section) 으로 나눌 수 있다.

(3) 4파트(Four Part)

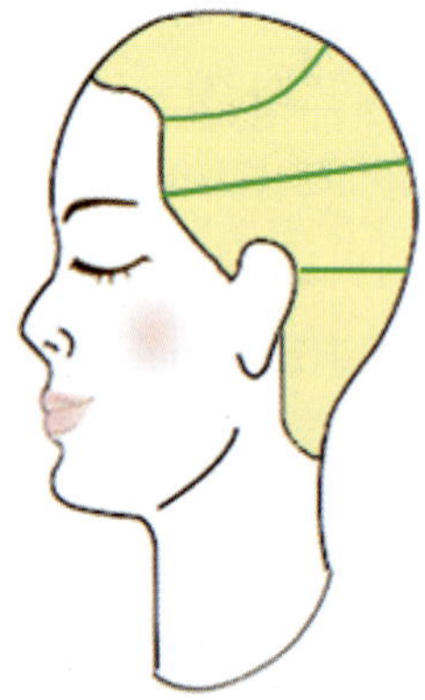

① 기존의 3파트에 오른쪽 이어 포인트(E.P)에서 백 포인트(B.P)를 지나 왼쪽 이어 포인트(E.P)까지 연결하는 파트를 추가하여 4파트로 나눈다.

② 언더 부분을 조금 더 세분화한 파트이다.

③ 3파트에 비해 정밀한 커트 시술을 할 때 활용된다.

5. 머리 위치[5)]

가장 중요한 부분이며 일반적으로 똑바른 형이 많이 쓰인다. 편의에 따라 앞으로 숙이거나 옆으로 기울일 수 있다.

① 똑바른 형(Upright)

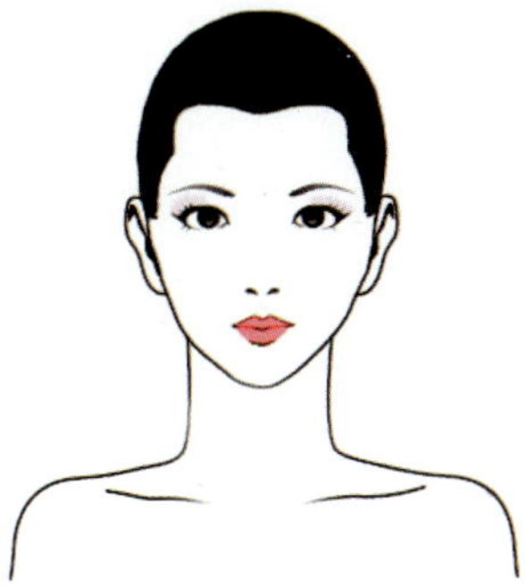

가장 자연스럽고 고른 효과가 나타난다.

② 옆으로 기울인 형(Tilted)

페이스 라인 또는 옆 형태선의 쉬운 마무리를 위해 사용한다.

③ 앞으로 숙인 형(Forward)

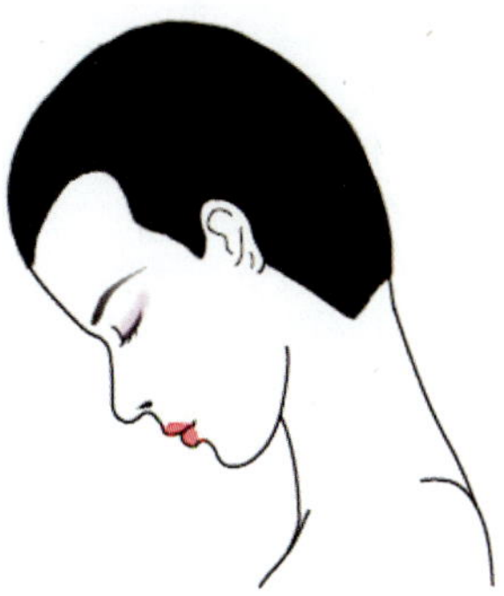

형태선의 끝마무리로 주로 많이 사용하며, 머리가 약간 안으로 말려 들어간다.

6. 섹션(Section)

두상에서 파트보다 작은 부분이나 조각으로 나뉘어진 부분을 말하는 것이다. 섹션의 폭은 시술자에 의해 다르지만 대개 2cm 정도로 항상 일정하게 유지하여 커트를 시술한다.

(1) 수평 섹션(Horizontal Section)

① 지면과 수평으로 섹션을 나누는 것이다.

② 상하의 층이 많이 나지 않는 헤어스타일을 시술할 때 나누는 섹션 방법이다.

③ 원랭스 커트(수평 원랭스 커트, 스파니엘 커트, 이사도라 커트) 등을 할 때 활용된다.

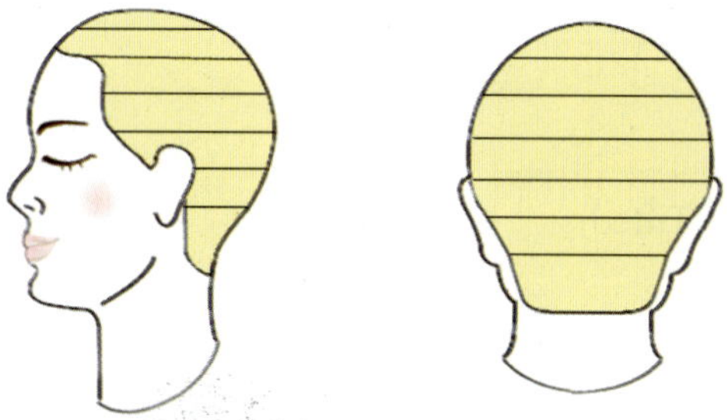

(2) 수직 섹션(Vertical Section)

① 지면과 수직으로 섹션을 나누는 것이다.

② 상하의 층을 많이 내는 데 활용한다.

③ 질감이 부드럽고 가벼운 층으로 표현된 헤어스타일을 시술할 때 유용한 섹션이다.

④ 주로 레이어 커트에 활용된다.

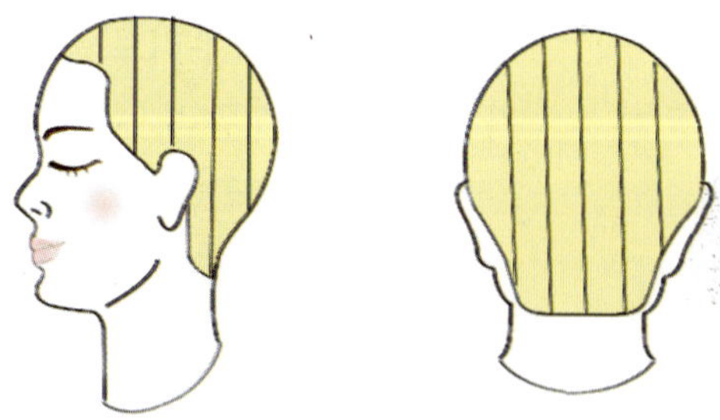

(3) 사선 섹션(Diagonal Section)

① 지면과 사선으로 섹션을 나누는 것이다.
② 두상의 앞쪽과 뒤쪽의 기장을 다르게 하여 언더 라인(under line)이 A라인, V(U)라인의 커트선이 표현되는 스타일을 시술할 때 유용한 섹션이다.
③ 사선 섹션은 전대각 섹션(Concave Section)과 후대각 섹션(Convex Section)으로 나뉜다.

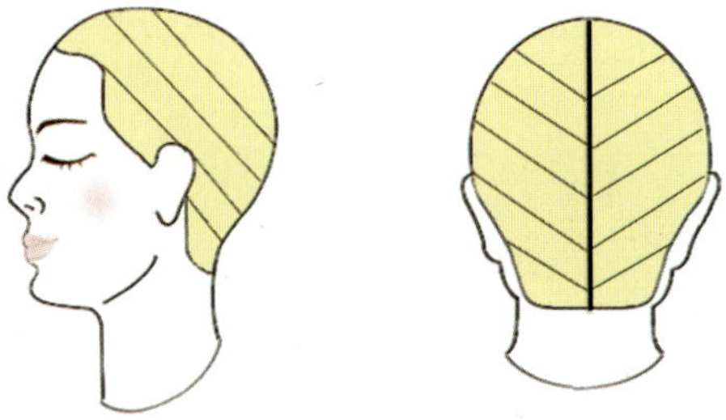

후대각 섹션(Convex Section)

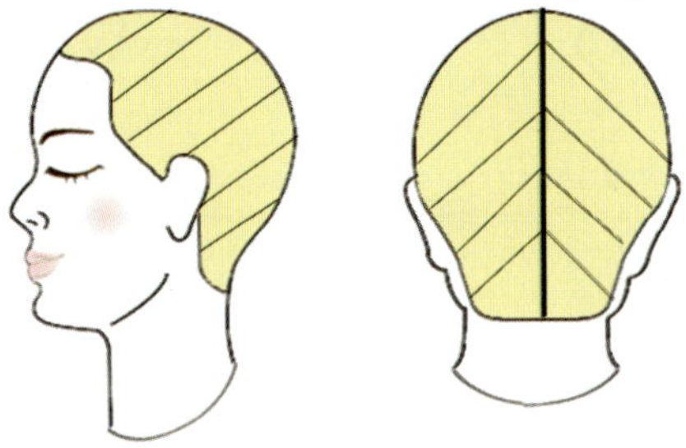

전대각 섹션(Concave Section)

(4) 방사선 섹션(Pivot Section)

① 버티컬 섹션(Vertical Section)을 응용한 섹션으로 탑 포인트(T.P)에서 방사선으로 균등하게 분할하여 섹션을 나눈 것이다.
② 두상의 두정부(크라운, crown)를 쉽게 시술하기 위하여 활용되는 방법이다.
③ 수직섹션과 같이 층을 많이 내는 스타일에 활용한다.
④ 레이디얼 섹션(Radial Section)이라고도 한다.

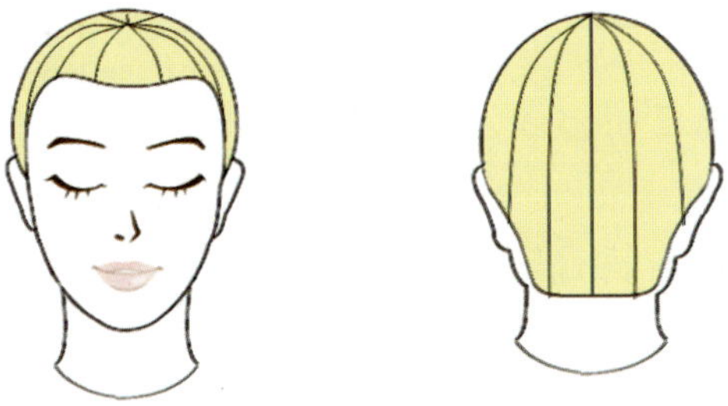

섹션 그려 보기

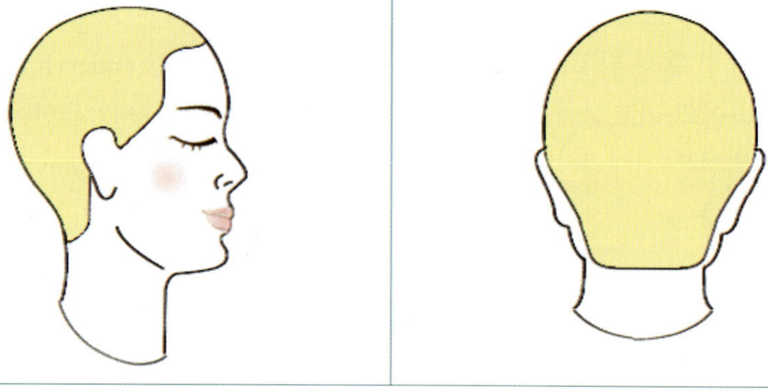

수평 섹션

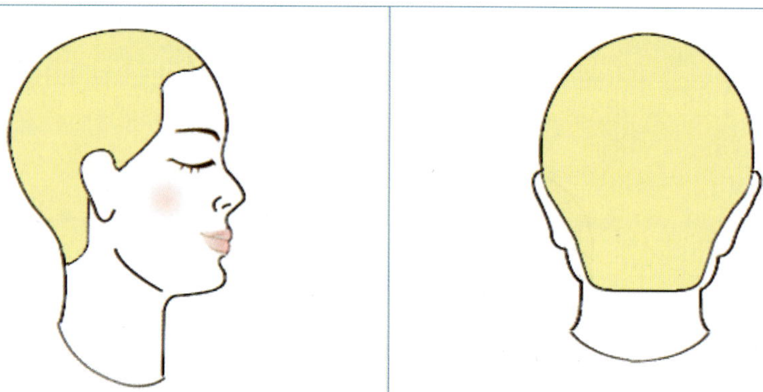

수직 섹션

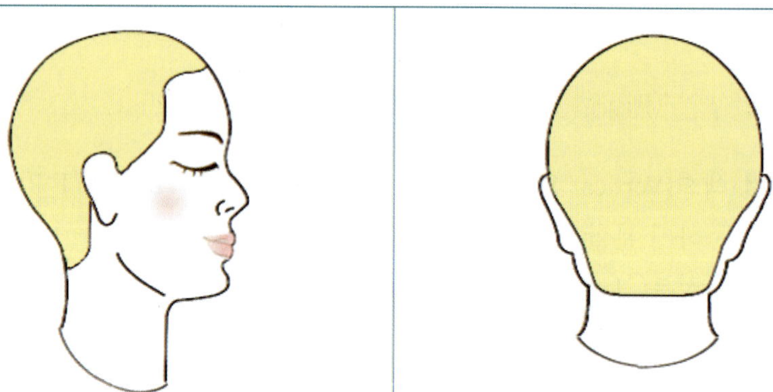

사선 섹션(전대각)

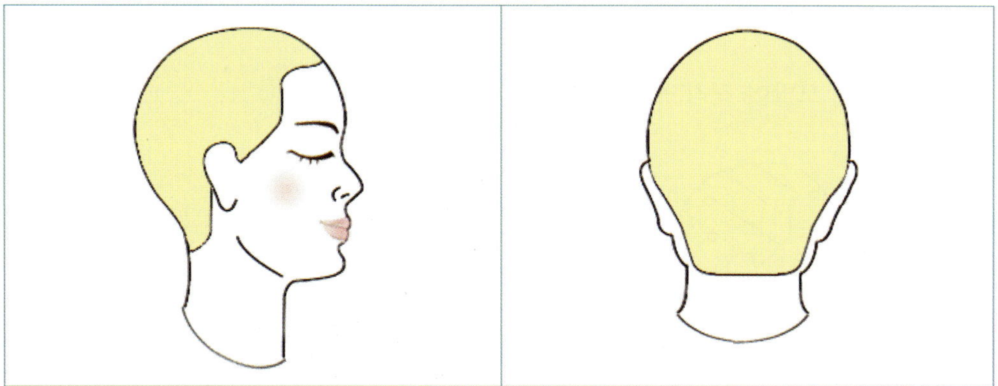

사선 섹션(후대각)

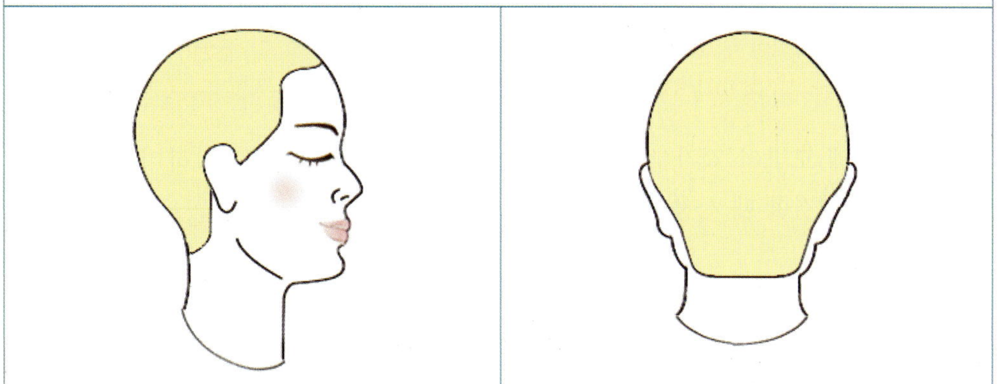

방사선 섹션

7. 분배(Distribution)[6)]

① 두상과 파팅에 대한 빗질의 방향을 의미하는 것이다.
② 자연분배, 직각분배, 변이분배, 방향분배로 나뉜다.

(1) 자연분배(Natural Distribution)

파팅에 대해 모발이 중력방향으로 떨어지며 각도는 0°이다.

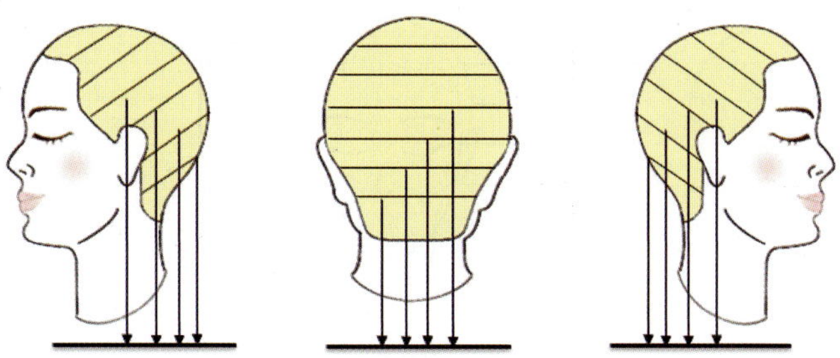

(2) 직각분배(Perpendicular Distribution)

파팅에 대해 모발이 직각으로 떨어지며 각도는 90°이다.

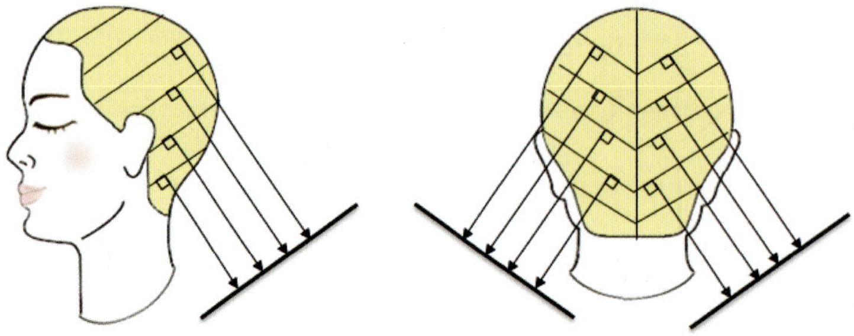

(3) 변이분배(Variation Distribution)

파팅에 대해 모발이 직각분배나 자연분배가 아닌 모든 방향을 말하며, 긴 머리와 짧은 머리를 연결할 때 사용한다.

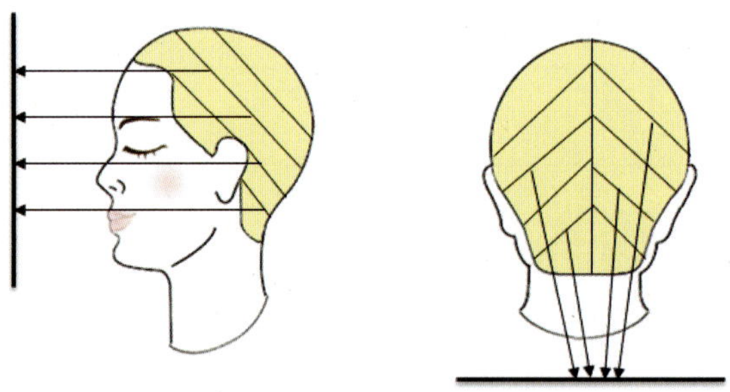

(4) 방향분배(Directional Distribution)

특정한 방향을 정해두고 모발을 나란히 빗는 것을 말하며, 두상의 곡면에 의한 형태를 만들고 파팅과 상관없이 한 방향을 향한다.

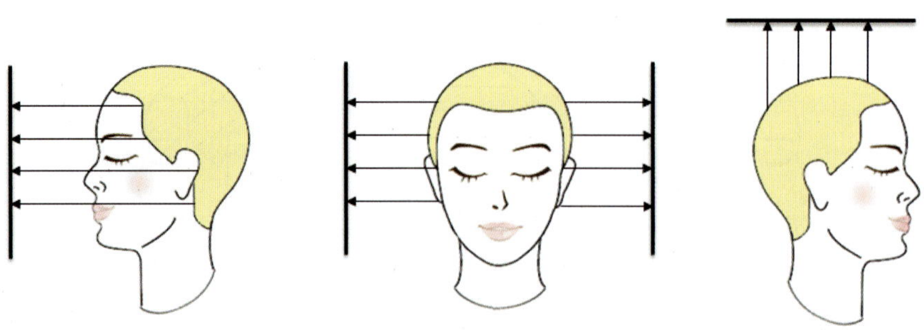

8. 디자인 라인(Design Line)

커트할 때 사용되는 머리의 모양이나 길이 가이드, 디자인의 라인이 형태선이 될 수도 있다.

(1) 고정 디자인 라인(Stationary Design Line)

① 모든 모발을 처음 가이드에 모아서 커트하는 방법이다.
② 반대편의 길이가 길어진다.
③ 디자인 라인이 이동하지 않는다.
④ 솔리드, 인크리스 레이어가 고정 디자인 라인에 속한다.

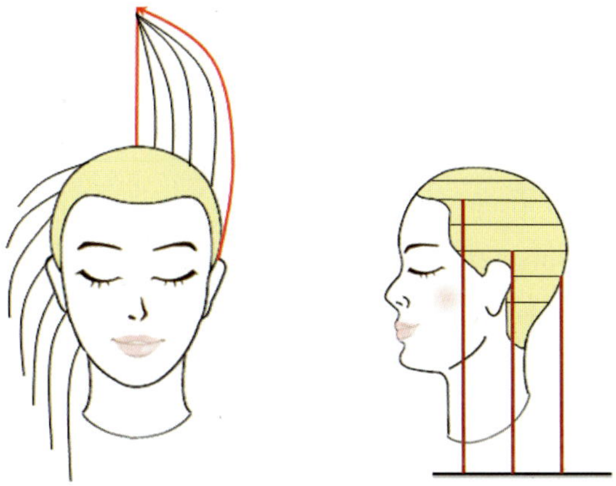

(2) 이동 디자인 라인(Mobile Design Line)

① 가이드가 이동한다.
② 커트된 일부를 다음 커트할 때의 가이드로 사용한다.
③ 그래쥬에이션, 유니폼 레이어가 속한다.

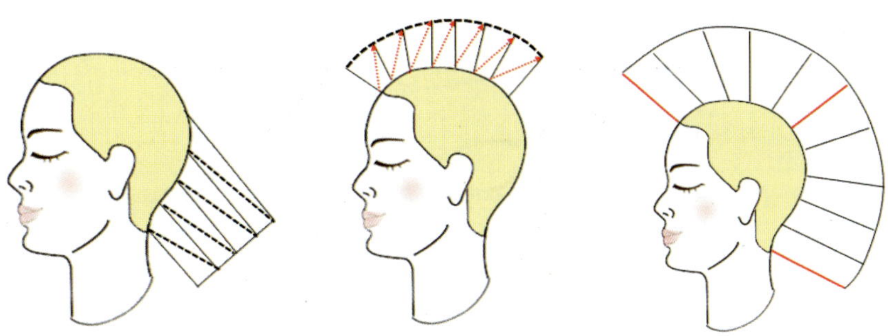

(3) 다중 디자인 라인(Multiple Stationary Design Line)

① 고정 디자인 라인을 이용하여 시술한다.
② 새로운 가이드를 설정하여 커트하는 방법이다.

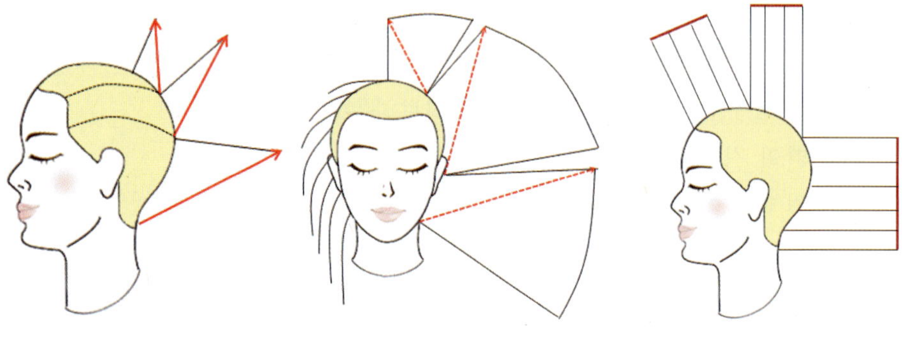

9. 시술 각

(1) 자연 시술 각(Natural Fall) – 고정 각

① 중력에 의해 자연스럽게 떨어지는 그대로의 방향이다.
② 0°를 기준으로 한다.
③ 면에 의한 각도이다.
④ 면의 시작점에서 무조건 떨어지는 각도는 0°이다.
⑤ 펼쳐진 각도는 90°이다.
⑥ 천체축을 기준으로 한 각도이다.

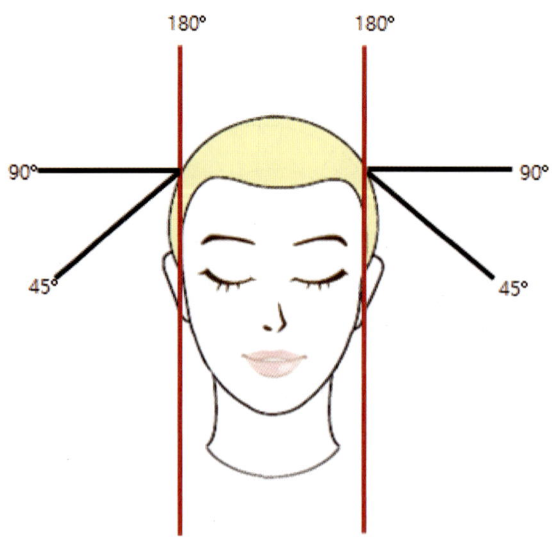

(2) 일반 시술 각(Normal Projection)

① 두상 곡면에서 모발을 들었을 때 파생되는 각도를 말한다.
② 두상에 의한 각도이다.
③ 두상으로부터 각도를 사용한다.

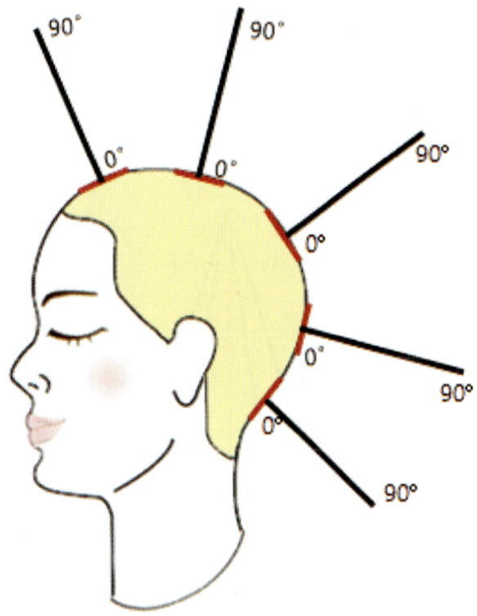

10. 손가락 위치(Finger Position)[7)]

① 평행 손가락 위치(Parallel Finger Position)

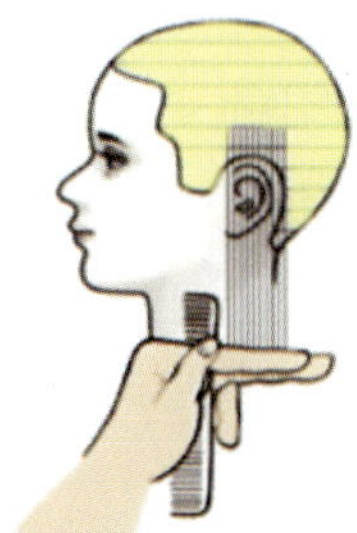

- 손의 위치가 베이스 파팅과 평행하게 커트하는 기법이다.
- 의도한 형태의 선을 완벽하게 만들 수 있다.

② 비 평행 손가락 위치(Nonparallel Finger Position)

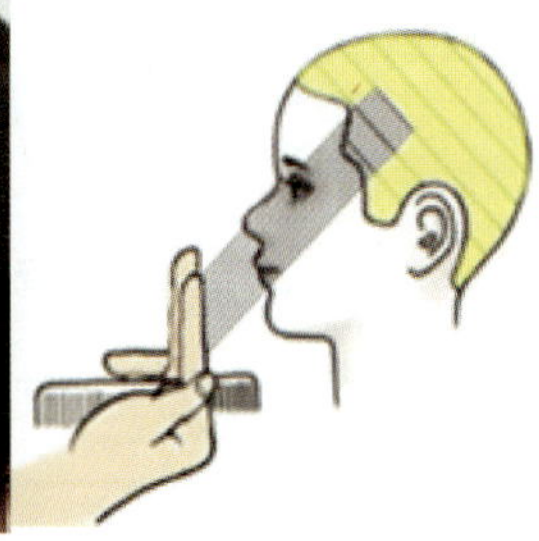

- 손의 위치가 베이스 파팅과 비 평행하게 위치되어 커트하는 기법이다.
- 길이의 증가를 유도할 수 있다.

11. 베이스의 종류

(1) 온 더 베이스(On the Base)

① 커트 시술 시 가장 기본이 되는 방법이다.
② 파팅의 중심이 90°가 되도록 스트랜드를 잡는다.
③ 원하는 부분을 동일한 길이로 커트할 때 사용되는 방법이다.
④ 베이스의 폭이 너무 넓으면 각 파팅의 연결감이 좋지 않으므로 주의한다.

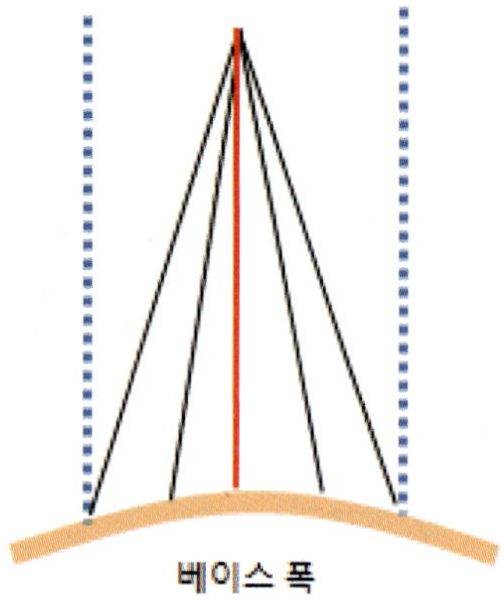

(2) 사이드 베이스(Side the base)

① 파팅의 한쪽변이 90°가 되도록 스트랜드를 잡는다.
② 한쪽변이 90°가 되기 위해서는 반대쪽 모발의 이동거리가 더 길어지므로 파팅을 모아 준 반대 방향으로 길이가 길어진다.
③ 파팅의 양에 따라 길이의 감소 또는 증가를 조절할 수 있다.

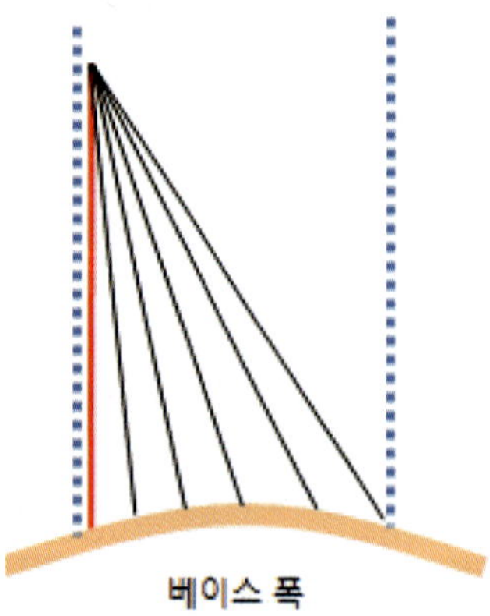

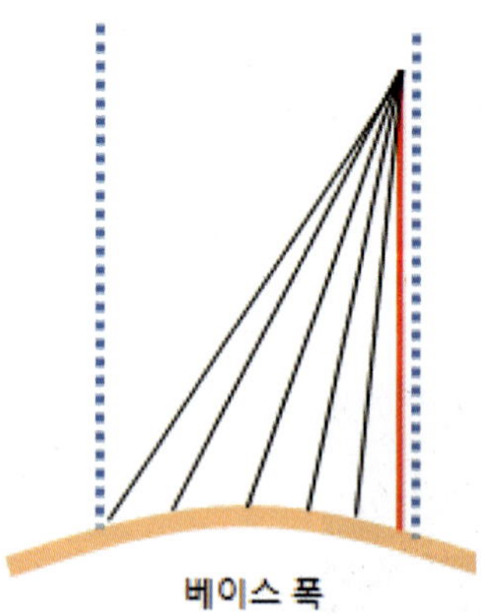

(3) 오프 더 베이스(Off the base)

① 파팅의 양쪽 변이 베이스(base)를 벗어나도록 스트랜드(strand)를 잡는다.
② 한쪽으로 얼마나 당기는 가에 따라 길이의 증가 비율이 달라진다.
③ 급격한 길이의 변화를 요할 때 사용되는 방법이다.

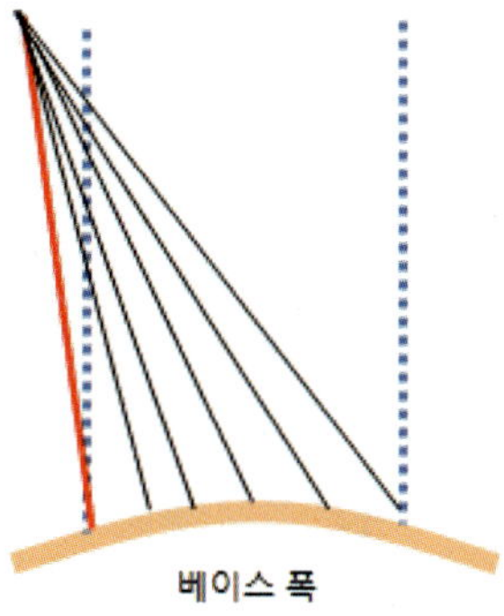

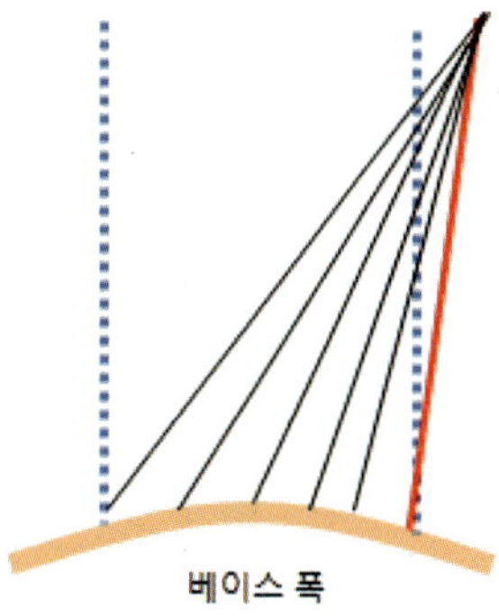

(4) 프리베이스(Free Base)

① 자연스럽게 길이가 길어지거나 짧아지는 형태이다.
② 온 더 베이스(on the base)와 사이드 베이스(side base)의 중간에 위치한 형태이다.
③ 급격한 변화가 필요하지 않을 때 사용한다.

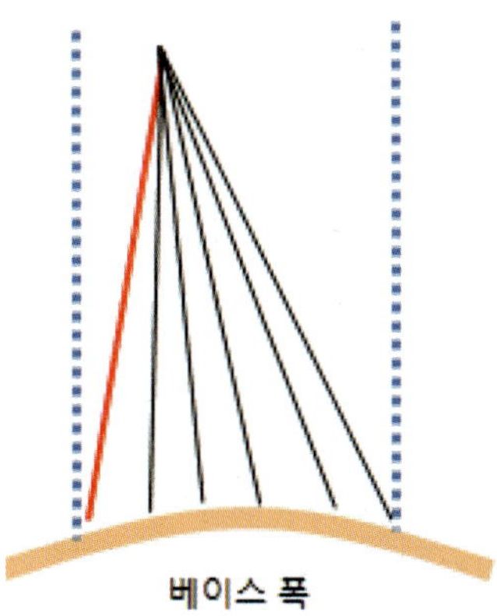

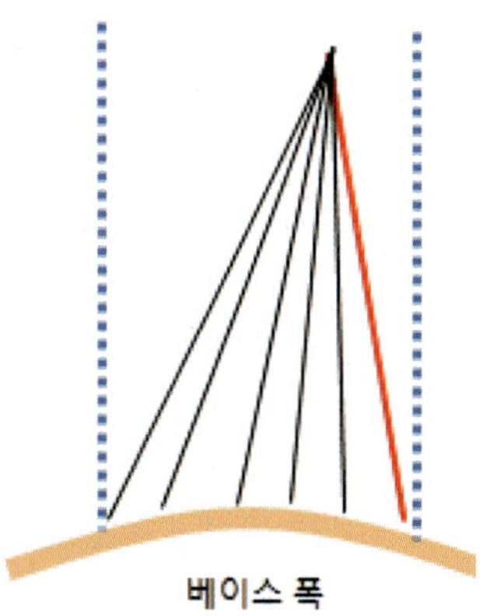

(5) 트위스트 베이스(Twist Base)

① 헤어스타일에 있어 긴 모발과 짧은 모발을 연결할 때 사용된다.
② 베이스(base)에서 베이스(base)로 이동할 때 연결하는 베이스(base)로 활용된다.
③ 온 더 베이스(on the base)에서 사이드 베이스(side base), 오프 더 베이스(off the base)까지 모든 베이스(base)에 적용이 가능하다.

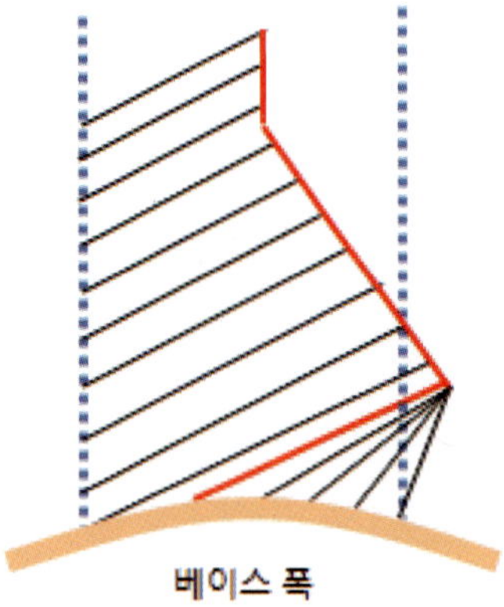

12. 테크닉(Technique)

커트의 절차에 따라 시술 방법을 설정한 후 커트할 도구에 따른 기법을 정하게 되며, 형태가 같더라도 도구의 선택과 기법은 이미지 변화에 큰 영향을 줄 수 있다. 스타일에 따른 적절한 도구를 사용하여 정확한 기법을 구사할 수 있도록 숙련도를 높여야 한다.[7)]

(1) 블런트(Blunt)

① 모발과 수직으로 커트한다.
② 단정하고 깔끔한 느낌을 준다.
③ 길이는 제거되지만 무게감은 그대로 유지된다.
④ 모발 끝 부분이 뭉툭하고 직선으로 커트하는 기법이다.

(2) 포인트(Point)

① 모발의 단면이 톱니바퀴 모양처럼 규칙적이다.
② 커트와 질감이 동시에 이루어진다.
③ 가위 날을 45°대각으로 세워서 커트한다.
④ 나칭 커트라고도 한다.

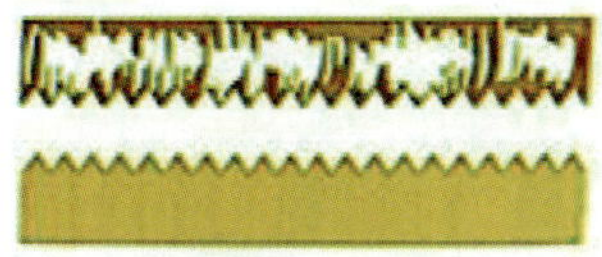

(3) 포인팅(Pointing)

① 모발 끝에 불규칙한 율동감을 준다.
② 가위 끝이나 레자를 이용해 머리 끝에 섬세한 길이를 만들어 준다.
③ 모발 끝을 쳐내는 양은 손가락의 위치나 포인팅 횟수에 따라 달라진다.
④ 가위 끝을 이용해 튕겨주듯이 시술하는 기법이다.

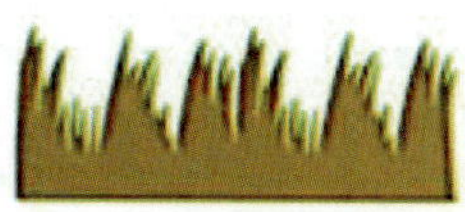

(4) 슬라이싱(Slicing)

① 모발의 판넬을 잡고 모발 끝 방향으로 미끄러지듯이 커트하는 기법이다.
② 모발의 가닥에 방향감을 목적으로 시술하는 기법이다.

(5) 슬라이딩(Sliding)

① 형태를 만들기 위해 가위 날이 미끄러지듯이 자르는 방법이다.
② 질감 조절이 가능하다.
③ 웨이브 모발에 운동감과 확장감을 줄 수 있다.
④ 짧은 모발에서 긴 모발까지 연결하여 시술할 수 있다.

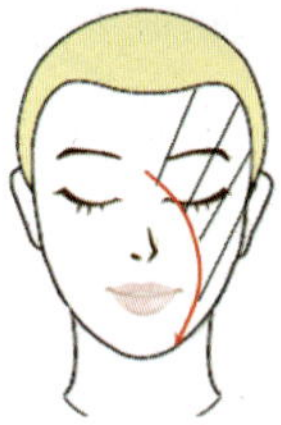

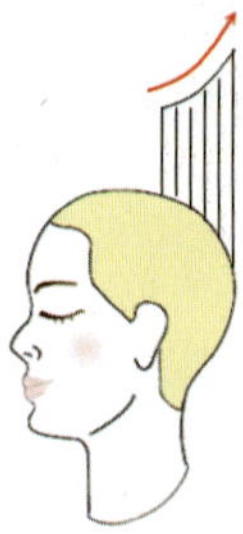

13. 스타일링(Styling)

• 커트 시술이 끝난 후 커트 디자인에 맞는 스타일링(Styling)을 한다.

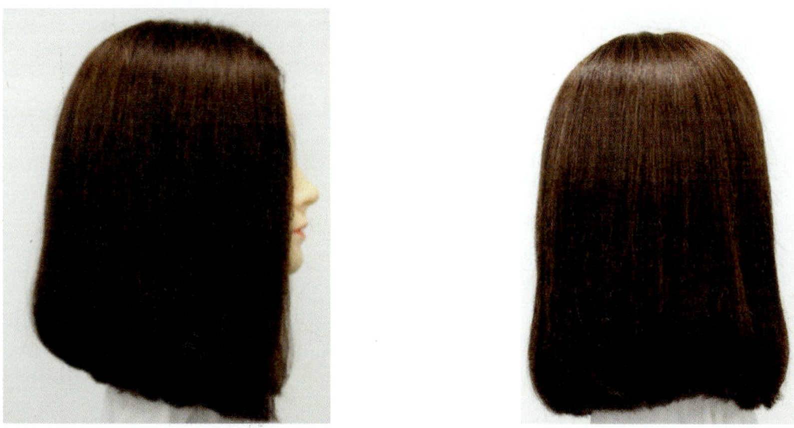

• 커트 디자인에 맞게 스타일링(Styling) 한다.

Chapter 3

헤어커트 도구 사용법

4주_ 헤어커트 도구 사용법

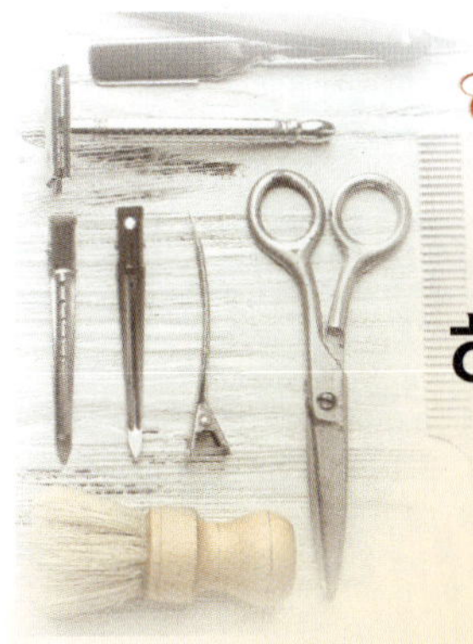

헤어커트 도구 사용법

학습내용(단원명)	수업 목표
도구의 분석/가위 테크닉/ 헤어커트 도구사용	• 커트 시술에 필요한 각 도구의 적절한 사용법을 알 수 있다. • 각 도구 사용의 주의 사항을 알 수 있다. • 각 도구의 테크니션을 이해할 수 있다. • 기본, 응용, 변형 가위 테크니션을 구사할 수 있다. • 빗과 가위, 빗과 클리퍼, 빗과 레이저 헤어커트 도구를 사용할 수 있다.

1. 헤어커트 도구 사용법

1. 헤어커트 도구의 종류

(1) 가위(Scissors)

지레의 원리를 응용하여 만들어진 가위는 개인의 선호도나 원하는 디자인 선택에 따라 달라지며 가위 날의 강도가 적당한 것, 재질이 좋은 것, 가위 내면의 곡선 마무리 공정이 깨끗한 것, 조임쇠(Pivot Point)의 작용이 좋은 것을 선택한다.[8)]

가위의 구조

가위는 손가락이 움직일 수 있는 유동날(Moving blade), 고정날(Blade), 조임쇠(Pivot Point)로 구성되어 있다.

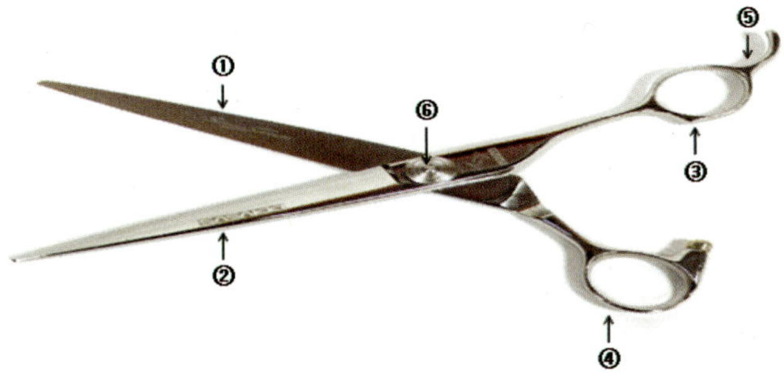

① **유동날**(Moving blade) : 엄지에 의해 조작되어 움직이는 날
② **고정날**(Blade) : 약지에 의해 조작되고 시술 시 고정되는 날
③ **약지환**(Finger grip) : 정도에 연결된 원형의 고리로 약지를 끼워 넣는 곳
④ **엄지환**(Thumb grip) : 동도에 연결된 원형의 고리로 엄지가 위치하는 곳
⑤ **소지걸이**(Finger brace) : 약지환에 이어져 있으며 소지(새끼손가락)를 걸기 위한 곳
⑥ **조임쇠**(Pivot Point) : 유동날과 고정날을 하나로 고정시켜 주며 나선의 스치는 정도를 조정

(2) 커트 빗(Cut Comb)

커트 시 정확하게 시술할 수 있는 기준 역할을 하며, 커트용 빗은 얇고 견고한 소재로 균등하고 빗살 끝이 너무 뾰족하거나 무디지 않는 것이 좋다.

빗의 구조
빗의 종류는 매우 다양하나 기본적으로 커트에 이용하는 빗은 다음과 같다.

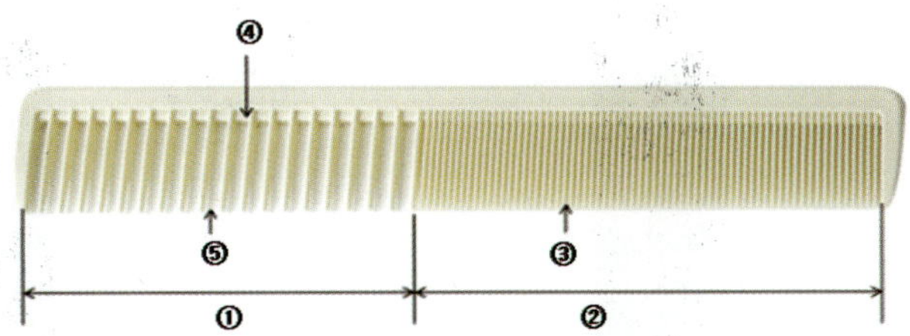

① **얼레살, 굵은 살**(Large teeth) : 블로킹(Blocking) 및 파팅(Parting)을 나눌 때 사용한다.
② **고운살, 가는 살**(Small teeth) : 모발을 가지런히 하여 정확한 커트를 할 때 사용한다.
③ **빗살 끝** : 각 빗살의 끝으로 두피에 접해 모발을 나눌 때 사용한다.

④ **빗 몸** : 빗 전체를 지지하고 균형을 유지한다.

⑤ **빗살** : 전체가 균등하게 정렬되어야 하고 간격이 일정해야 한다.

(3) 레자 커트(Razor Cut)

레자는 모발을 커트하기도 하지만 사용방법에 따라 가위로는 낼 수 없는 모발의 가벼움, 매끄러움, 율동감을 주어 아름다운 헤어스타일을 연출한다. 레자 커트 시 젖은 모발 상태에서 시술해야 한다.

(4) 클리퍼(Clipper)

클리퍼는 모터의 동력에 의해 유동날이 좌우로 빠르게 이동하면서 모발을 절단하는 도구이다. 일명 바리깡이라고 부른다.

클리퍼의 구조

① **윗날** : 좌우로 움직여서 밑 날과 함께 모발을 절단하는 작용을 한다.

② **밑날** : 윗날과 함께 모발을 자르는 역할 및 모발을 같은 길이로 모아주는 빗의 작용을 한다.

(5) 클립(Clip)

모발을 커트하기 위해 일정한 파팅(Parting), 섹셔닝(Sectioning) 등 모발의 고정을 위하여 사용한다.

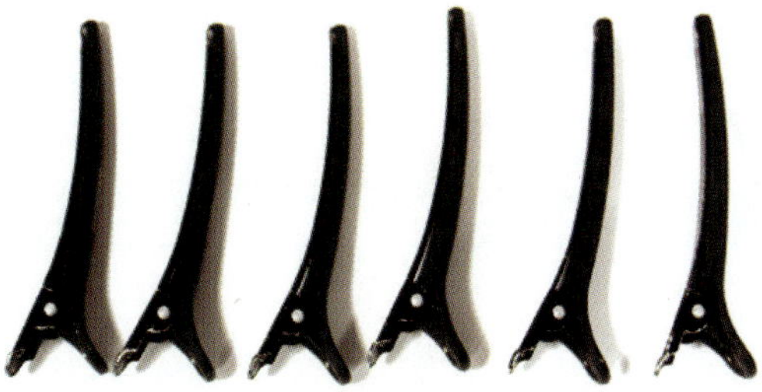

(6) 분무기(Spray)

커트 시 중요한 역할을 하는 도구로서 마른 모발에 균일한 수분을 주고 큐티클(Cuticle)이 손상이 가지 않게 정확한 섹션(Section)이나 파팅(Parting)을 나누는 도구로 사용된다.

(7) 커트용 어깨 보와 커트 보

커트용 어깨 보는 커트 보 사용하기 전에 착용하며 커트 후 블로우 드라이 시 작업이 연결되도록 하는 데 목적이 있다. 커트 보는 커트 시 고객의 옷을 보호하고 커트된 모발이 옷 속으로 들어가는 것을 방지하는 목적으로 착용한다.

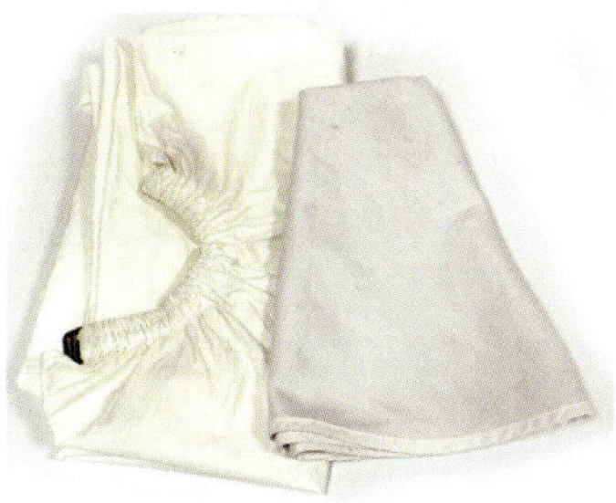

2. 도구의 분석

(1) 가위 잡는 방법

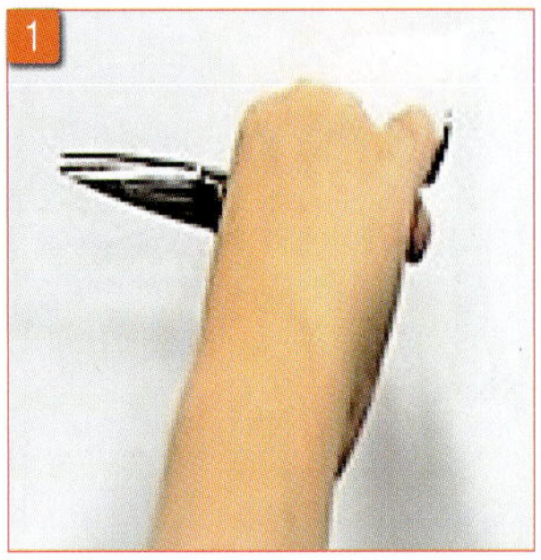

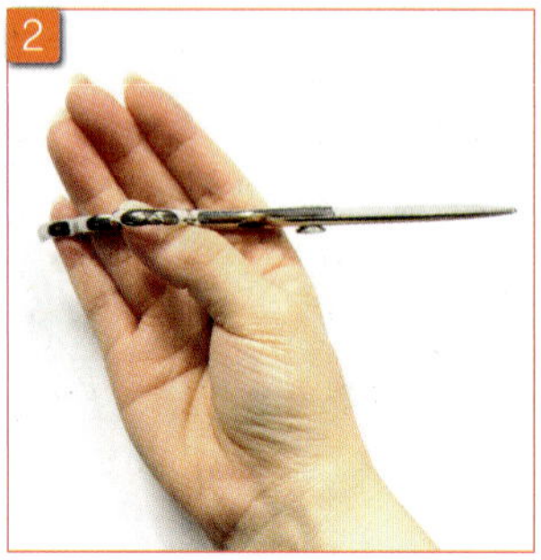

①, ② 가위의 조임쇠(pivot point) 부분이 자신을 바라보도록 잡고 고정날에 약지 손가락을 끼우고, 유동날에 엄지를 끼우되 너무 깊게 끼워 넣지 말고 엄지손가락 끝에 걸치듯이 끼운다.

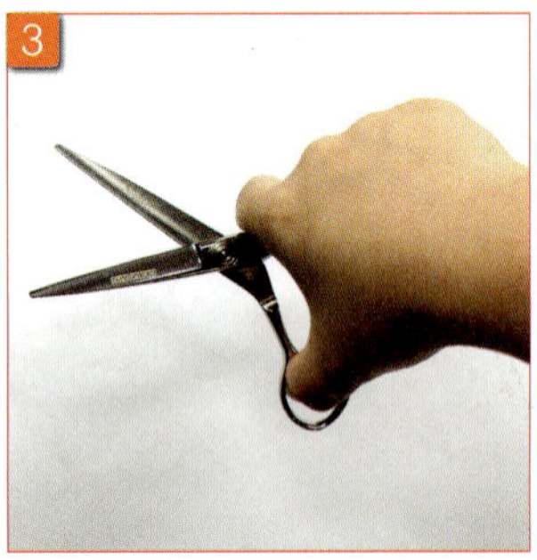

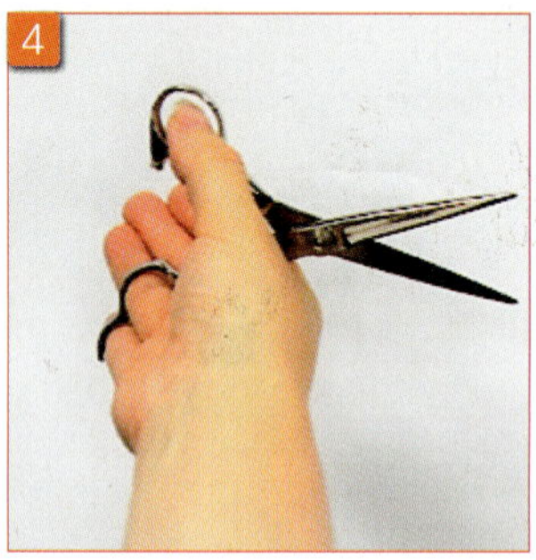

③, ④ 가위의 테크닉은 유동날의 엄지 날만 움직이고, 약지와 나머지 세 손가락은 가지런히 하여 움직이지 않도록 엄지 날의 힘을 받쳐주는 역할을 한다.

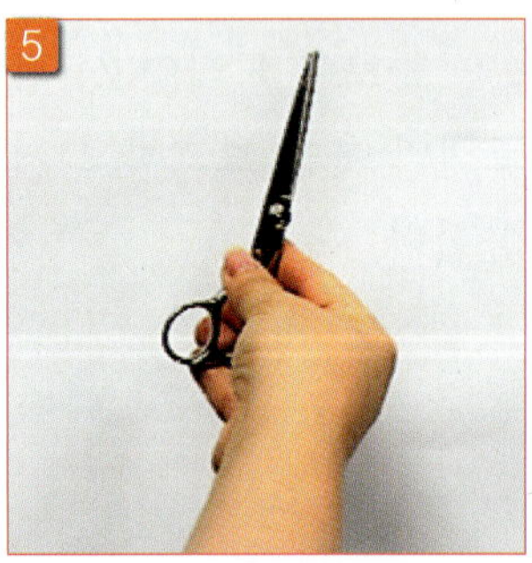

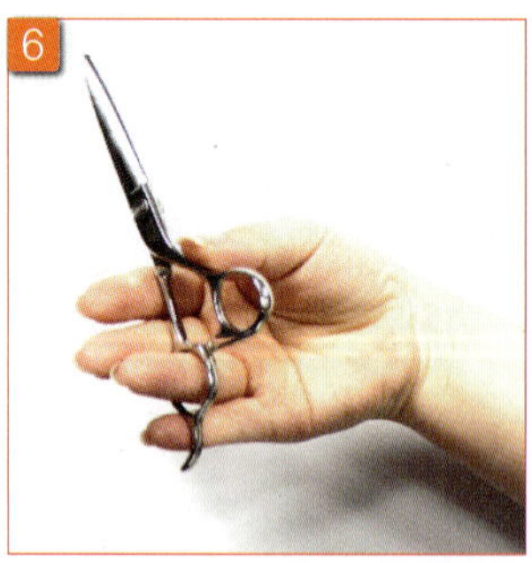

⑤, ⑥ 커트를 하지 않을 때는 가위의 날을 닫은 뒤 엄지환에서 엄지를 빼고 가볍게 주먹을 쥐는 동작으로 가위를 쥔다.

(2) 가위 돌리기

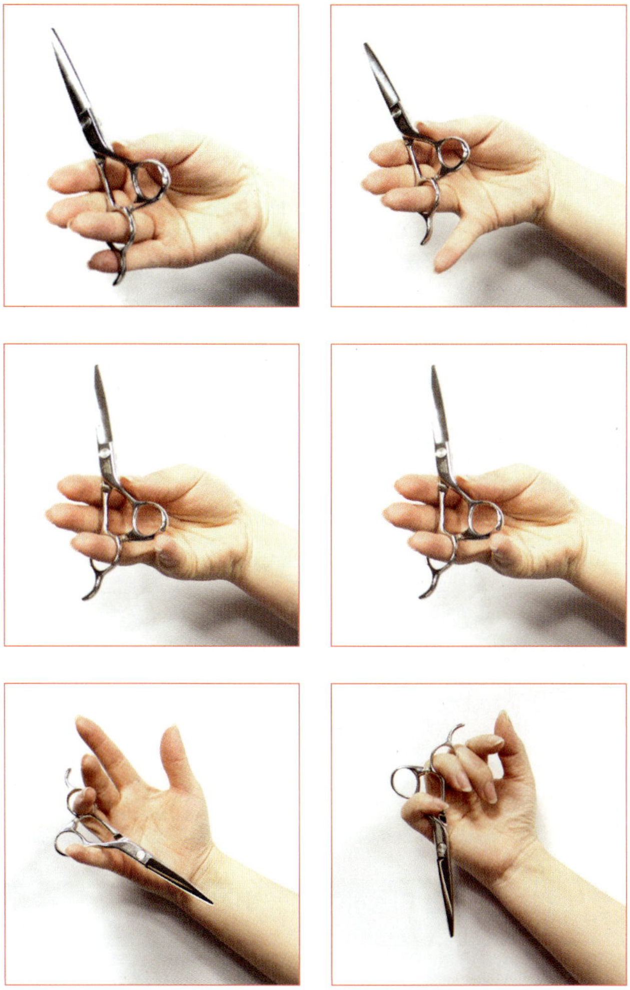

커트를 한 후 엄지환에서 엄지손가락을 뺀 후 검지로 살짝 툭 치면서 가위를 회전시켜 약지와 소지 사이에 끼운다.

가위의 조임쇠

가위의 조임쇠(pivot point) 부분이 느슨하게 되어 있으면 가위를 돌리는 과정에서 가위 날이 벌어져 손을 베일 수도 있으므로 주의해야 한다.

(3) 빗 잡는 방법

빗을 사용할 때에는 얼레살과 고운살로 번갈아 가면서 사용한다. 얼레살은 파팅을 나눌 때 사용하고, 고운살은 판넬을 나눌 때 사용한다.

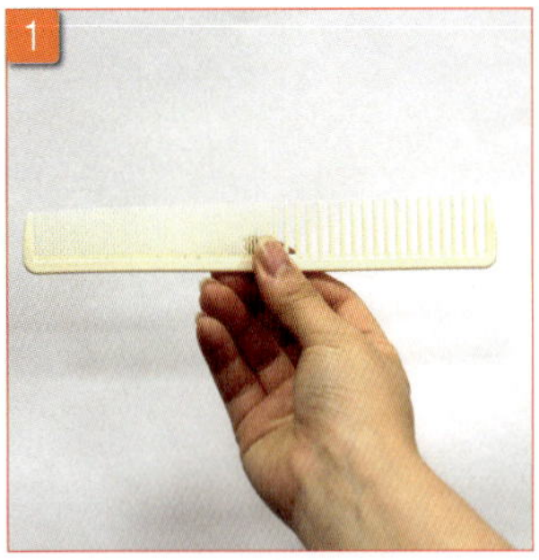

①, ② 빗의 중간을 엄지와 검지, 중지로 살며시 잡는다.

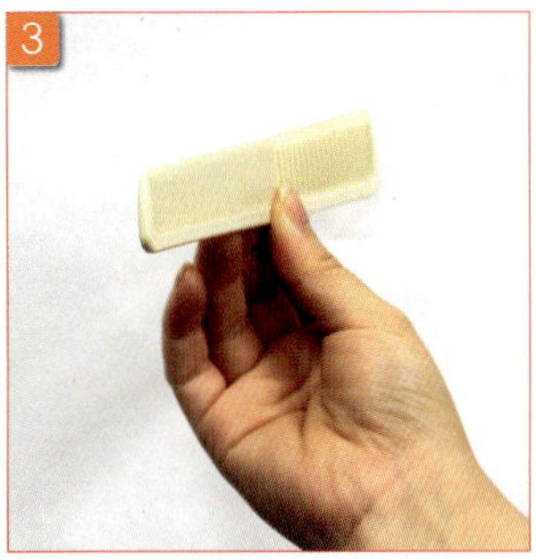

③, ④ 돌리고자 하는 방향으로 엄지, 검지, 중지를 이용하여 빗을 회전시킨다.

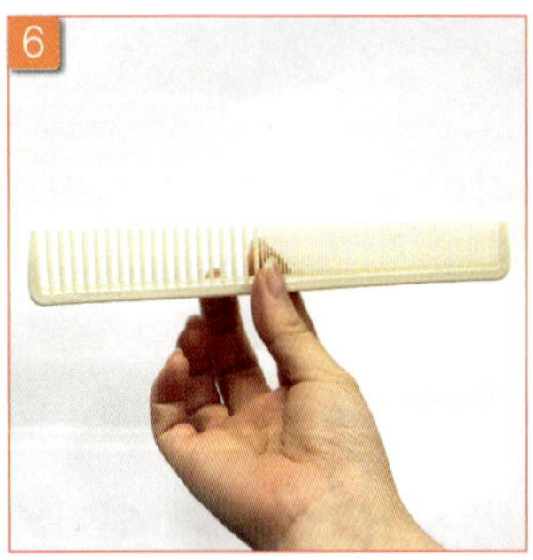

⑤, ⑥ 커트 시술 시 목적에 따라 한 방향으로 돌려가면서 사용한다.

(4) 스트랜드 잡는 방법

스트랜드는 중지와 검지로 잡아준다. 이때 중지가 검지 위로 살짝 밖으로 나오게 하여 어긋난 상태가 되도록 잡는다.

(5) 판넬 연습

① 준비된 티슈나 신문지를 모발이라 생각하고 판넬 잡는 손으로 살며시 잡는다.
② 가위로 3~4회 개폐하면서 커트를 진행한다.
③ 가위의 고정날은 고정되어 있어야 하고 유동날만 움직여서 커트를 해야 한다.
④ 잘린 커트의 선은 일직선이 되도록 가위 테크닉을 해야 한다.
⑤ 가위 고정날이 움직이지 않고 커트선이 일직선이 되도록 충분한 연습을 한다.

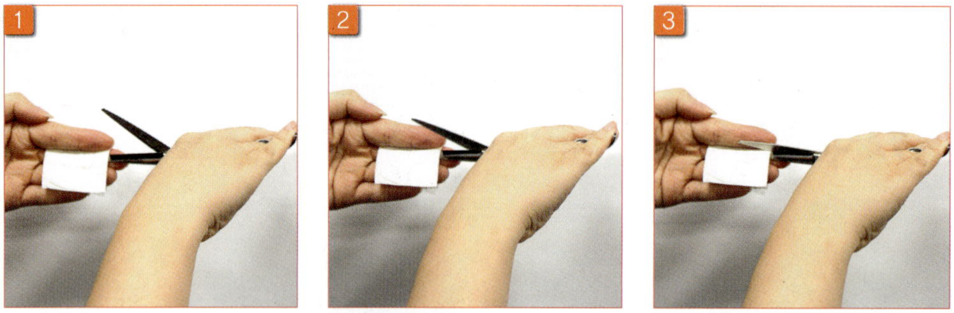

①, ②, ③ 판넬을 잡고 가위로 자를 위치를 정한다.

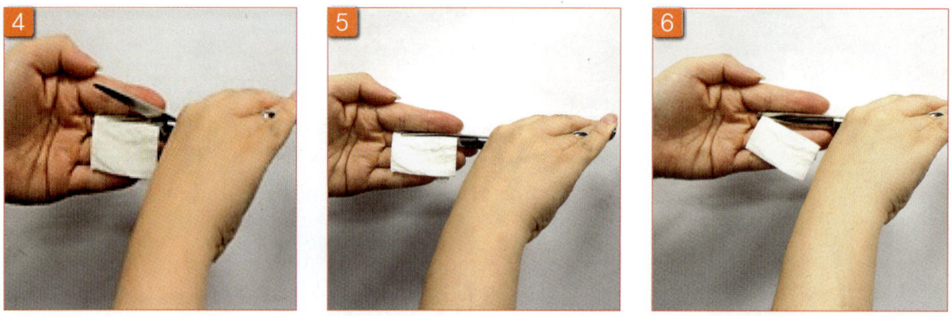

④, ⑤, ⑥ 가위로 휴지 판넬을 자르며, 이때 커트 선은 일직선이 되어야 하며 반복적으로 연습을 한다.

3. 가위 테크닉

(1) 기본 가위 테크닉

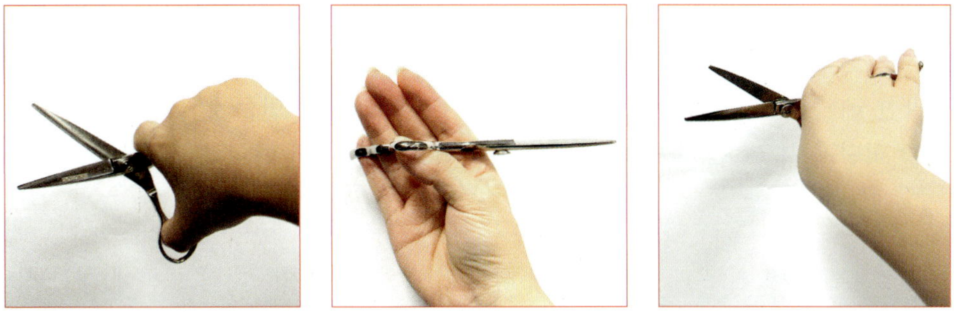

호리존탈(horizontal, 수평) 상태를 유지하면서 커트할 때 쓰이는 기법으로 가위의 조임쇠(pivot point) 부분을 검지로 떨림이 없도록 고정시킨다. 이 가위 테크닉은 정확한 커트가 요구될 때 사용되며, 주로 원랭스 기법에 사용된다.

(2) 응용 가위 테크닉

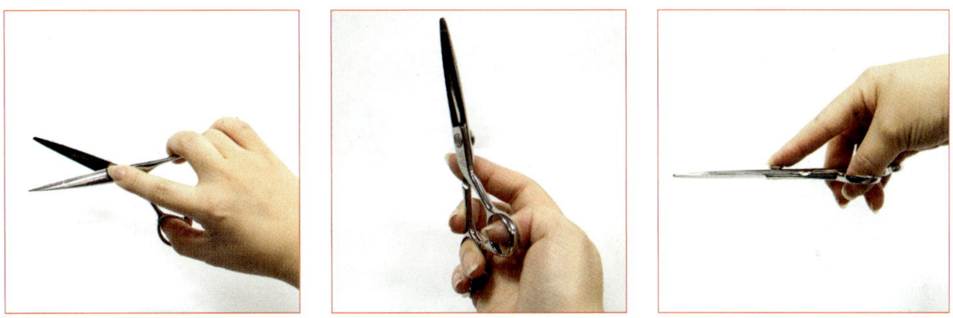

포인트(point) 커트 등을 할 때 사용하는 기법으로 검지 손가락으로 조임쇠(pivot point) 부분을 고정시켜 손 전체의 떨림을 방지하는 기법이다.

(3) 변형 가위 테크닉

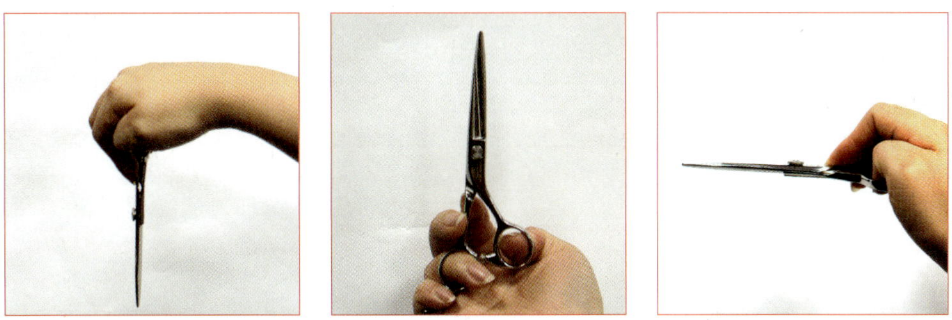

버티컬(vertical, 세로) 상태를 유지하면서 커트할 때 사용하는 기법으로 가위의 조임쇠(pivot point) 부분을 검지로 고정시켜 떨림이 없도록 한다. 크레스트 영역을 커트할 때 주로 사용하는 기법이다.

(4) 레자(Razor) 테크닉[9)]

정확한 레자 커트 방법은 모발의 성질과 어떤 스타일을 만들지 결정하는 것이다. 레자를 어떻게 사용하느냐에 따라 표면 레자 테크닉 방법이 다르다.

① 레자 커트의 특징

- 젖은 모발에 커트 시술하는 것에 따라 모발의 길이, 양, 머리 흐름에 대한 상태 파악, 상세한 기술의 표현이 가능하다.
- 모발을 테이퍼링 함에 따라 모발의 겹침에 변화가 생겨 부드럽고 가벼운 질감이 된다.
- 모발 끝의 질감 처리로 인해 가벼운 움직임을 자유자재로 낼 수 있다.
- 디자인상 불필요한 모발량을 제거한다.
- 시술 시 커트의 속도가 빨라 능률적일 수 있다.

② 레자 커트 시 주의점

- 레자 사용이 미숙한 디자이너는 필요한 모발량 이상으로 과도하게 커트할 위험성이 있다.
- 커트 시 모발의 잘린 단면적이 넓어서 모표피의 갈라짐과 모피질의 성분이 빠져 나와 모발이 손상되기 쉽다.
- 초보자는 기술적으로 사용하기 어려울 수 있다.

③ 에칭 기법(Etching, 레이어 질감)

- 레자를 판넬의 표면에 대고 테이퍼링 하는 방법이다.
- 아웃 컬의 움직임을 만들고자 할 때 사용하는 방법이다.
- 율동감과 움직임을 줄 수 있다.
- 윗머리가 짧고 아래쪽의 머리가 길어져 아웃 컬을 만들 수 있다.

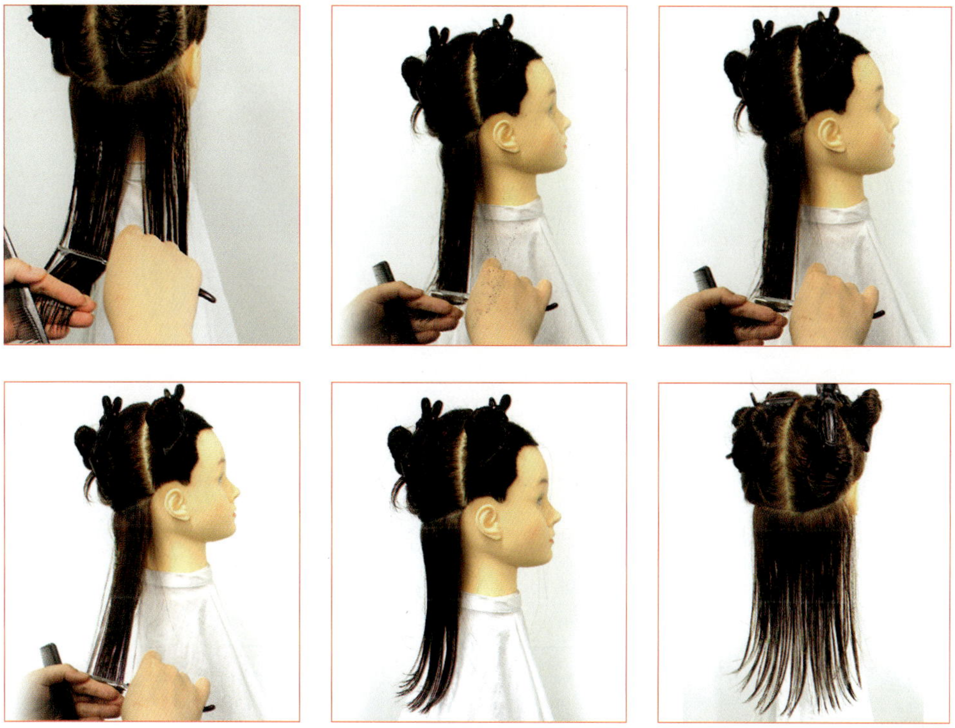

④ 아칭 기법(Arching, 그라데이션 질감)

- 레자를 판넬 뒤쪽으로 대고 호를 그려 안쪽 모발을 도려내어 테이퍼링하는 방법이다.
- 판넬의 위쪽이 길고 아래쪽이 짧아 인컬의 볼륨을 얻을 수 있는 기법이다.
- 볼륨감과 입체감을 만들고자 할 때 사용한다.
- 인컬에 볼륨감을 주고자 할 때 사용한다.

⑤ 텍스춰 테이퍼링

모발의 단차를 내기위한 레자 커트 기법으로 에칭(etching), 아칭(arching) 시술 시 많은 시간이 필요하므로 빠른 시간에 한꺼번에 질감을 처리하는 방법으로 한 판넬을 잡고 질감을 표현하는 방법이다.

⑥ 방향에 따른 테이퍼링

왼쪽, 오른쪽으로 움직임을 주고자하는 디자인에 따라 레자가 들어가는 방법이 달라지며, 모발의 길이는 항상 짧은 쪽에서 긴 쪽으로 흐르는 성질을 가지고 있다.

왼쪽 방향의 흐름인지 또는 오른쪽 방향의 흐름인지에 따라 레자 날을 먼저 대어 짧게 해야 한다.

4. 헤어커트 도구 사용

(1) 빗과 가위 사용하기

① 기본 빗과 가위 테크닉

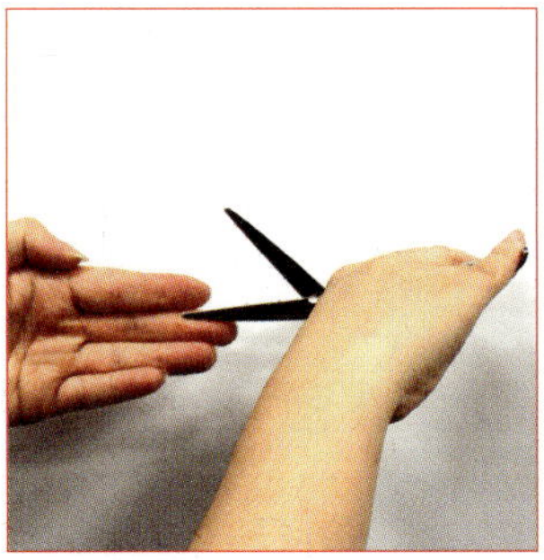
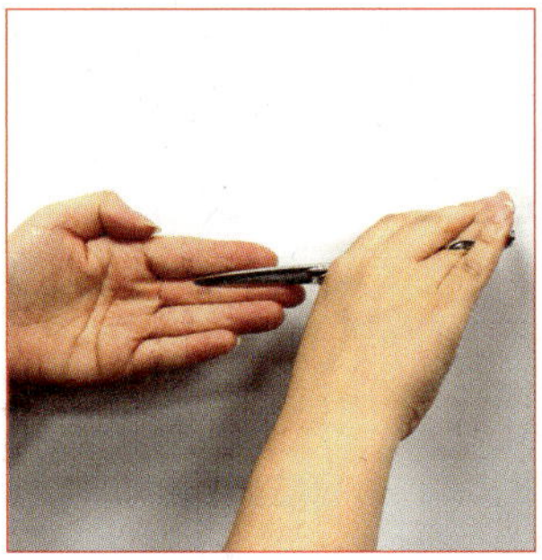

커트 시술 시 빗을 사용하지 않을 때는 빗살 끝이 왼손 엄지손가락 안쪽으로 향하도록 중심을 끼워 넣고 가위 테크닉을 한다.

② 싱글링 가위 테크닉

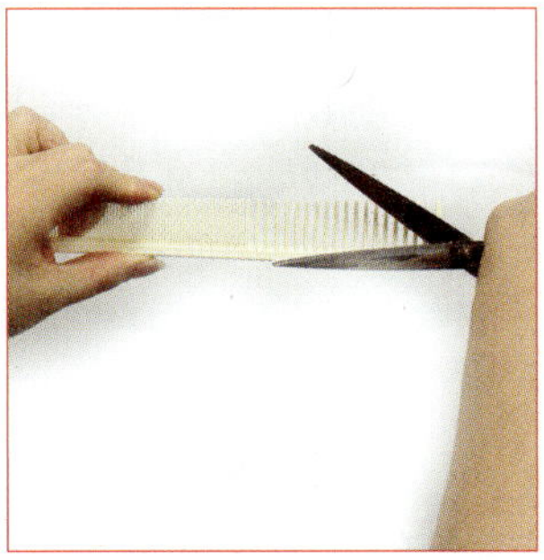
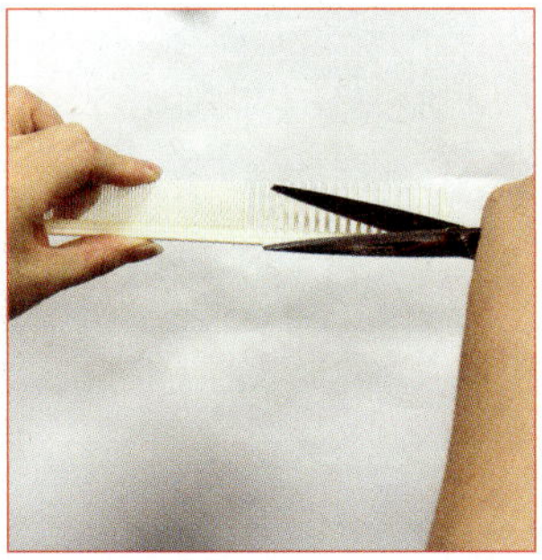
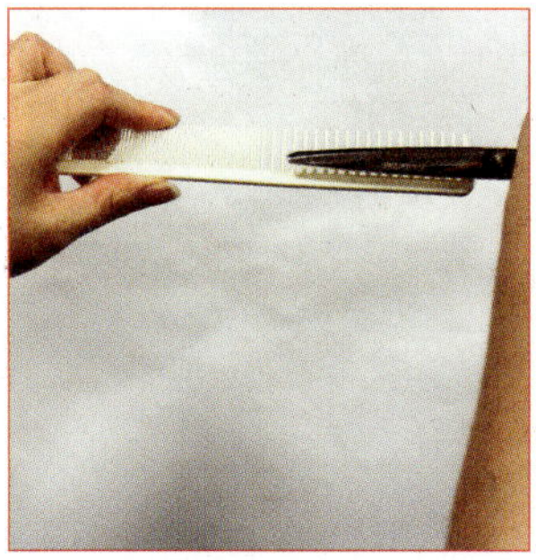

장가위의 한쪽 날을 커트 빗에 고정시킨 후 위로 이동하면서 튀어 나온 모발을 깎는 테크닉으로 주로 짧은 커트 스타일이나 남성 커트 스타일 상고형과 스포츠형에 주로 사용된다.

(2) 빗과 클리퍼 사용하기

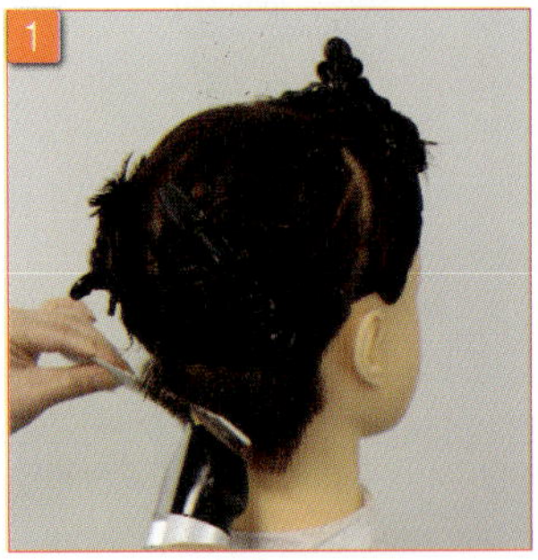

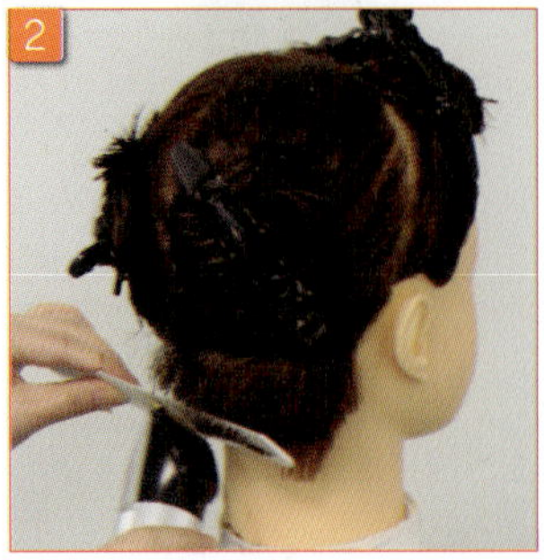

①, ② 빗은 자 역할, 클리퍼는 자를 땐 모발을 정확하게 자르며, 빗(자)의 시술 각도와 클리퍼의 시술 각도는 동일해야 한다.

③, ④ 클리퍼의 뒷면 중심에 밀어주는 역할을 하는 나머지 네 손가락을 얹어 순간적으로 빠르게 올려치는 테크닉을 이용하여 힘을 골고루 분배한다.

(3) 빗과 레자(Razor)

①, ② 판넬을 몸쪽으로 너무 강하지 않은 텐션으로 잡아 당겨 원하는 위치에 레자를 넣고 날이 접촉하는 면이 균등하도록 하고 모발 끝을 향해 잡아당긴다.

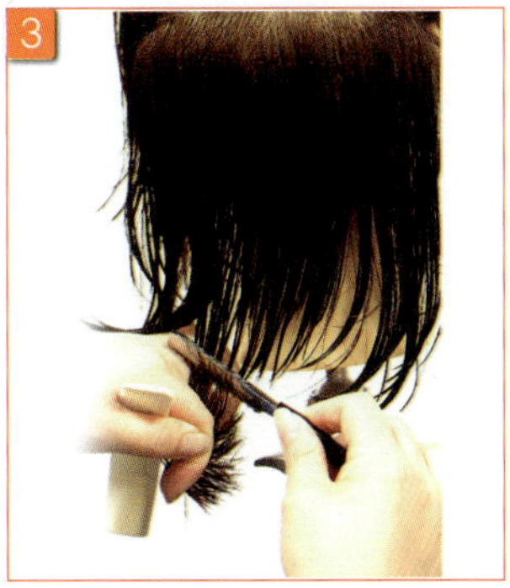

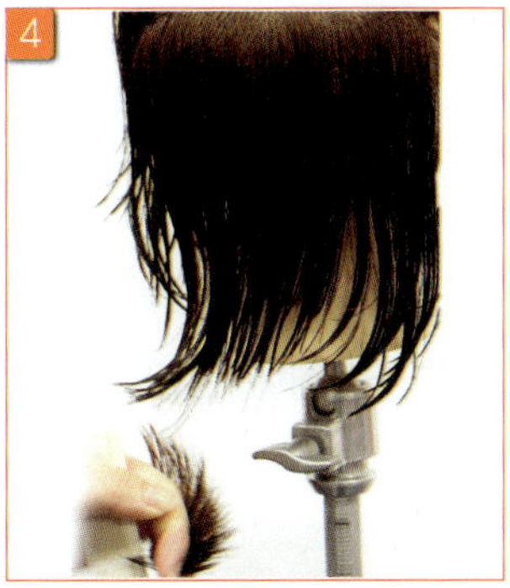

③, ④ 머리다발의 텐션은 판넬을 쥔 손 안쪽까지 원하는 길이로 커트한다.

5. 소독학

(1) 소독(Disinfection)의 정의[10)]

① 도구나 표면으로부터 병원균과 기타 물질을 제거하는 것이다.
② 위생보다 높은 수준의 오염원 제거의 수단이다.
③ 가위나 빗과 같은 비 침투성 기구에 대한 관리를 할 수 있다.
④ 강한 살균력으로 감염의 위험으로부터 인체를 보호하고 항상 질병을 일으킬 수 있는 미생물에 대해 경계해야 한다.
⑤ 소독의 중요한 3단계는 멸균, 소독, 위생이며, 미용실에서는 위생과 소독이 가장 중요하다.
⑥ 물품이나 기타 비 침투성 기구에 있는 오염된 생물체를 죽이기 위한 실제적인 방법이기도 하다.

소독과 위생의 중요성

미용사는 세균의 성장, 예방 그리고 박멸에 관한 대처방법을 숙지하고 감염 및 전염 질환으로부터 본인, 동료 그리고 고객을 보호하여야 할 의무가 있다.
미용사에게는 실질적으로 중요한 의무이다.

(2) 소독제의 결정 요건

① 살균력과 침투력이 우수해야 한다.
② 밖으로 노출되었을 때 독성이 적어 안전성이 있어야 한다.
③ 주위환경에 의해 변화되지 않는 안정성과 용해성이 높아야 한다.
④ 대상물을 부식, 표백시키지 않고 사용이 간편해야 하며 경제적이어야 한다.

⑤ 불쾌감을 주는 냄새가 없어야 한다.

⑥ 환경적 측면에서 생물학적 분해가 잘 되어야 한다.

도구를 소독하기 전

- 빗과 브러시에 붙은 머리카락과 먼지, 이물질을 제거한다.
- 뜨거운 물과 비누로 깨끗이 세척해야 한다.
- 소독해야 한다.

도구 소독이 끝난 후

- 용기에서 도구를 꺼낸다.
- 반드시 깨끗한 물로 세척해야 한다.
- 깨끗한 타월로 건조해야 한다.
- 캐비넷에 보관해야 한다.

(3) UV 살균기

① 빗, 브러시 그리고 도구를 사용하기 전까지 위생적이고 효과적으로 보관이 가능하다.

② 각종 도구는 반드시 소독(sanitize) 시킨 후 UV 살균기에 보관하는 것이 좋다.

(4) 소독 시 고려할 사항

① 유기체의 수와 특성

② 소독할 기구의 유형

③ 기구의 사용용도

④ 소독 방법의 유용성과 실용성

(5) 소독 시 주의사항[11)]

① 병원 미생물의 종류, 소독의 목적과 방법, 소독시간을 미리 염두해 둔다.

② 소독 용기 안의 화학 용해제는 주기적으로 바꿔주고, 조금씩 새로 만들어서 사용한다.

③ 소독을 할 때 모든 물품의 상태는 청결해야 하고 모발이 엉켜 있어서는 안 된다.

④ 모든 컵, 핑거볼 또는 유사한 물품들은 다음 고객에게 사용하기 전에 반드시 우선적으로 소독을 꼭 해야 한다.

⑤ 소독 대상의 성질에 유의하여 소독약과 소독법을 잘 선택해야 한다.

6. 미용실 실내의 환경 위생[12)]

① 개인의 위생이나 미용도구를 깨끗이 하고, 미용실 자체를 깨끗이 하는 것이 전염병을 방지하기 위해 중요하다.
② 샴푸대나 선반 등 구석진 부분을 항상 청결하게 유지해야 한다.
③ 몸에 꼭 끼는 옷은 피하고 편안하고 넉넉한 옷을 착용한다.
④ 굽이 낮고 뒤축이 막힌 신발을 착용하여 머리카락이 신발에 들어가는 것을 방지한다.
⑤ 약품을 도포할 때는 반드시 장갑을 착용한다.
⑥ 샴푸 후 손에 피부염이 유발될 수 있기 때문에 깨끗이 손을 닦고 핸드크림 등을 발라준다.
⑦ 몸에 냄새가 나지 않도록 땀의 흡수와 통풍이 잘 되는 옷을 착용하고 항상 목욕을 하여 몸을 청결하게 한다.

(1) 미용실의 환경위생을 위해 항상 유지하고 꼭 지켜야 할 조건

① 미용실의 청결을 항상 유지해야 한다.
② 소독 설비를 갖추어야 한다.
③ 미용실의 채광, 조명, 환기를 충분히 해야 한다.

(2) 환기

미용실에서 사용하는 화학물질, 즉 샴푸, 린스, 스프레이, 염색제, 퍼머용제, 메니큐어 등을 밀폐된 공간에서 연속적으로 사용하고 있어 실내 공기가 오염되기 쉽다. 고객과 직원들이 오염된 실내 공간에서 북적이기 때문에 호흡기나 피부 노출, 눈 등을 통해 유해한 화학성분이 체내로 흡수될 수 있다.

그러므로 미용실의 환기는 필수적이다. 정체된 공기를 차갑고 신선한 공기로 바꾸어 주어야 하며, 모든 창문을 열어 환기시킴으로써 쾌적한 환경을 유지하고 두통, 호흡기 질환 등을 예방할 수 있어야 한다.

예상 문제

1. 커트의 개념을 간단하게 설명하시오.

2. 원랭스를 시술하는 데 사용되는 시술 각은?

3. 천체축 각도의 주요 각도는?

4. 커트 시술 시 기본적으로 지켜야 하는 7가지 주요 절차는?

5. 다음 중 Front Side Point의 약어는?

6. 센터 포인트(C.P)에서 양쪽 사이드 코너 포인트(S.C.P)까지의 연결선은?

7. 그래쥬에이션의 표준 시술 각은?

8. 상하의 층이 많이 나지 않는 헤어스타일을 시술할 때 나누는 섹션 방법은?

9. 파팅에 대해 모발이 직각으로 떨어지며, 각도는 90°인 분배는?

10. 코를 중심으로 두상의 좌, 우를 수직 2등분한 선은?

11. 커트 시술 시 가장 기본이 되는 방법으로 파팅의 중심이 90°가 되는 베이스는?

12. 가장 중요한 부분이며, 편의에 따라 앞으로 숙이거나 옆으로 기울일 수 있는 것은?

13. 전대각 파팅을 표시하고 그리시오.

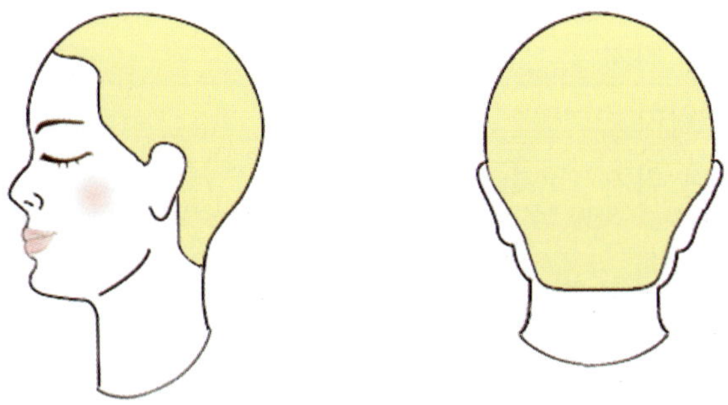

예상 문제

14. 수직 섹션의 설명으로 옳지 않은 것은?

① 지면과 수직으로 섹션을 나누는 것이다.

② 주로 그래쥬에이션 커트에 활용된다.

③ 상하의 층을 많이 내는 데 활용한다.

④ 질감이 부드럽고 가벼운 층으로 표현된다.

15. 파팅에 대해 모발이 직각 분배나 자연 분배가 아닌 모든 방향을 말하는 것은?

① 방향 분배

② 직각 분배

③ 변이 분배

④ 자연 분배

16. 모발과 수직으로 커트하고, 단정하고 깔끔한 느낌을 주는 테크닉은?

① 포인팅

② 슬라이싱

③ 슬라이드

④ 블런트

17. 솔리드형을 커트하기 위해 가장 바람직한 두상 위치는?

① 똑바로 세운 위치

② 앞으로 숙이는 위치

③ 뒤로 젖히는 위치

④ 옆으로 기우린 위치

18. 커트라인이 강하고 정교하게 커트된 형태로 깨끗한 라인을 만들 때 사용되는 도구는?

① 틴닝 가위

② 스트록 가위

③ 레자

④ 블런트 가위

19. 다음 중 그래쥬에이션 커트의 종류가 아닌 것은?

① 로우 그래쥬에이션

② 스파니엘

③ 미디움 그래쥬에이션

④ 하이 그래쥬에이션

20. 레이어의 표준 시술 각은?

① 90° ② 0° ③ 45° ④ 135°

21. 레자 커팅 기법은?

① 베벨 업

② 베벨 언더

③ 에칭, 아칭

④ 슬라이싱

22. 원랭스의 무게감을 잘 나타낸 것은?

① 무게감이 중간 정도이다.

② 무게감이 없다.

③ 가벼움이 크다.

④ 무게감이 많다.

23. 레이어 형을 만들기 위해 사용되는 손가락의 위치는?

① 두상과 평행

② 바닥과 평행

③ 두상과 비 평행

④ 바닥과 비 평행

24. 부드럽고 명확하지 않는 커트 선을 만들기 위해 사용되는 도구는?

① 틴닝 가위

② 블런트 가위

③ 스트록 가위

④ 레자

예상 문제

25. 커트 시술 시 두상을 나누고 조절하기 위해 더 작게 나누는 것은?

① 분배
② 파팅
③ 섹션
④ 블로킹

26. 레이어형을 만들기 위해 사용되는 분배는?

① 변이 분배
② 수직 분배
③ 방향 분배
④ 자연 분배

27. 원랭스 형을 커트하는 데 사용되지 않는 라인은?

① 수평 라인
② 후대각 라인
③ 전대각 라인
④ 수직 라인

28. 소독 시 주의사항이 아닌 것은?

① 소독 용기 안의 화학 용해제는 규칙적으로 바꿔줘야 한다.
② 소독할 때의 모든 물품은 청결해야 한다.
③ 소독할 물품에 모발이 엉켜 있어야 한다.
④ 다음 고객에게 사용하기 전 우선적으로 소독을 해야 한다.

29. 레자 커트의 특징으로 맞는 것은?

① 부드럽고 가벼운 질감을 만들 수 있다.
② 마른 모발에 시술한다.
③ 커트의 속도가 느리다.
④ 초보자도 사용하기 편리하다.

30. 대각 파팅으로부터 자동적으로 그래쥬에이션을 만들어 내는 분배는?

① 자연 분배
② 수직 분배
③ 방향 분배
④ 변이 분배

[정답]

1. 가장 기초가 되는 하나의 기술로써 가위, 빗, 클리퍼 등의 도구를 이용하여 모발을 자르는 행위를 말하며, 모발의 길이나 양을 조절하고 형태 등의 머리 모양에 변화를 줌으로써 헤어스타일을 결정 한다.

2. 자연시술각 , 0°시술각 3. 0°, 45°, 90°

4. 머리위치–섹션 나누기–파팅–분배–시술 각–손가락/가위 위치–디자인 라인

5. F.S.P 6. 페이스 라인 7. 45°

8. 수평 섹션 9. 직각 분배 10. 센터 라인

11. 온 더 베이스 12. 머리 위치

13.

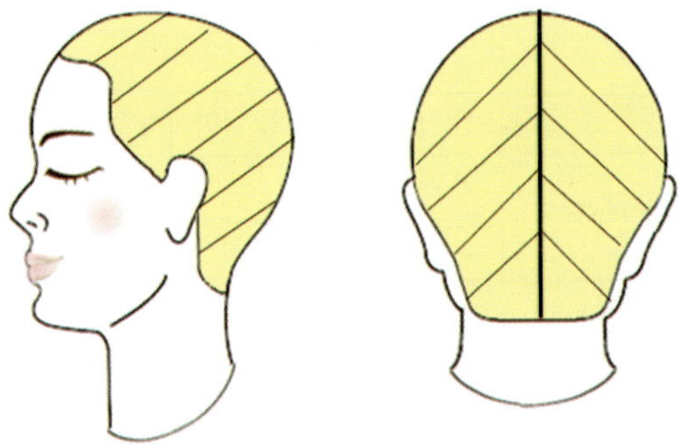

14. ② 15. ③ 16. ④ 17. ① 18. ④

19. ② 20. ① 21. ③ 22. ④ 23. ①

24. ④ 25. ③ 26. ② 27. ④ 28. ③

29. ① 30. ②

용어 정리

P

명칭	설명
앱스트랙(Abstract)	추상적인, 구체적이지 않은
어댑터블(Adaptable)	융통성 있는, 개인의 해부학적 구조. 성장패턴, 머리숱과 생활양식에 맞추는것
어내토미(Anatomy)	해부학, 신체구조에 관한 과학
에이펙스(Apex)	정수리, 두상의 탑부분
아칭(Arching)	호를 그리는 듯한 동작으로 머리를 커트하는 레자 커팅 기법
어시머트리(Asymmetry)	비대칭, 대칭이 맞지 않음
밸런스(Balance)	균형, 중앙 축 둘레 부분의 조화로운 배치
베벨(Bevel)	경사면, 사면. 형태선을 안말음 또는 겉말음으로 만드는 것
블렌드(Blend)	연결
실레스티얼 액시스(Celestial Axis)	천체축. 선, 방향, 시술각을 나타내기 위해 사용되는 2차원적인 기호
실레스티얼 스피어(Celestial Sphere)	천구. 머리둘레 부위의 공간의 정도를 나타내는 3차원의 측정시스템
클리퍼 오버 콤(Clipper-Over-Comb)	두상의 아주 가까이에서 커트하기 위한 기법 빗 사이로 튀어나온 모발을 클리퍼로 커트한다.
콤 컨트롤(Comb Control)	손가락이 아닌 빗살로 모발을 조절하는 기법 최소한의 텐션을 준다.
컴포넌트(Component)	성분, 구성요소 부분. 하나의 요소
컴포지션(Composition)	구성, 조립, 합성, 혼합. 전체를 형성하기 위해 구성요소를 조합하는 것
컨케이브(Concave)	오목곡선
컨셉(Concept)	개념
컨버지(Converge)	모으다
컨버전 레이어링(Conversion Layering)	집중전환 레이어링, 인크리스 레이어링에 사용되는 기본적 커팅 기술
컨벡스(Convex)	볼록곡선
크레스트 에어리어(Crest Area)	크레스트 부분, 두상의 가장 넓은 부분
크로스 체크(Crosscheck)	원래 파팅패턴의 반대패턴을 사용하여 정확도를 점검하는 커팅의 마지막 단계
커비리니어(Curvilinear)	곡선의
덴시티(Density)	밀도, 머리숱

명칭	설명
디자인(Design)	하나의 예술적 단위를 만들어내는 모양, 선, 장식효과의 배열
디자인 디시젼(Design Decision)	디자인 결정
디자인 엘러먼트(Design Element)	디자인 요소
폼(Form)	형태
텍스춰(Texture)	질감
디자인 프린시플즈(Design Principles)	디자인 법칙
얼터네이션(Alternation)	교대
컨트라스트(Contrast)	대조
디스코던스(Discordance)	비조화
하모니(Harmony)	조화
프로그레션(Progession)	진행
레퍼티션(Repetition)	반복
다이애거널(Diagonal)	대각선
다이애거널 백(Diagonal Back)	후대각, 머리가 뒤쪽으로 흐르는 대각선
다이애거널 포워드(Diagonal Forward)	전대각, 얼굴을 향하는 대각선
다이애거널 레프트(Diagonal Left)	좌대각, 왼쪽으로 향하는 대각선
다이애거널 라이트(Diagonal Right)	우대각, 오른쪽으로 향하는 대각선
디렉션(Direction)	방향
디스트리뷰션(Distribution)	분배, 빗질, 방향
내츄럴(Natural)	자연분배, 모발의 자연성장 패턴과 관련된 방향
퍼펜디큘러(Perpendicular)	직각분배, 모발을 베이스 파팅에서 90° 로 빗은 방향
쉬프티드(Shifted)	변이분배, 베이스 파팅에 대해 자연분배나 직각분배를 벗어나 빗질되는 방향
디렉셔널 디스트리뷰션 (Directional Distribution)	방향분배, 천체축을 따라 수평, 수직, 대각 방향으로 분배
에칭(Etching)	레자로 긁듯이 머리를 커트하는 레자 커팅기법
익스팬션(Expansion)	팽창, 확장, 확대, 퍼짐
익스팬션 테이퍼링 (Expansion Tapering)	확장 테이퍼링, 짧은머리가 긴머리를 지지하여 볼륨을 만들어 주는 테이퍼링 기법
엑스테리어(Exterior)	크레스트 아랫부분
폼라인(Form Line)	형태선
프리폼 스컬프팅(Freeform Sculpting)	감각커팅, 눈과 손만을 수단으로 이용하는 커팅기법
프린지(Fringe)	이마를 부분적으로 또는 완전히 덮는머리
지오메트릭 쉐이프(Geometric Shape)	기하학적 모양

명칭	설명
그래쥬에이티드(Graduated)	두상의 탑쪽으로 갈수록 짧은 머리가 진행감 있게 길어지는 구조
그래쥬에이티드 폼(Graduated Form)	그래쥬에이션 형, 크레스트 아랫부분에서 크레스트 윗부분로 갈수록 길이가 길어지는 형
그래쥬에이티드 텍스춰 (Graduated Texture)	그래쥬에이션 형 질감
그래쥬에이션(Graduation)	머리가 겹쳐 쌓이는 효과를 내는 커팅 기법
디크리싱 그래쥬에이션 (Decreasing Graduation)	감소하는 그래쥬에이션, 얼굴 뒤쪽으로 그래쥬에이션 양이 감소
인크리싱 그래쥬에이션 (Increasing Graduation)	증가하는 그래쥬에이션, 얼굴 뒤쪽으로 가면서 그래쥬에이션 양 증가
패러럴 그래쥬에이션 (Parallel Graduation)	평행 그래쥬에이션
호리존탈(Horizontal)	수평의, 수평선
인크리스 레이어드폼 (Increase–Layered Form)	크레스트 아랫부분쪽으로 점점 더 길어지는 형태
인테리어(Interior)	두상의 크레스트 라인, 두상의 가장 넓은 부분의 윗부분
레이어드 텍스춰(Layered Texture)	모발의 끝이 거의 다보이는 머릿결
레벨(Level)	높이
라인(Line)	선
라인 오브 인크리네이션 (Line of Inclination)	경사선 점진적으로 길이의 그래쥬에이션이 일어나는 각도
매스(Mass)	부피, 물질의 양
모바일 디자인 라인 (Mobile Design Line)	이동 디자인 라인, 이동가이드 커트에 사용되는 가이드라인
멀티플 디자인 라인즈 (Multiple Design Lines)	다중 디자인 라인 인크리스 레이어 질감을 만들기 위한 전환레이어링 기법과 같이 사용되는 둘 또는 그 이상의 고정 디자인 라인
네츄럴 폴(Natural Fall)	자연 시술각 중력에 의해 자연스럽게 늘어진 모발 위치
넌패러렐 스컬프팅 (Nonparallel Sculpting)	비 평행 커팅 기본파팅에 평행하지 않은 손가락 위치로 시술되는 커팅
노멀 프로젝션(Normal Projection)	일반 시술각 두상 위치에 따라 모발이 균일하게 90° 로 들려짐
원 핑거 프로젝션 (One–Finger Projection)	원핑거 시술각, 손가락 굵기만큼 들려지는 시술각
패러럴 스컬프팅(Parallel Sculpting)	평행 커팅 기본파팅에 평행한 손가락 위치로 시술하는 방법

명칭	설명
퍼리미터(Perimeter)	가장자리 부분, 헤어라인 주위 머리
피봇탈 파팅(Pivotal Parting)	피봇파팅 중심점에서 방사형으로 퍼져 나뉘는 파팅패턴
플레인(Plane)	평면 평평하거나 같은 높이의 표면
플래너스컬프팅(Planar Sculpting)	평면커팅, 평면을 따라서 커트하는 기법
프레셔 스컬프팅(Pressure Sculpting)	압력커팅, 젖은 모발에 텐션을 주어 시술하는 커팅기법
프로젝트(Project)	앞으로 혹은 밖으로 뻗치다
프로젝션(Projection)	시술각 커트시 두상의 곡면과 베이스 파팅에 따라 모발을 드는 각도
제로(Zero)	두상의 표면에 편편한 각도
하이(Hi)	60° 보다 크고 90° 보다 작은 각
미디엄(Medium)	30° 보다 크고 60° 보다 작은 각
로우(Low)	0° 보다 크고 30° 보다 작은 각
프로포션(Proportion)	비율
콴티터티브 어낼리시스 (Quantitative Analysis)	양적분석 각 부분의 양과 전체에 대한 부분의 비율을 결정하는 것
콸리터티브 어낼리시스 (Qualitative Analysis)	질적분석 전체의 모든 부분을 세세히 나누어 분류하는 것
렉티리니어(Rectilinear)	직선의 곧은 선으로 특정되어지는 선으로 남자에게 더 알맞다.
릿지 라인(Ridge Line)	능선 그래쥬에이션형에서 두가지 머리 질감을 나누어 주는 선
스컬프팅 프러시줘 (Sculpting Procedures)	커팅 절차 헤어커트 시술을 위해 사용되는 순차적인 단계
섹셔닝(Sectioning)	섹션 나누기 조절을 위하여 두상을 시술하기 편한 구역으로 나누는 것
헤드 포지션(Head Position)	머리 위치 커트 시 고객의 머리 위치
파팅(parting)	머리를 나누어 분배하고 조절해주기 위해 소섹션으로 나누어 주는 선
핑거/쉬어포지션 (Finger/Shear Position)	손가락 가위 위치 파팅패턴에 따른 손가락과 커트 라인의 위치
쉐이프(Shape)	모양 헤어커트에서는 2차원(면)을 의미
쉬어 오브 콤(Shear-Over-Comb)	모발을 아주짧게 커트하기 위한 이발기법 빗의 각도로 커트하는 모발의 양을 결정

명칭	설명
실루엣(Silhouette)	겉모습, 윤곽
슬라이드 커팅(Slide Cutting)	수직으로 커트하기 위해 가위를 머리가닥을 따라 미끄러뜨려 사용하는 커팅기법
솔리드 폼(Solid Form)	두상의 탑쪽으로 길이가 길어지는 진행을 보이며, 자연시술각상태에서 모든 길이가 같은 레벨에 떨어지는 형
스페이스(Space)	공간, 장소 3차원의 연속, 모든 방향에서 제한없이 연장되는 거리
스테이셔너리 디자인 라인 (Stationary Design Line)	고정디자인 라인 변함이 없고, 안정적인 디자인라인
스트럭춰(Structure)	구조 두상의 곡면을 따라 펼쳐진 길이 배열
스트럭춰 그래픽(Structure Graphic)	구조그래픽 커트 시에 사용되는 머리 곡선을 따라 배열된 머리 길이의 비율 관계를 나타내는 도식
서피스(Surface)	표면 물체의 바깥 혹은 가장 바깥쪽에 있는 테두리
시메트리컬(Symmetrical)	대칭의, 균형잡힌 배열
시메트리(Symmetry)	대칭 균등한 사이드나 파트
테이퍼링 쉬어(Tapering Shear)	틴닝 가위
텐션(Tension)	잡아당기는 행위 또는 잡아당겨진 상태
텍스춰(Texture)	질감
스컬프티드 텍스춰(Sculpted Texture)	커트한 머리 질감
언액티베이트(Unactivated)	커트한 머리끝이 보이지 않는 매끄러운 표면
액티베이트(Activated)	커트한 머리끝이 거친표면
컴비네이션(Combination)	위 두가지 질감의 혼합형
텍스춰라이징(Texturizing)	질감 만들기 모질, 디자인의 생동감 또는 확장감을 만들기 위해 가장자리나 형태 내의 모발을 커트하는 것.
컨투어 테이퍼링(Contour Tapering)	윤곽 테이퍼링 밀착된 머리를 만들기 위해서 모량을 제거하는 질감 기법
익스팬션 테이퍼링 (Expansion Tapering)	확장 테이퍼링 커트 내에 더 짧은 길이를 커트해서 긴머리를 지지하여 볼륨을 만들어 주는 질감 기법
폼 라인 테이퍼링 (Form Line Tapering)	형태선 테이퍼링 머리 끝에 뭉침과 무게를 덜어주어 생동감을 살려주는 질감기법
나칭(Notching)	머리 길이를 불규칙하게 만들어 내어 두껍게 떨어지는 질감을 만드는 데 사용

명칭	설명
포인팅(Pointing)	가위의 끝이 손가락에서 머리끝을 향해서 움직이는 질감 만드는 기법
레자 로테이션(Razor Rotation)	**레자 회전기법** 뭉침을 줄이고 머리형을 연결하기 위해 살짝 힘을 주어 원을 그리며 빗과 레자를 회전하는 질감 기법
슬라이싱(Slicing)	머리표면을 따라서 가위를 벌려 미끄러뜨리듯 움직여 질감을 만드는 기법
쓰리 디멘셔널(Three-Dimensional)	입체의, 3차원의, 너비, 길이, 깊이를 가진
트라이앵귤러(Triangular)	삼각모양의, 삼면으로 된
투 디멘셔널(Two-Dimensional)	2차원의, 너비와 길이를 가진(편편한)
유니폼리 레이어드 폼 (Uniformly Layerd Form)	모든 길이가 똑같은 형태
유니폼리 레이어드 텍스춰 (Uniformly Layerd Texture)	전체적으로 길이가 같은 머리가 만들어내는 완전히 액티베이트한 표면
버티컬(Vertical)	수직, 수평선
볼륨(Volume)	부피감
웨이트(Weight)	무게, 모발이 집중되는 부분
존(Zone)	머리 길이의 해부학적, 공간적 레벨

S

명칭	설명
라인(Line)	자연적인 모발 성장 패턴에 따라 모든 모발이 같은 면에서 커트되는 테크닉
그라데이션(Gradation)	무게감을 쌓는 테크닉. 무게감의 양은 엘리베이션에 따라 결정
레이어(Layer)	두상으로부터 90도 이상의 각도와 높이로 모발을 커트하는 테크닉
엘리베이션(Elevation)	두상으로부터 모발을 들어올리는 정도
텐션(Tension)	모발이 당겨지는 힘
커팅앵글(Cutting angle)	커트가 행해지는 각도
라운드(Round)	두상을 따른 형태, 앞쪽에서 뒤쪽으로 길어지는 형태.
스퀘어(Square)	두상에 코너를 주며 전면과 뒷면의 밸런스를 맞게 디자인한 형태
트라이엥글러(Triangular)	뒤쪽에서 앞쪽으로 점진적으로 길어지는 형태
오버다이렉션 (Overdirection)	모발에 방향성을 주어 당겨주는 것
호리존탈(Horizontal)	가로섹션
버티컬(Vertical)	세로섹션

명칭	설명
다이애거널(Diagonal)	대각선 섹션
옥시피탈 본 (Occipital Bone)	두개골 뒤쪽 아랫부분의 돌출된 뼈
포인팅(Pointing)	가위의 끝부분을 이용해 머리카락의 양감을 조절하는 테크닉
리파인(Refine)	헤어디자인에서의 시각적으로 디테일을 잡는 마무리 작업
블로우 드라이(Blow Dry) 용어	
랩 드라이(Wrap Dry)	모근부터 모발의 중간까지 두상의 곡면을 따르며 브러쉬를 하여 드라이 해주는 방법
텐션 블로우 드라이 (Tension Blow Dry)	브러쉬를 이용해 모발을 들어올리며 텐션을 주어 드라이하는 방법
베벨링(Bevelling)	텐션드라이가 끝난 후 브러쉬의 곡면을 이용해 모발의 끝을 굴려주는 드라이 방법

T

명칭	설명
두상의 포인트와 관련된 명칭(Reference Points Of The Head Shape)	
센터 포헤드 (Center Forehead)	코에서 일직선으로 올라갔을 때 헤어라인과 만나는 점으로 센터포인트와 동일한 용어
네이프(Nape)	후두부에서 가장 낮은 부분
헤어라인(Hairline)	모발이 자라나기 시작하는 점
그로스 패턴 (Growth Pattern)	모류방향(모발이 자라나는 방향)
크라운(Crown)	일반적으로 두상의 가장 높은 부분에서 가마가 생기는 부분을 말하지만 사람마다 모류 방향 및 가마가 다르기 때문에 센터포헤드에서 센터네이프 사이의 가장 중심이 되는 부분
탑 크라운(Top Crown)	자연 가마에서 5cm 정도 윗부분을 말하며 두상에서 가장 높은 부분
로어 크라운 (Lower Crown)	자연 가마의 아랫부분
옥시피탈(Occipital)	후두부에서 가장 튀어나온 부분
프로파일 쉐입 (Profile Shape)	측면
리세션(Recession)	이마에서 관자놀이까지 이어진 헤어라인에서 커브가 생기는 구간
하이 리세션 (High Recession)	커브가 시작되는 부분
미드 리세션 (Mid Recession)	커브 중 가장 깊숙이 패여있는 부분

로어 리세션 (Low Recession)	커브가 끝나는 지점
파팅과 섹션(Partings & Sections)	
프로파일(Profile)	센터포헤드에서 센터네이프까지 이어진 선으로 정중선, 가운데 가르마
홀슈(Horseshoe)	양쪽 리세션을 연결하여 만드는 파팅
호리존탈(Horizontal)	가로섹션
다이아거널 포워드 (Diagonal Forward)	얼굴로 향하는 선으로 전대각
다이아거널 백 (Diagonal Back)	얼굴로부터 멀어지는 선으로 후대각
래디얼(Radial)	크라운에서 헤어라인을 연결하는 선. 우리는 일반적으로 이어투이어로 사용
피봇팅(Pivoting)	한 점을 중심으로 회전하는 선으로 수박섹션, 또는 방사선섹션
빗질 디스트리뷰션(Distribution)	
네츄럴 폴 (Natural Fall)	자연방향 빗질
오버다이렉티드 (Overdirected)	자연방향 빗질을 제외한 모든 빗질
티 투더 파팅 ('T' To The Parting)	섹션에 대해 직각으로 빗질
90도(90°)	두상에서 90°로 빗질하는 것
각도 엘레베이션(Elevation)	
제로 인 더 콤 (0° In The Comb)	각도 없이 시술하는 것으로 모발이 빗 안에서 그대로 커팅되는 것
원 핑거스 뎁스 (One Fingers Depth)	손으로 잡고 커팅하는 것
45도(45°)	0도에서 90° 사이의 모든 각을 말하며 일반적으로 사용하는 그라쥬에이션의 각도
90도(90°)	천체축 90° 혹은 두상 90° 둘 중 어떠한 기준에 따라 시술 각도 설정할 수 있음.
커트(Cut)	
스퀘어(Square)	일직선으로 자르는 라인
비쥬얼(Visual)	다양한 라인
패럴러(Parallel)	파팅과 평행하게 자르는 라인
버티컬(Vertical)	세로로 자르는 라인
라운드(Round)	두상 따라 자르는 라인

Chapter 4

원랭스 커트

5주_ 수평형 커트

6주_ 스파니엘 커트

7주_ 이사도라 커트

5th week

수평형 커트

학습내용(단원명)	수업 목표
원랭스 커트 (수평형)	• 원랭스 커트 수평형을 수행할 수 있다. • 수평 파팅 패턴과 자연 분배를 이용하여 수행할 수 있다. • 수평 라인을 만들기 위한 정확한 손가락 위치와 가위 위치를 수행할 수 있다.

[시술개요]

P

블로킹 : 4등분(Center Parting/Ear To Ear Parting)
셱셔닝 : 수평섹션
분배 : 자연분배
각도 : 0도
손가락 위치 : 섹션과 평행
커트 테크닉 : 블런트
가이드 : 고정가이드라인

1. 베이직 헤어커트 준비하기

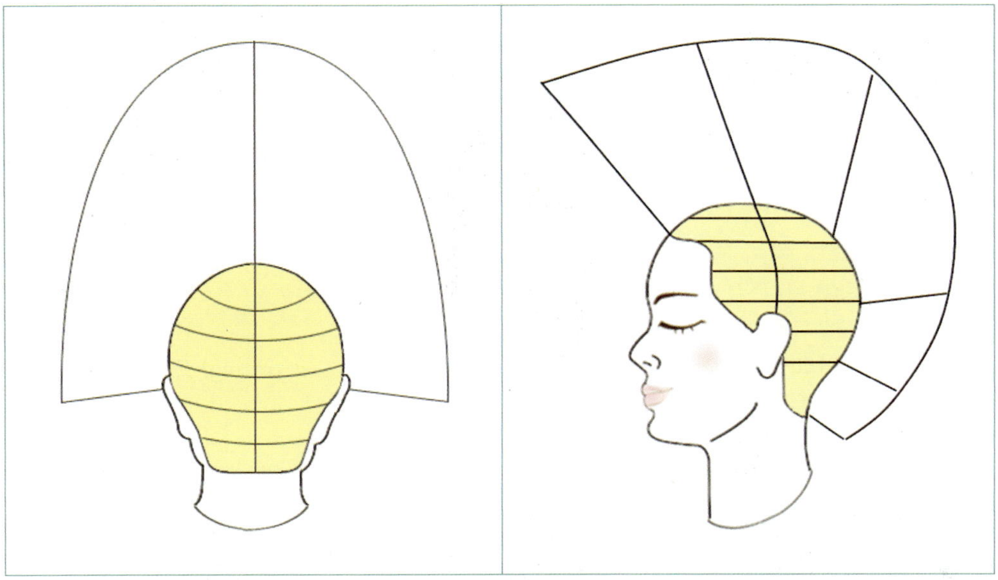

도해도

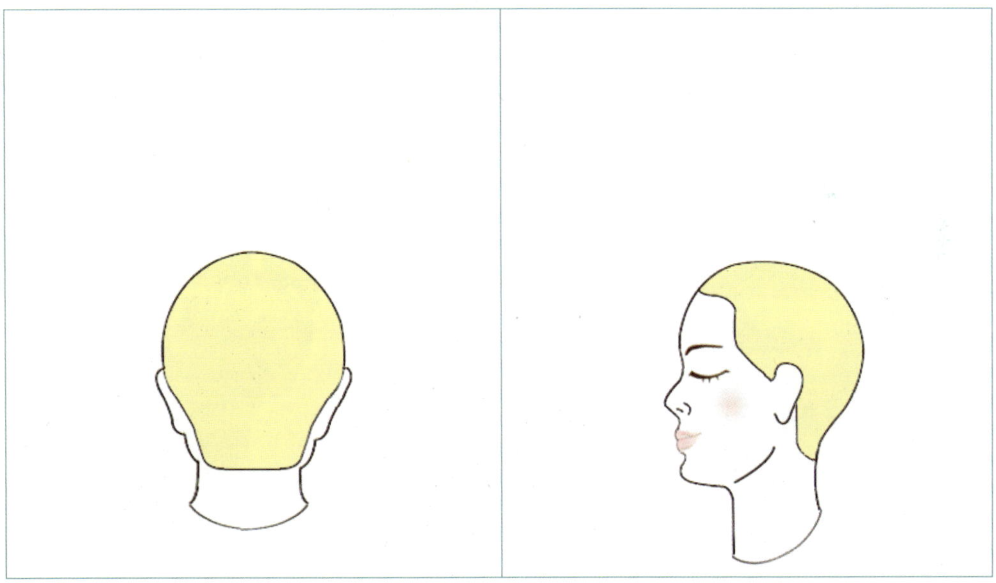

도해도 그려보기

2. 베이직 헤어커트 시술하기

①, ②, ③ 센터 파팅(center parting), 이어 투 이어 파팅(ear to ear parting) 으로 나눈다.

④, ⑤, ⑥ 수평 섹션(horizontal section)으로 나눈다.

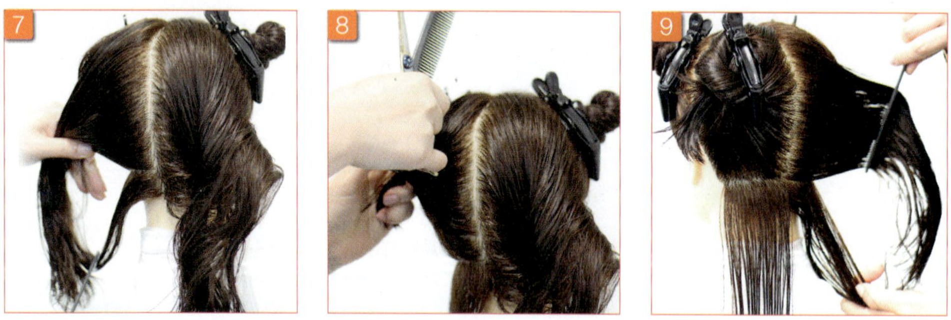

⑦, ⑧, ⑨ 중력의 방향대로 빗질하며, 각도는 0°로 빗을 기준으로 하여 커트한다.

⑩, ⑪, ⑫ 중력의 방향대로 빗질하며, 각도는 0°로 빗을 기준으로 하여 커트한다.

⑬, ⑭, ⑮ 이 때 몸의 위치는 섹션(section)과 평행하게 움직인다.

⑯, ⑰, ⑱ 계속해서 자연분배(nature distribution)로 빗질하며, 각도는 0°빗을 대고 섹션(section)과 평행하게 커트해 나간다. 백(back) 부분을 완성한 후 사이드(side)를 수평섹션(horizontal section)으로 나눈다.

⑲, ⑳, ㉑ 수평섹션(horizontal section)으로 나눈 후 분배는 자연분배(nature distribution), 각도는 0°로 설정한 후 빗을 대고 섹션과 평행하게 커트한다.

㉒, ㉓, ㉔ 반대편 또한 동일한 방법으로 커트한다.(섹션은 수평섹션(horizontal section), 분배(distribution)는 중력의 방향으로 자연분배(nature distribution)하며 각도는 0°로 섹션과 평행하게 커팅한다.

㉕, ㉖, ㉗ 롤 브러쉬를 이용하여 블로우 드라이(blow dry) 한 뒤 마무리 스타일링(styling) 한다.

㉘, ㉙, ㉚ 롤 브러쉬를 이용하여 블로우 드라이(blow dry) 한 뒤 마무리 스타일링(styling) 한다.

3. 베이직 헤어커트 마무리하기

앞(front)

뒤(back)

우측(right side)

좌측(left side)

[시술개요]

S

블로우 드라이는 헤어커트 마무리 시 사용되는 테크닉이다. 랩 드라이(Wrap dry) 테크닉으로 모발의 자연스러운 모발 성장패턴(Natural growth pattern)을 찾아주고 자연스러운 볼륨감을 주며, 텐션 드라이(Tension dry)로 모발에 움직임과 윤기를 준다. 블로우 드라이 후 리파인(Refine) 커트를 위해 형태를 변화시키지는 않는다. 모든 블로우 드라이 작업에는 그에 맞는 브러쉬와 제품을 사용한다.

Technique : Wrap Dry, Tension Dry, Bevelling

1. 블로우 드라이 시술하기

① 모발이 자연스럽게 떨어지는 방향대로 빗질한다.

②, ③ 모발의 자연스러운 성장패턴을 찾아주기 위해 네이프(nape)부터 여러 방향으로 두상을 따라 감싸주듯이 드라이한다.

④ 계속해서 랩 드라이(wrap dry)를 한다.

⑤ 사이드(side)에서도 앞쪽으로 모발을 보내주면서 드라이한다.

⑥ 반대편을 할 때에는 드라이기와 브러쉬를 잡은 손을 바꿔주며 드라이한다.

⑦, ⑧ 계속해서 같은 방법으로 랩 드라이(wrap dry)를 한다.

⑨ 탑(top) 부분도 자연스러운 볼륨감을 주기위해 여러 방향으로 브러쉬를 이용해 드라이한다.

⑩, ⑪, ⑫ 네이프(nape) 부분부터 브러쉬로 빗질을 해준 다음 모발을 잡아주고 텐션(tension)을 주어 드라이한다. 이를 텐션 드라이(tension dry)라고 한다.

⑬, ⑭, ⑮ 같은 방법으로 탑(top)까지 진행한다.

⑯, ⑰, ⑱ 사이드(side)에서도 텐션 드라이한다.

⑲, ⑳, ㉑ 모발 끝부분은 다시 한번 더 잡고 브러쉬의 곡면을 이용하여 끝을 굴린다. 이를 베벨링(beveling)이라 한다.

㉒, ㉓, ㉔ 사이드(side)에서도 블로우 드라이의 마지막 단계인 베벌링(beveling)을 해주고 알맞은 제품을 이용해 마무리한다.

2. 블로우 드라이 마무리하기

앞(front)

뒤(back)

우측(right side)

좌측(left side)

[시술개요]

S

Technique : Line
Shape : Square
Parting & Section : Centre Parting, Horizontal
Texturising : X

1. 베이직 헤어커트 준비하기

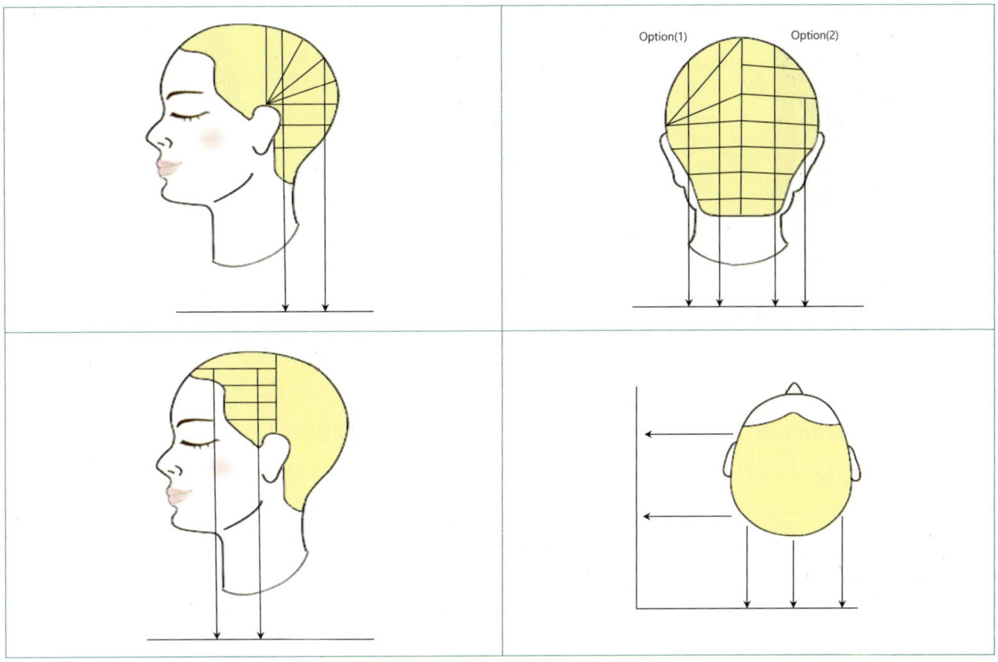

도해도

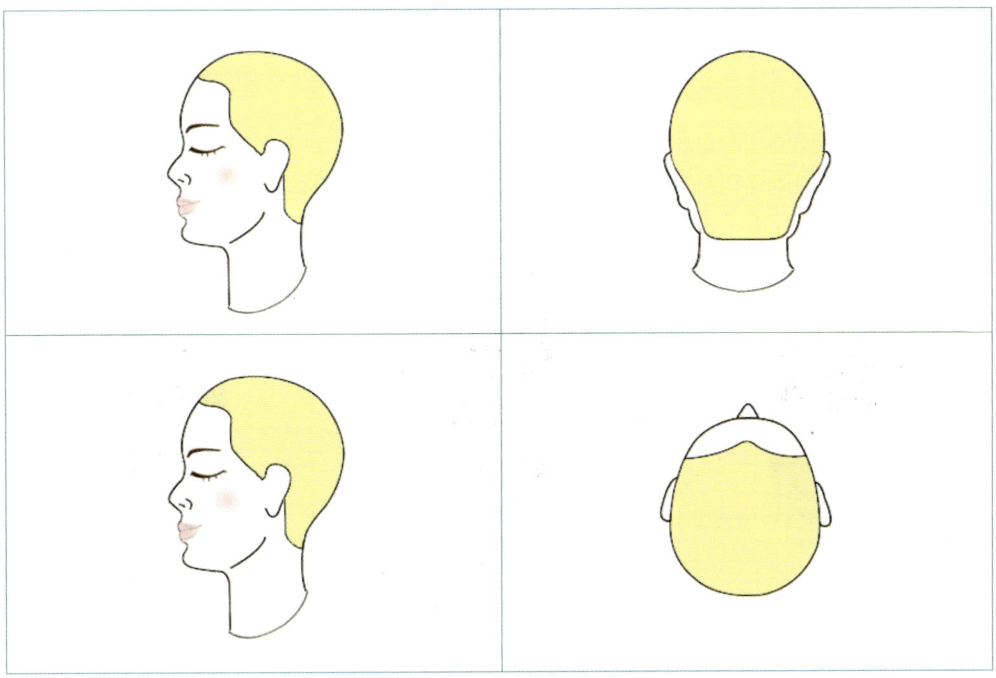

도해도 그려보기

2. 베이직 헤어커트 시술하기

① 센터 파팅(center parting), 크라운(crown)에서 이어 백(ear back)을 나누어주고, 첫 섹션(section)을 살짝 다이어거널(diagonal)로 나눈다.

② 첫 섹션(section)을 빗으로만 모발을 컨트롤(control)해 텐션(tension)을 최소화하여 스퀘어(square) 형태의 라인으로 커트해 준다. ③ 첫 섹션(section)이 완성된 모습

④ 다음 섹션(section)도 같은 다이어거널(diagonal) 형태로 나눈다.

⑤ 다음 섹션(section) 역시 빗으로만 텐션(tension)을 최소화해서 커트한다.

⑥ 두 번째 섹션(section)이 완성된 모습

⑦, ⑧ 한쪽을 옥시피탈본(occipital bone)까지 같은 방법으로 커트를 진행한다.

⑨ 옥시피탈본(occipital bone)까지의 스퀘어라인(square line)이 완성된 모습

⑩,⑪ (첫 번째 방법) 이어 탑(ear top) 부분을 기준으로 크라운(crown) 부분까지 피봇(pivot)으로 진행하며 섹션(section)을 나누어 계속해서 스퀘어라인(square line)으로 커트한다.

⑫ 크라운(crown) 부분까지 와서 빗질에 유의하며 커트한다.

⑬, ⑭ (두 번째 방법) 반대쪽은 첫 번째와 다른 호리존탈 섹션(horizontal section)으로 진행하여 크라운(crown) 부분까지 스퀘어라인(square line)으로 커트한다.

⑮ 크라운(crown) 부분은 항상 빗질에 유의하며 커트한다.

⑯ 밸런스 체크

⑰ 사이드(side)로 넘어와서 첫 호리존탈 섹션(horizontal section)

⑱ 텐션(tension)의 최소화를 위해 빗질로 모발을 컨트롤(control) 한 다음, 드라이한 후 귀 쪽의 모발이 올라가는 것을 방지하기 위해 귀 위쪽을 가위로 한번 누른다.

⑲ 사이드(side) 역시 수평으로 커트한다.

⑳ 계속해서 동일한 섹션(section)으로 커트를 진행한다.

㉑ 앞쪽 모발을 빗으로만 컨트롤(control)하기 힘들 경우 빗질을 하여 끝에 와서 손가락으로 잡아 주고 커트한다.(절대 텐션(tension)을 주어 잡아당겨 커트하지 말 것.)

㉒ 반대편 첫 호리존탈 섹션(horizontal section)

㉓ 반대편 역시 귀 부분을 주의하며 커트한다.

㉔ 다음 섹션(section)도 동일하게 진행한다.

㉕, ㉖, ㉗ 계속해서 반대편과 동일한 방법으로 커트한다.

㉘, ㉙, ㉚ 드라이전 모습

㉛ 드라이전 반대편 옆모습
㉜ 전용 브러쉬를 이용해 드라이한다.
㉝ 블로우 드라이 후 리파인(refine) 작업을 한다.

3. 베이직 헤어커트 마무리하기

앞(front)

뒤(back)

우측(right side)

좌측(left side)

[시술개요] 원랭스 수평형의 커트는 어깨 아래의 길이에서 가로섹션을 따라 몸의 위치를 두상 따라 옮기면서 수평으로 커팅하는 스타일이다.

T

Partings & Sections
One Length : Profile Parting–Horizontal– Horseshoe

Distribution
One Length : Natural Fall To Over–Directed

Elevation
One Length: 1 Fingers Depth

Cut
Parallel To The Parting

1. 베이직 헤어커트 준비하기

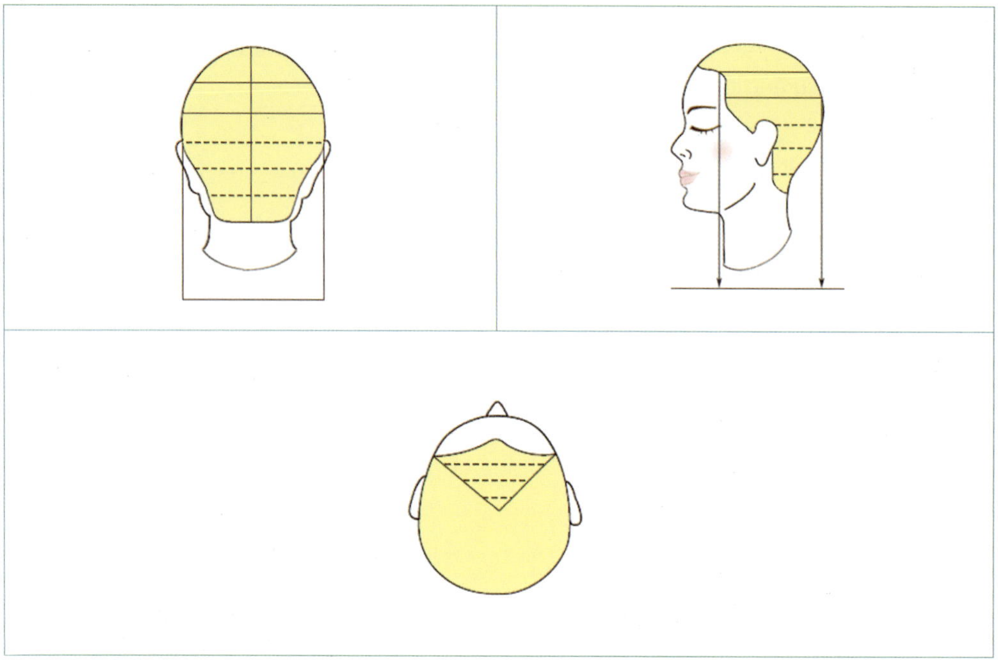

도해도

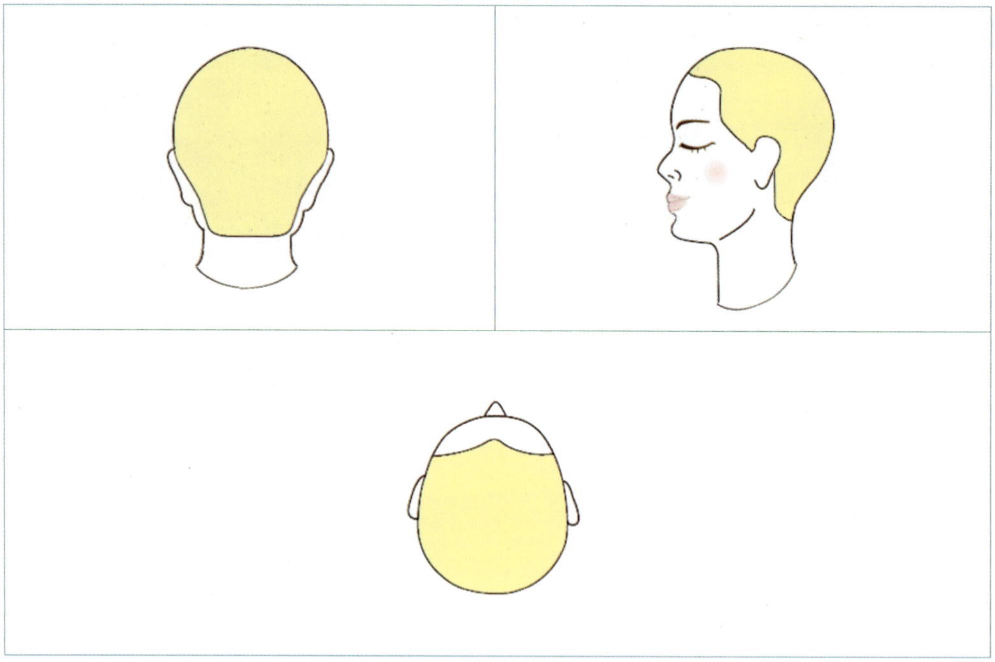

도해도 그려보기

2. 베이직 헤어커트 시술하기

①, ②, ③ 프로파일 파팅(profile parting) 후 호리존탈(horizontal)로 섹션(section)을 나눠준다. 자연방향(natural fall)으로 빗질하여 1 핑거스 뎁스(one finges depth)로 각도 설정 후 섹션(section)과 평행(parallel)으로 커트한다.

④, ⑤, ⑥ 네이프(nape)는 호리존탈 섹션(horizontal section)으로 계속 동일하게 진행한다.

⑦, ⑧, ⑨ 로어 크라운(lower crown)부터 홀슈 파팅(horseshoe parting)으로 나눈 후 후두부는 계속 자연방향(natural fall)으로 빗질 후 섹션을 따라 커팅한다.

⑩, ⑪, ⑫ 이어 백(ear back)부터 얼굴 방향으로 계속해서 호리존탈 섹션(horizontal section)과 평행하게 커트한 후 양쪽 밸런스를 확인한다.

⑬, ⑭, ⑮ 텐션(tension)의 최소화를 위해 얼레살을 이용하여 빗질 후 동일한 방법으로 진행한다.

⑯, ⑰, ⑱ 롤 드라이로 마무리한다.

⑲, ⑳, ㉑ 커트가 완성된 모습

3. 베이직 헤어커트 마무리하기

앞(front)

뒤(back)

우측(right side)

좌측(left side)

교수 방법

① 고객에게 어깨보, 커트보, 가운 등을 착용시키는 순서와 방법을 설명하고 시연한다.
② 헤어커트 유형에 따라 모발의 수분 함량을 조절하거나 오염이 심한 모발의 사전 샴푸를 설명하고 시연한다.
③ 헤어커트 도구 및 공간을 정리하여 작업 준비하는 방법을 설명하고 시연한다.
④ 원랭스 스타일에 따라 블로킹과 섹션을 정확하게 사용하는 방법을 설명하고 시연한다.
⑤ 커트 가위와 헤어커트 빗을 사용한 올바른 커트 동작으로 원랭스 커트를 완성하는 방법을 설명하고 시연한다.
⑥ 원랭스 커트와 마무리에 대한 동영상 시청으로 커트 스타일에 대한 이해를 돕는다.
⑦ 헤어커트 후 균형 및 완성도를 점검하고 수정하는 방법을 설명하고 시연한다.
⑧ 고객의 얼굴과 목 등에 남아 있는 머리카락을 제거하는 방법을 설명하고 시연한다.
⑨ 헤어커트 후 고객 만족도를 파악하여 필요한 경우 수정 및 보정 커트하는 방법을 설명하고 시연한다.
⑩ 헤어커트 후 원랭스 스타일에 따라 모발을 건조하여 마무리하는 방법을 설명하고 시연한다.
⑪ 사용한 헤어커트 도구는 청결하게 관리하고 주변을 정리 정돈하는 방법을 지도한다.
⑫ 학습자가 개별적으로 실습할 수 있도록 한 후 부족한 부분은 개별적으로 지도한다.
⑬ 미용실과 유사한 작업장에서 실습이 이루어지도록 준비한다.
⑭ 고객과 자신의 안전사고에 대한 주의 사항을 교육한다.

실습과정 사진		
사진		설명
		• • • • •
		• • • • •
		• • • • •
		• • • • •
		• • • • •

실습완료 사진	
앞(front)	뒤(back)
우측(right side)	좌측(left side)

학습 방법

① 고객에게 어깨보, 커트보, 가운 등을 착용시키는 순서와 방법을 반복하여 연습한다.

② 헤어커트 유형에 따라 모발의 수분 함량을 조절하거나 오염이 심한 모발의 사전 샴푸를 반복하여 연습하고 숙지한다.

③ 헤어커트 도구 및 공간을 정리하여 작업 준비하는 방법을 숙지한다.

④ 원랭스 스타일에 따라 블로킹과 섹션을 정확하게 사용하는 방법을 반복하여 연습한다.

⑤ 커트 가위와 헤어커트 빗을 사용한 올바른 커트 동작으로 원랭스 커트를 완성하는 방법을 반복하여 연습한다.

⑥ 원랭스 커트와 마무리의 동영상 시청을 하고 반복하여 연습하고 숙지한다.

⑦ 헤어커트 후 균형 및 완성도를 점검하고 수정하는 방법을 반복하여 연습한다.

⑧ 고객의 얼굴과 목 등에 남아 있는 머리카락을 제거하는 방법을 반복하여 연습한다.

⑨ 헤어커트 후 고객 만족도를 파악하여 필요한 경우 수정 및 보정 커트하는 방법을 반복하여 연습한다.

⑩ 헤어커트 후 원랭스 스타일에 따라 모발을 건조하여 마무리하는 방법을 반복하여 연습하고 숙지한다.

⑪ 사용한 헤어커트 도구는 청결하게 관리하고 주변을 정리 정돈하는 방법을 숙지한다.

⑫ 학습자가 개별적으로 실습하고 부족한 부분은 개별적으로 질문한 후 반복하여 연습한다.

⑬ 미용실과 유사한 작업장에서의 실습을 반복하여 연습한다.

⑭ 고객과 자신의 안전사고에 대한 주의 사항을 학습한다.

[학생자가진단 및 교수평가]

<table>
<tr><th colspan="3" rowspan="2">진단 영역 / 진 단 문 항</th><th colspan="5">학생 평가</th><th colspan="5">교수 평가</th><th rowspan="2">비고</th></tr>
<tr><th>매우 미흡</th><th>미흡</th><th>보통</th><th>우수</th><th>매우 우수</th><th>매우 미흡</th><th>미흡</th><th>보통</th><th>우수</th><th>매우 우수</th></tr>
<tr><td rowspan="9">원랭스 헤어커트</td><td rowspan="5">원랭스 헤어커트하기</td><td>1. 시술자는 고객에게 어깨보, 커트보 등을 착용해 줄 수 있다.</td><td>①</td><td>②</td><td>③</td><td>④</td><td>⑤</td><td>①</td><td>②</td><td>③</td><td>④</td><td>⑤</td><td></td></tr>
<tr><td>2. 시술자는 헤어커트 유형에 따라 모발의 수분 함량을 조절하거나 오염이 심한 모발은 사전 샴푸를 할 수 있다.</td><td>①</td><td>②</td><td>③</td><td>④</td><td>⑤</td><td>①</td><td>②</td><td>③</td><td>④</td><td>⑤</td><td></td></tr>
<tr><td>3. 시술자는 헤어커트 공간을 정리한 후 커트 목적에 따라 도구를 선택하여 바른 자세로 블런트 커트를 할 수 있다.</td><td>①</td><td>②</td><td>③</td><td>④</td><td>⑤</td><td>①</td><td>②</td><td>③</td><td>④</td><td>⑤</td><td rowspan="2">원랭스 헤어 커트 진행</td></tr>
<tr><td>4. 시술자는 원랭스 스타일에 따라 블로킹과 섹션을 정확하게 구분하여 수평, 사선의 형태로 커트할 수 있다.</td><td>①</td><td>②</td><td>③</td><td>④</td><td>⑤</td><td>①</td><td>②</td><td>③</td><td>④</td><td>⑤</td></tr>
<tr><td>5. 시술자는 커트 후 양쪽의 밸런스 및 완성도를 체크할 수 있다.</td><td>①</td><td>②</td><td>③</td><td>④</td><td>⑤</td><td>①</td><td>②</td><td>③</td><td>④</td><td>⑤</td><td></td></tr>
<tr><td rowspan="4">원랭스 헤어커트 마무리하기</td><td>1. 시술자는 고객의 얼굴과 목 등에 남아있는 머리카락을 제거할 수 있다.</td><td>①</td><td>②</td><td>③</td><td>④</td><td>⑤</td><td>①</td><td>②</td><td>③</td><td>④</td><td>⑤</td><td></td></tr>
<tr><td>2. 시술자는 헤어커트 후 고객 만족을 파악하여 필요한 경우 수정 및 보정커트를 할 수 있다.</td><td>①</td><td>②</td><td>③</td><td>④</td><td>⑤</td><td>①</td><td>②</td><td>③</td><td>④</td><td>⑤</td><td rowspan="3">원랭스 헤어 커트 마무리</td></tr>
<tr><td>3. 시술자는 헤어커트 후 원랭스 스타일에 따라 모발을 건조하여 마무리할 수 있다.</td><td>①</td><td>②</td><td>③</td><td>④</td><td>⑤</td><td>①</td><td>②</td><td>③</td><td>④</td><td>⑤</td></tr>
<tr><td>4. 시술자는 사용한 헤어커트 도구는 청결하게 관리하고 주변을 정리 · 정돈할 수 있다.</td><td>①</td><td>②</td><td>③</td><td>④</td><td>⑤</td><td>①</td><td>②</td><td>③</td><td>④</td><td>⑤</td></tr>
</table>

[서술형 시험]

학습 내용	평가 항목	성취 수준		
		상	중	하
원랭스 헤어커트 진행	1. 헤어커트 빗과 가위의 이해와 지식			
	2. 헤어커트를 할 때의 올바른 자세의 이해와 지식			
	3. 기초 헤어커트를 위한 기본 기술의 이해와 지식			
	4. 두상의 지점과 도해도 작성의 이해와 지식			
	5. 헤어커트에 필요한 도구 준비의 지식			
원랭스 헤어커트 마무리	1. 원랭스 헤어커트의 특징과 종류의 이해와 지식			
	2. 헤어커트 마무리에 필요한 도구 준비의 이해와 지식			
	3. 원랭스 헤어커트 스타일의 연출의 이해와 지식			
	4. 헤어커트 도구의 위생적 관리와 보관의 이해와 지식			

[진단결과]

진단영역		평가 문항 수	3점 미만 수	3점 이상 수
원랭스 헤어커트	원랭스 헤어커트하기	5		
	원랭스 헤어커트 마무리하기	4		
※ 3점 미만의 점수를 받은 문항이 있을 경우 직무수행 능력 부족으로 향상 학습이 요구 되며 4점 이상의 점수를 받은 문항이 6개 이상일 경우 직무 수행 능력 우수로 심화학습이 요구 됨				

Chapter 4 원랭스 커트

6 th week

스파니엘 커트

학습내용(단원명)	수업 목표
원랭스 커트 (스파니엘)	• 원랭스 커트 스파니엘형을 수행할 수 있다. • 전대각 파팅 패턴과 자연 분배를 이용하여 수행할 수 있다. • 전대각 라인을 만들기 위한 정확한 손가락 위치와 가위 위치를 수행할 수 있다.

[시술개요]

P

블로킹 : 4등분(Center Parting/Ear To Ear Parting)
섹셔닝 : 전대각 섹션
분배 : 자연분배
각도 : 천체축각 0°
손가락 위치 : 섹션과 평행
커트 테크닉 : 블런트
가이드 : 고정가이드라인

1. 베이직 헤어커트 준비하기

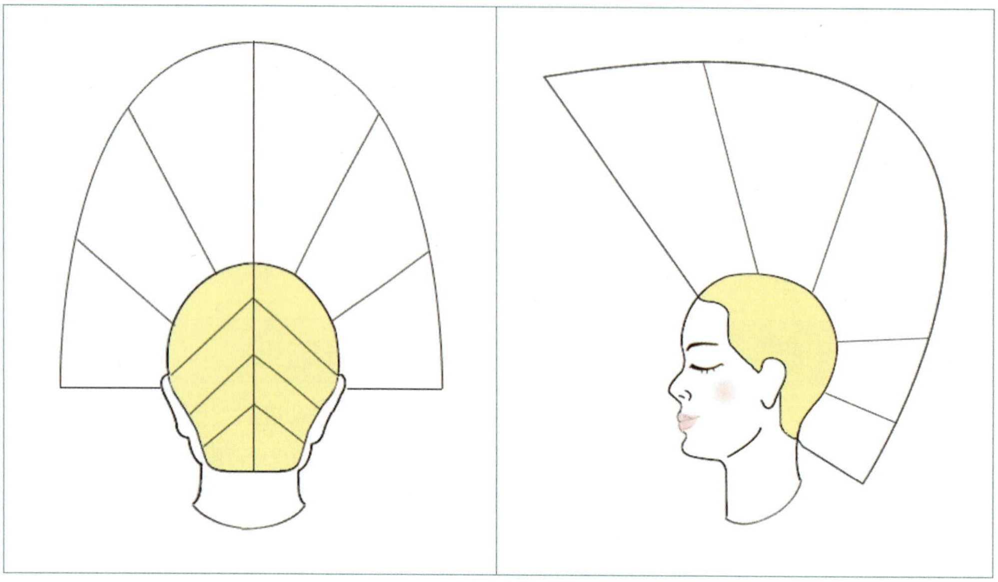

도해도

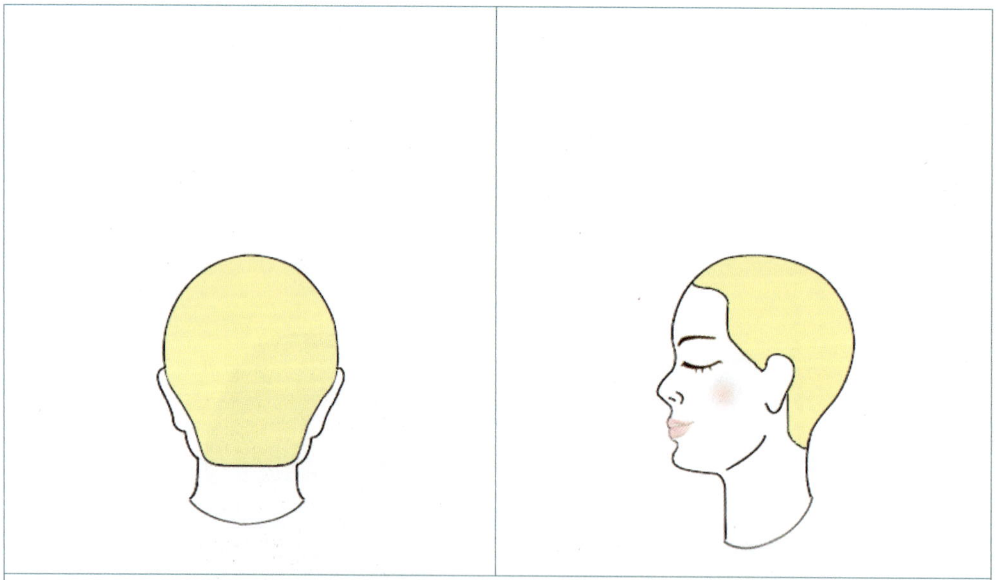

도해도 그려보기

2. 베이직 헤어커트 시술하기

①, ②, ③ 센터 파팅(center parting), 이어 투 이어 파팅(ear to ear parting)으로 나눈다.

④, ⑤, ⑥ 네이프(nape)에서 시작하여 전대각 섹션(diagonal section)으로 나눈다.

⑦, ⑧, ⑨ 중력의 방향대로 빗질하며, 각도는 0°로 손가락의 위치(finger position)는 섹션(section)과 평행하게 커팅(cuting)한다.

⑩, ⑪, ⑫ 전대각 섹션(diagonal section)으로 나눈다.

⑬, ⑭, ⑮ 이전과 동일한 방법으로 빗질은 중력의 방향으로 각도는 0° 손가락의 위치(finger position)는 섹션(section)과 평행으로 커팅(cuting)한다.

⑯, ⑰, ⑱ 계속해서 중력의 방향으로 빗질하며, 각도는 0° 빗을 대고 손가락의 위치(finger position)는 섹션(section)과 평행으로 탑(top)을 커팅한다.

⑲, ⑳, ㉑ 백(back) 부분을 완성한 후 사이드(side)를 전대각 섹션(diagonal section)으로 나눈다.

㉒, ㉓, ㉔ 이전과 동일한 방법으로 자연분배(nature distribution)로 빗질하며, 각도는 0° 손가락의 위치(finger position)는 섹션(section)과 평행하게 커트해 나간다.

㉕, ㉖, ㉗ 커트가 완성된 사진

㉘, ㉙, ㉚ 롤 브러쉬를 이용하여 블로우 드라이한다.

3. 베이직 헤어커트 마무리하기

앞(front)

뒤(back)

우측(right side)

좌측(left side)

[시술개요]

S

Technique : Line
Shape : Triangular
Parting & Section : Centre Parting, Ear To Ear, Diagonal
Texturising : X

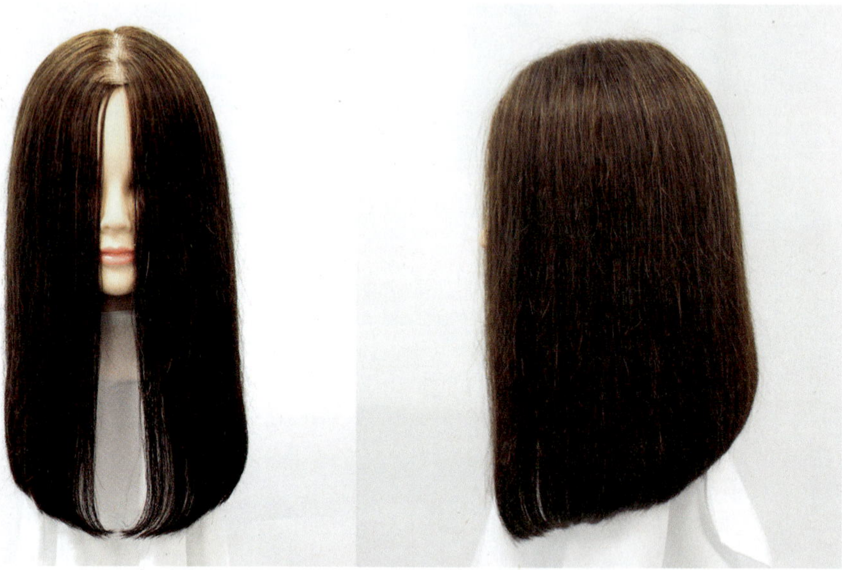

1. 베이직 헤어커트 준비하기

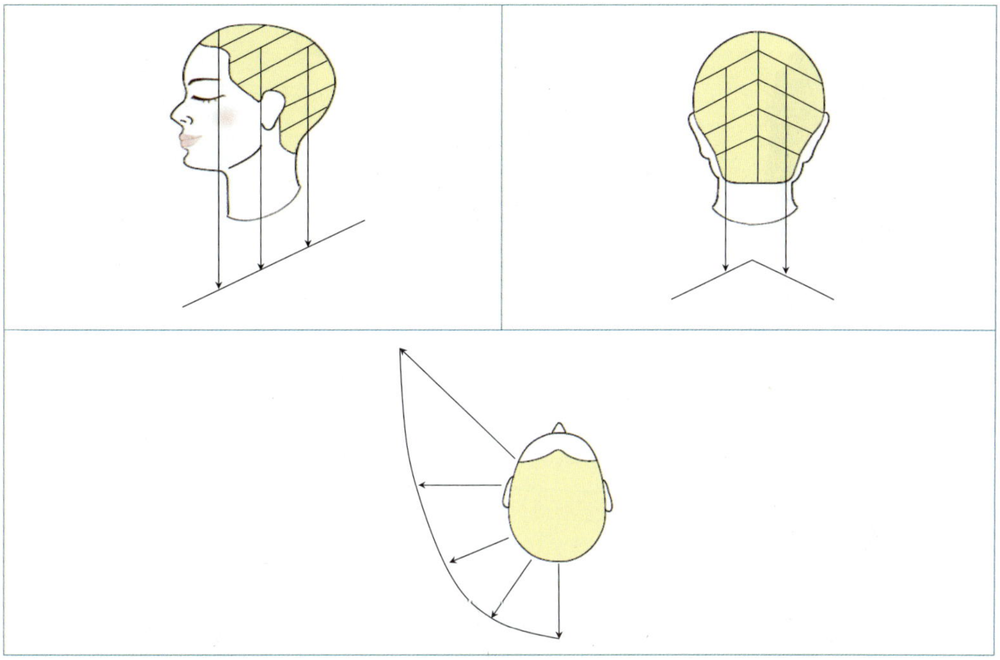

도해도

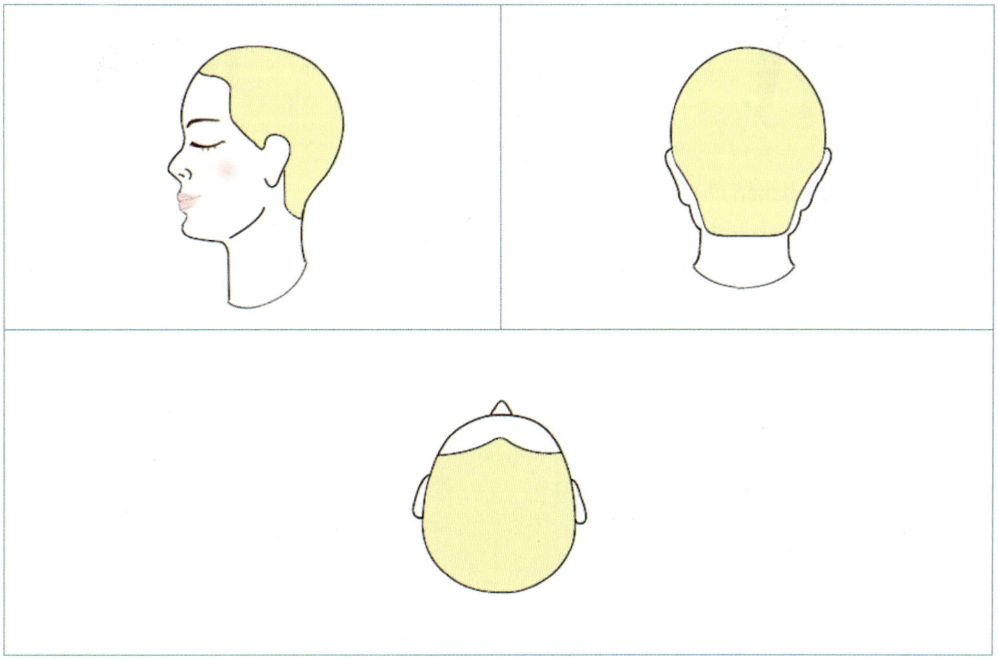

도해도 그려보기

2. 베이직 헤어커트 시술하기

① 센터 파팅(center parting)을 나눈 후, 첫 섹션(section)을 다이어거널(diagonal)로 나눈다.

② 섹션(section)과 평행하게 빗으로만 모발을 컨트롤(control)해 텐션(tension)을 최소화하여 가이드라인(guide line)을 잡는다.

③ 반대편도 동일하게 진행한다.

④ 밸런스 체크(balance check)

⑤, ⑥ 다음 섹션(section) 역시 빗으로만 모발을 컨트롤(control)하여 커트를 진행한다.

⑦ 두 번째 섹션(section) 완성된 모습

⑧ 다음 섹션(section)도 동일하게 진행한다.

⑨ 이어 탑(ear top)까지 온 뒤의 섹션(section) 진행은 사이드(side)와 함께 나눠주고 진행한다.

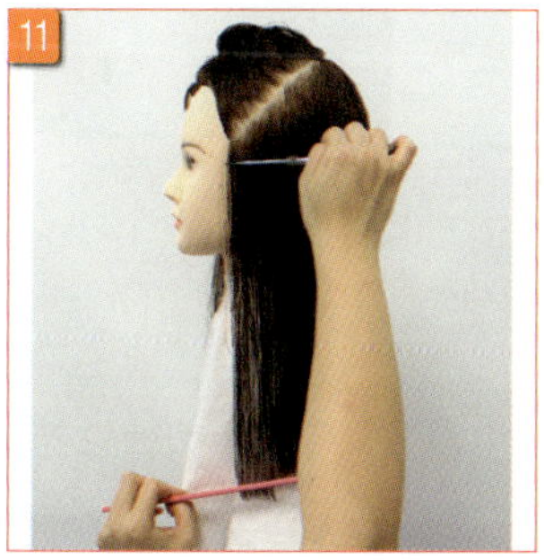

⑩ ⑨와 동일한 섹션으로 이어서 진행한다.

⑪ 사이드(side)에서는 튀어나온 귀로인한 텐션(tension)을 주의하기 위해 귀 위쪽을 가위로 한번 누른다.

⑫ 사이드(side) 역시 다이어거널(diagonal)로 진행한다.

⑬ 계속해서 동일한 섹션(section)으로 커트를 진행한다.

⑭ 앞쪽 헤어 라인(hair line) 컨트롤(control)하기 힘들 경우 빗질을 하여 끝에 와서 손가락으로 잡아주고 커트한다.(절대 텐션(tension)을 주어 잡아당겨 커트하지 말 것.)

⑮ 한쪽 완성 모습

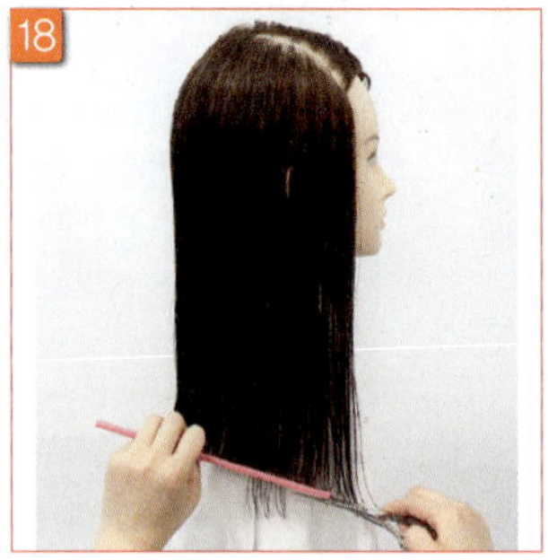

⑯, ⑰, ⑱ 반대편도 동일하게 진행한다.

⑲, ⑳ 마지막 섹션(section)까지 반대편과 동일한 방법으로 커트한다.
㉑ 반대편 완성 모습

㉒, ㉓ 전용 브러쉬로 블로우 드라이한다.
㉔ 깔끔한 커트 선을 위해 리파인(refine) 작업을 한다.

3. 베이직 헤어커트 마무리하기

앞(front)

뒤(back)

우측(right side)

좌측(left side)

[시술개요]

T

원랭스(스파니엘) 커트는 토니앤가이에서 사용되는 기본 원랭스 라인으로 어깨 아래 길이에서 같은 레벨로 떨어지는 스퀘어라인 스타일이다. 모든 섹션을 Back(등)으로 당겨온 상태에서 일직선이 되도록 커트하기 때문에 자연스럽게 앞쪽이 길어지는 스파니엘의 형태를 표현할 수 있다.

Partings & Sections
One Length: Profile Parting–Diagonal Forward– Horseshoe

Distribution
One Length : Natural Fall To Overdirected

Elevation
One Length: 0° In The Comb

Cut
Square

1. 베이직 헤어커트 준비하기

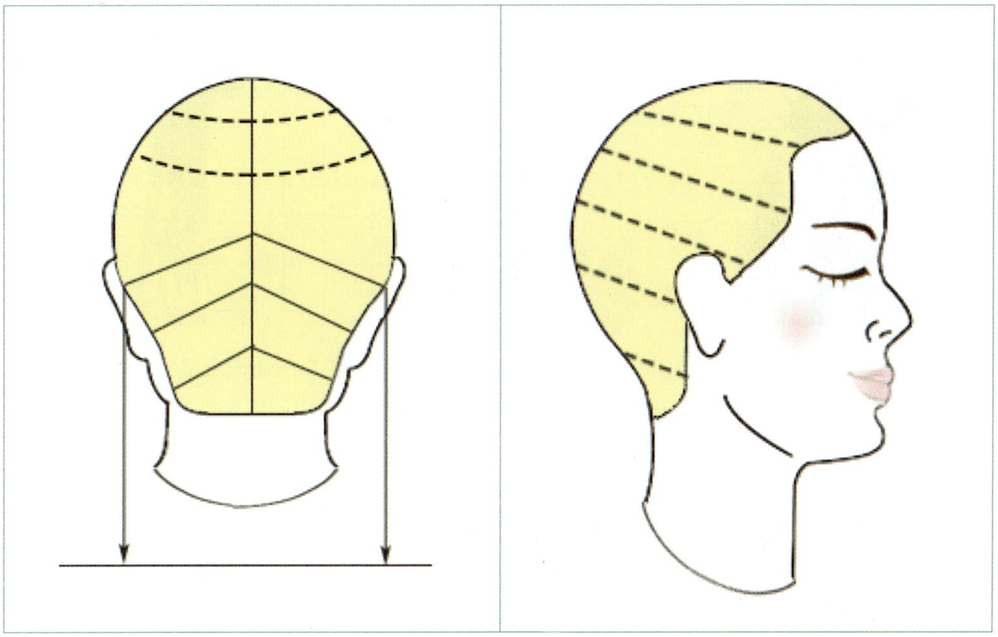

도해도

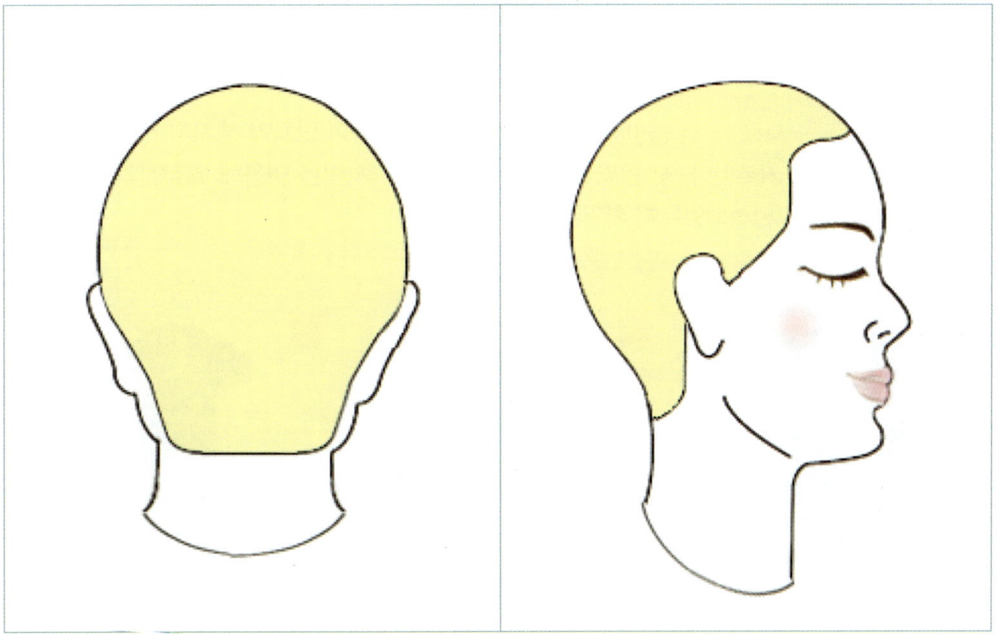

도해도 그려보기

2. 베이직 헤어커트 시술하기

①, ②, ③ 프로파일 파팅(profile parting) 후 전대각(diagonal forward)으로 섹션(section)을 나눈다. 자연 방향(natural fall)으로 빗질한다.

④, ⑤, ⑥ 각도는 제로 인 더 콤(0° in the comb)으로 설정하여 단차가 생기지 않도록 하여 스퀘어(square)로 커트한다. 첫 번째 섹션(section) 커트 후 빗을 이용해 일직선의 가이드 라인(guide line)이 완성되었는지 확인한다.

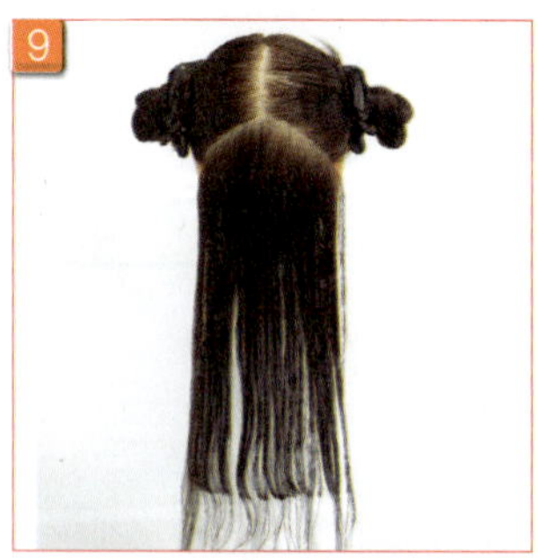

⑦, ⑧, ⑨ 네이프(nape)는 전대각 섹션(diagonal forward section)으로 계속해서 나눈다.

⑩, ⑪, ⑫ 자연방향(natural fall)으로 빗질한 다음 제로 인 더 콤(0° in the comb)으로 각도(elevation)를 설정한 후 가이드(guide) 따라 커트한다.

⑬, ⑭, ⑮ 네이프(nape) 커트 후 홀슈(horseshoe)로 파팅을 나눈다.

⑯, ⑰, ⑱ 동일한 방법으로 몸의 위치는 가운데에 고정한 상태로 양쪽 사이드의 모발을 뒤쪽으로 가지고 온 후 스퀘어 라인(square line)이 되도록 커트한다.

⑲, ⑳, ㉑ 동일한 방법으로 탑 섹션(top section)까지 진행한다.

㉒, ㉓, ㉔, 롤 브러쉬를 이용해 드라이한다.

㉕, ㉖ 스퀘어 라인(square line)을 확인하기 위해 스트레이트(straight)로 드라이(dry) 후 고르지 못한 부분은 수정하여 마무리한다.

3. 베이직 헤어커트 마무리하기

앞(front)

뒤(back)

우측(right side)

좌측(left side)

교수 방법

① 고객에게 어깨보, 커트보, 가운 등을 착용시키는 순서와 방법을 설명하고 시연한다.
② 헤어커트 유형에 따라 모발의 수분 함량을 조절하거나 오염이 심한 모발의 사전 샴푸를 설명하고 시연한다.
③ 헤어커트 도구 및 공간을 정리하여 작업 준비하는 방법을 설명하고 시연한다.
④ 원랭스 스타일에 따라 블로킹과 섹션을 정확하게 사용하는 방법을 설명하고 시연한다.
⑤ 커트 가위와 헤어커트 빗을 사용한 올바른 커트 동작으로 원랭스 커트를 완성하는 방법을 설명하고 시연한다.
⑥ 원랭스 커트와 마무리에 대한 동영상 시청으로 커트 스타일에 대한 이해를 돕는다.
⑦ 헤어커트 후 균형 및 완성도를 점검하고 수정하는 방법을 설명하고 시연한다.
⑧ 고객의 얼굴과 목 등에 남아 있는 머리카락을 제거하는 방법을 설명하고 시연한다.
⑨ 헤어커트 후 고객 만족도를 파악하여 필요한 경우 수정 및 보정 커트하는 방법을 설명하고 시연한다.
⑩ 헤어커트 후 원랭스 스타일에 따라 모발을 건조하여 마무리하는 방법을 설명하고 시연한다.
⑪ 사용한 헤어커트 도구는 청결하게 관리하고 주변을 정리 정돈하는 방법을 지도한다.
⑫ 학습자가 개별적으로 실습할 수 있도록 한 후 부족한 부분은 개별적으로 지도한다.
⑬ 미용실과 유사한 작업장에서 실습이 이루어지도록 준비한다.
⑭ 고객과 자신의 안전사고에 대한 주의 사항을 교육한다.

실습과정 사진		
사진		설명
		• • • • •
		• • • • •
		• • • • •
		• • • • •
		• • • • •

실습완료 사진	
앞(front)	뒤(back)
우측(right side)	좌측(left side)

학습 방법

① 고객에게 어깨보, 커트보, 가운 등을 착용시키는 순서와 방법을 반복하여 연습한다.
② 헤어커트 유형에 따라 모발의 수분 함량을 조절하거나 오염이 심한 모발의 사전 샴푸를 반복하여 연습하고 숙지한다.
③ 헤어커트 도구 및 공간을 정리하여 작업 준비하는 방법을 숙지한다.
④ 원랭스 스타일에 따라 블로킹과 섹션을 정확하게 사용하는 방법을 반복하여 연습한다.
⑤ 커트 가위와 헤어커트 빗을 사용한 올바른 커트 동작으로 원랭스 커트를 완성하는 방법을 반복하여 연습한다.
⑥ 원랭스 커트와 마무리의 동영상 시청을 하고 반복하여 연습하고 숙지한다.
⑦ 헤어커트 후 균형 및 완성도를 점검하고 수정하는 방법을 반복하여 연습한다.
⑧ 고객의 얼굴과 목 등에 남아 있는 머리카락을 제거하는 방법을 반복하여 연습한다.
⑨ 헤어커트 후 고객 만족도를 파악하여 필요한 경우 수정 및 보정 커트하는 방법을 반복하여 연습한다.
⑩ 헤어커트 후 원랭스 스타일에 따라 모발을 건조하여 마무리하는 방법을 반복하여 연습하고 숙지한다.
⑪ 사용한 헤어커트 도구는 청결하게 관리하고 주변을 정리 정돈하는 방법을 숙지한다.
⑫ 학습자가 개별적으로 실습하고 부족한 부분은 개별적으로 질문한 후 반복하여 연습한다.
⑬ 미용실과 유사한 작업장에서의 실습을 반복하여 연습한다.
⑭ 고객과 자신의 안전사고에 대한 주의 사항을 학습한다.

[학생자가진단 및 교수평가]

진단 영역		진 단 문 항	학생 평가					교수 평가					비고
			매우 미흡	미흡	보통	우수	매우 우수	매우 미흡	미흡	보통	우수	매우 우수	
원랭스 헤어커트	원랭스 헤어커트하기	1. 시술자는 고객에게 어깨보, 커트보 등을 착용해 줄 수 있다.	①	②	③	④	⑤	①	②	③	④	⑤	
		2. 시술자는 헤어커트 유형에 따라 모발의 수분 함량을 조절하거나 오염이 심한 모발은 사전 샴푸를 할 수 있다.	①	②	③	④	⑤	①	②	③	④	⑤	
		3. 시술자는 헤어커트 공간을 정리한 후 커트 목적에 따라 도구를 선택하여 바른 자세로 블런트 커트를 할 수 있다.	①	②	③	④	⑤	①	②	③	④	⑤	원랭스 헤어 커트 진행
		4. 시술자는 원랭스 스타일에 따라 블로킹과 섹션을 정확하게 구분하여 수평, 사선의 형태로 커트할 수 있다.	①	②	③	④	⑤	①	②	③	④	⑤	
		5. 시술자는 커트 후 양쪽의 밸런스 및 완성도를 체크할 수 있다.	①	②	③	④	⑤	①	②	③	④	⑤	
	원랭스 헤어커트 마무리하기	1. 시술자는 고객의 얼굴과 목 등에 남아있는 머리카락을 제거할 수 있다.	①	②	③	④	⑤	①	②	③	④	⑤	
		2. 시술자는 헤어커트 후 고객 만족을 파악하여 필요한 경우 수정 및 보정커트를 할 수 있다.	①	②	③	④	⑤	①	②	③	④	⑤	원랭스 헤어 커트 마무리
		3. 시술자는 헤어커트 후 원랭스 스타일에 따라 모발을 건조하여 마무리할 수 있다.	①	②	③	④	⑤	①	②	③	④	⑤	
		4. 시술자는 사용한 헤어커트 도구는 청결하게 관리하고 주변을 정리 · 정돈할 수 있다.	①	②	③	④	⑤	①	②	③	④	⑤	

[서술형 시험]

학습 내용	평가 항목	성취 수준		
		상	중	하
원랭스 헤어커트 진행	1. 헤어커트 빗과 가위의 이해와 지식			
	2. 헤어커트를 할 때의 올바른 자세의 이해와 지식			
	3. 기초 헤어커트를 위한 기본 기술의 이해와 지식			
	4. 두상의 지점과 도해도 작성의 이해와 지식			
	5. 헤어커트에 필요한 도구 준비의 지식			
원랭스 헤어커트 마무리	1. 원랭스 헤어커트의 특징과 종류의 이해와 지식			
	2. 헤어커트 마무리에 필요한 도구 준비의 이해와 지식			
	3. 원랭스 헤어커트 스타일의 연출의 이해와 지식			
	4. 헤어커트 도구의 위생적 관리와 보관의 이해와 지식			

[진단결과]

진단영역		평가 문항 수	3점 미만 수	3점 이상 수
원랭스 헤어커트	원랭스 헤이기트히기	5		
	원랭스 헤어커트 마무리하기	4		
※ 3점 미만의 점수를 받은 문항이 있을 경우 직무수행 능력 부족으로 향상 학습이 요구 되며 4점 이상의 점수를 받은 문항이 6개 이상일 경우 직무 수행 능력 우수로 심화학습이 요구 됨				

7 th week

이사도라 커트

학습내용(단원명)	수업 목표
원랭스 커트 (이사도라)	• 원랭스 커트 이사도라형을 수행할 수 있다. • 후대각 파팅 패턴과 자연 분배를 이용하여 수행할 수 있다. • 후대각 라인을 만들기 위한 정확한 손가락 위치와 가위 위치를 수행할 수 있다.

[시술개요]

P

블로킹 : 4등분(Center Parting/Ear To Ear Parting)
섹셔닝 : 후대각 섹션
분배 : 자연분배
각도 : 천체축각 0°
손가락 위치 : 섹션과 평행
커트 테크닉 : 블런트
가이드 : 고정가이드라인

1. 베이직 헤어커트 준비하기

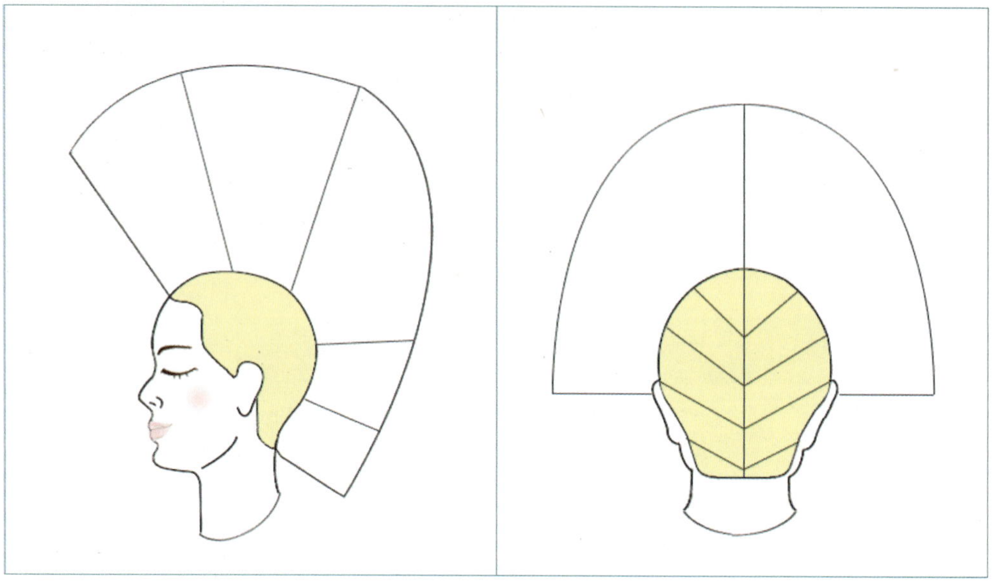

도해도

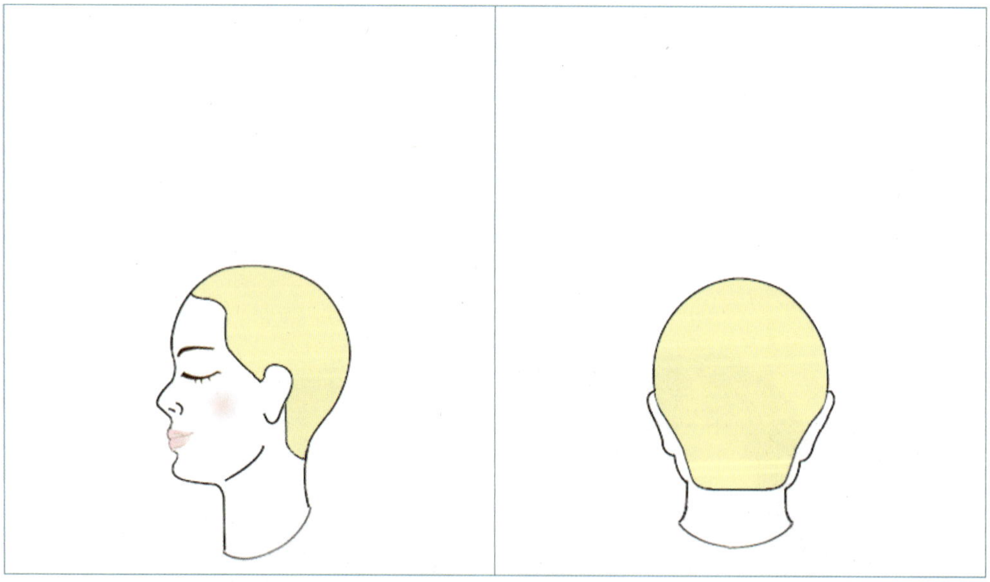

도해도 그려보기

2. 베이직 헤어커트 시술하기

①, ②, ③ 센터 파팅(center parting), 이어 투 이어 파팅(ear to ear parting)으로 나눈다.

④, ⑤, ⑥ 네이프(nape)부터 시작하며, 후대각 섹션(diagonal back section)으로 나눈다.

⑦, ⑧, ⑨ 빗질은 중력의 방향대로 빗질하며, 각도는 0°로 설정하고 손가락의 위치(finger position)는 섹션과 평행하게 커팅한다.

⑩, ⑪, ⑫ 이전과 동일한 방법으로 커팅한다.

⑬, ⑭, ⑮ 이전과 동일한 방법으로 이어 백 포인트(ear back point)까지 커팅한다.

⑯, ⑰, ⑱ 백(back) 부분과 사이드 부분을 연결하여 후대각 섹션(diagonal back section)을 나눈다. 빗질은 중력의 방향대로 빗질하며 각도는 0° 손가락의 위치(finger position)는 평행하게 커팅한다.

⑲, ⑳, ㉑ 이전과 동일한 방법으로 진행한다.

㉒, ㉓, ㉔ 반대편 또한 동일한 방법으로 진행하여 완성한다.(섹션은 후대각 섹션(diagonal back section), 빗질은 중력의 방향으로 빗질하며, 각도는 0° 손가락의 위치(finger position)는 섹션과 평행하게 커팅한다.)

㉕, ㉖, ㉗ 커트 시술이 끝난 모습

㉘, ㉙, ㉚ 롤 브러쉬를 이용하여 블로우 드라이(blow dry) 후 스타일링(styling)을 한다.

3. 베이직 헤어커트 마무리하기

앞(front)

뒤(back)

우측(right side)

좌측(left side)

[시술개요] Technique : Line
Shape : Round
Parting & Section : Centre Parting, Ear To Ear, Diagonal
Texturising : X

S

1. 베이직 헤어커트 준비하기

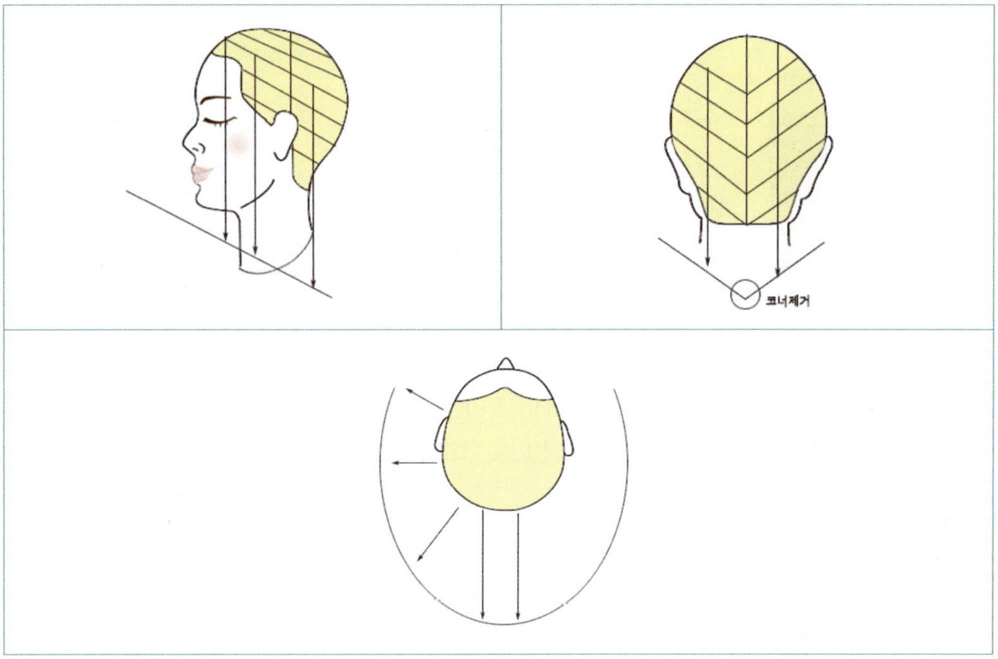

도해도

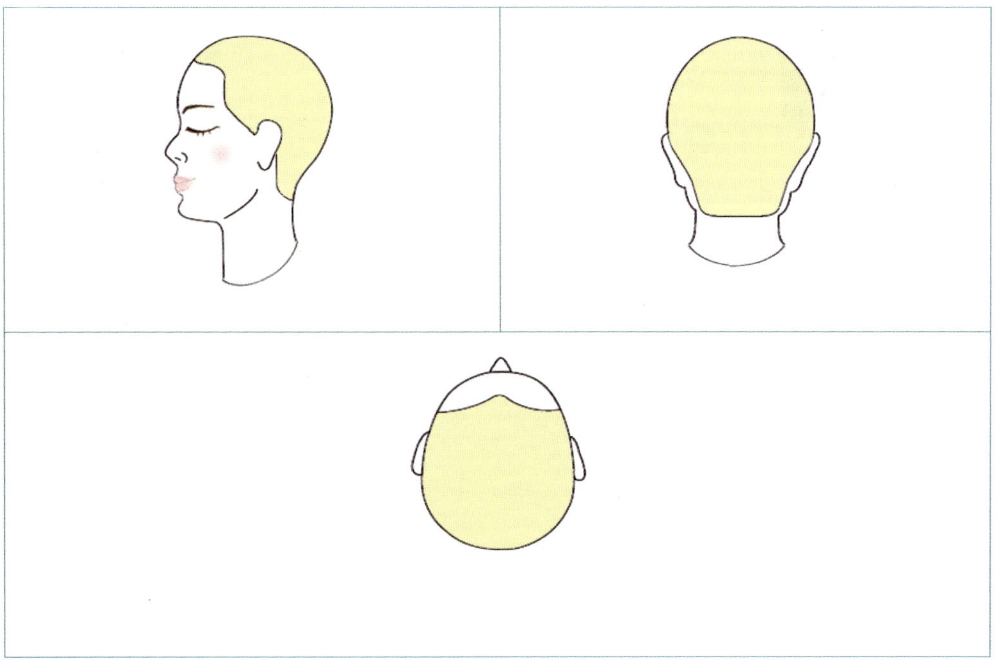

도해도 그려보기

2. 베이직 헤어커트 시술하기

① 센터 파팅(center parting)을 나누고, 크라운(crown)에서 이어 백(ear back)까지 나눈다.
② 첫 섹션(section)은 다이어거널(diagonal)로 라운드(round) 형태로 나눈다.
③ 섹션(section)과 평행하게 빗으로만 모발을 컨트롤(control)해 텐션(tension)을 최소화하여 가이드 라인(guide line)을 잡는다.

④ 가이드 라인(guide line) 커트가 완성된 모습
⑤, ⑥ 다음 섹션(section)도 계속해서 동일하게 진행한다.

⑦ 계속해서 다이어거널(diagonal) 라운드(round) 형태로 커트가 진행된 모습.
⑧ 탑(top)까지 동일하게 진행한다.
⑨ 한쪽 사이드(side)가 완성된 모습

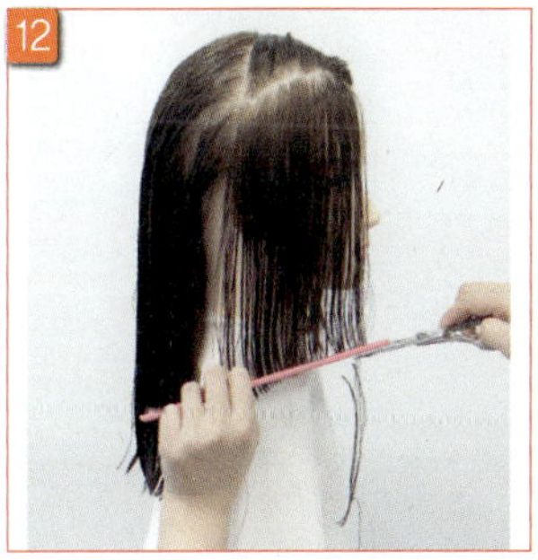

⑩ 반대편도 동일하게 첫 섹션(section)을 커트한다.
⑪ 밸런스 체크(balance check)
⑫ 밸런스(balance)가 맞다면 계속해서 진행한다.

⑬ 탑(top)까지 동일하게 진행한다.
⑭ 반대편 사이드(side) 완성된 모습
⑮ 사이드(side) 커트가 완성된 모습

⑯ 뒤쪽으로 넘어와서 마찬가지로 다이어거널 섹션(diagonal section)으로 나눈다.

⑰, ⑱ 앞쪽 커트라인(cut line)과 연결해서 섹션과 평행한 라인(parallel line)으로 커트한다.

⑲ ⑳, ㉑ 계속해서 다음 섹션(section)도 동일하게 진행한다.

㉒, ㉓ 마지막 섹션(section)까지 동일하게 진행한다.

㉔ 한쪽이 완성된 모습

㉕, ㉖, ㉗ 반대편도 마찬가지로 진행한다.

㉘, ㉙ 계속해서 커트를 진행한다.
㉚ 반대편 완성된 모습

㉛, ㉜, ㉝ 드라이전 모습

㉞, ㉟ 전용 브러쉬로 블로우 드라이한다.

㊱ 블로우 드라이 후 리파인(refine) 작업을 한다.

3. 베이직 헤어커트 마무리하기

앞(front)

뒤(back)

우측(right side)

좌측(left side)

[시술개요] 원랭스(이사도라) 커트는 후대각 섹션을 이용해 몸의 위치를 두상을 따라 섹션과 평행하게 커트하여 얼굴방향으로 갈수록 라운드 형태로 완성되는 커트 스타일이다.

T

Partings & Sections
One Length: Profile Parting–Diagonal Back–Horseshoe

Distribution
One Length : Natural Fall

Elevation
One Length: 1 Fingers Depth

Cut
Parallel To The Parting

1. 베이직 헤어커트 준비하기

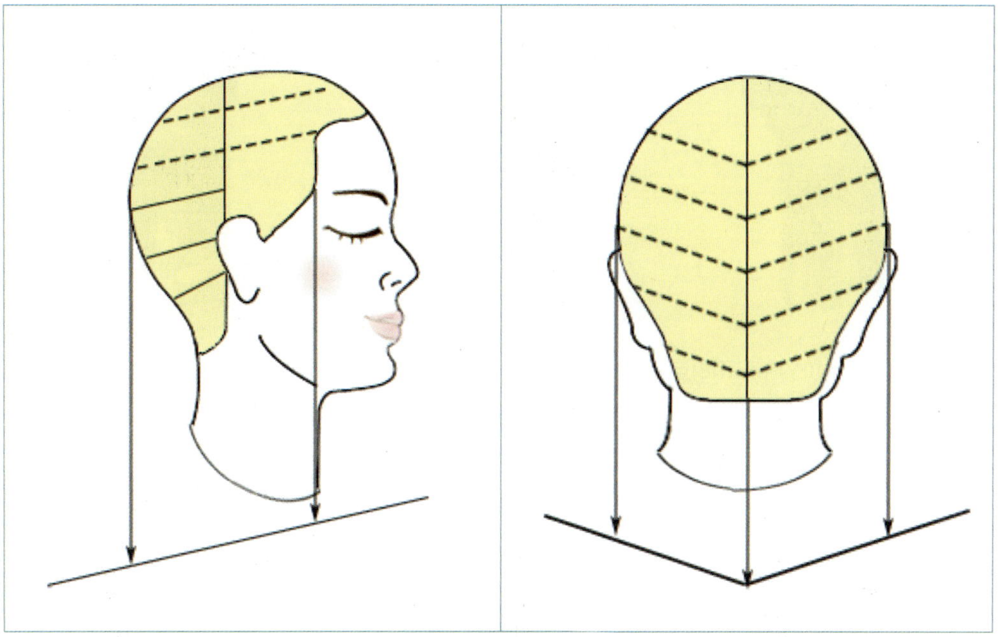

도해도

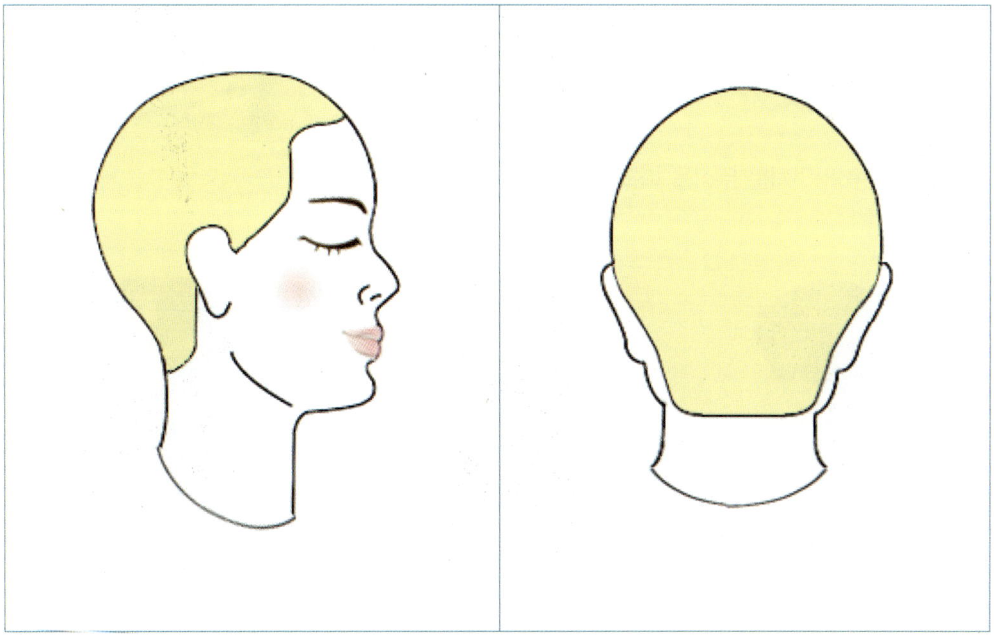

도해도 그려보기

2. 베이직 헤어커트 시술하기

①, ②, ③ 프로파일(profile)로 파팅을 나눈 후 후대각(diagonal back)으로 섹션을 나눈다. 자연방향(natural fall)으로 빗질 후 1 핑거스 뎁스(1 fingers depth)로 각도(elevation)를 설정 후 섹션(section)과 평행(parallel)이 되도록 커트한다.

④, ⑤, ⑥ 몸의 위치는 두상을 따라 움직이며 커트를 진행한다.

⑦, ⑧, ⑨ 자연방향으로 빗질 후, 1 핑거스 뎁스로 각도(elevation) 설정 후 가이드(guide)를 따라 계속 커트를 진행한다.

⑩, ⑪, ⑫ 동일한 방법으로 계속 진행한다.

⑬, ⑭, ⑮ 로어 크라운(lower crown)까지 계속 동일한 방법으로 진행한다.

⑯, ⑰, ⑱ 양쪽 사이드(side)와 후두부를 연결하기 위해 홀슈(horseshoe)로 파팅을 나눈 후 귀 부분 텐션(tension)에 주의하여 동일한 방법으로 커트한다.

⑲, ⑳, ㉑ 오른쪽과 동일한 방법으로 커트한다.

㉒, ㉓, ㉔ 헤어 라인(hair line) 커트 시 텐션(tension)을 강하게 주지 않도록 주의하며 동일하게 진행한다.

㉕, ㉖, ㉗ 롤 브러쉬를 이용해 드라이(dry)한다.

3. 베이직 헤어커트 마무리하기

앞(front)

뒤(back)

우측(right side)

좌측(left side)

교수 방법

① 고객에게 어깨보, 커트보, 가운 등을 착용시키는 순서와 방법을 설명하고 시연한다.
② 헤어커트 유형에 따라 모발의 수분 함량을 조절하거나 오염이 심한 모발의 사전 샴푸를 설명하고 시연한다.
③ 헤어커트 도구 및 공간을 정리하여 작업 준비하는 방법을 설명하고 시연한다.
④ 원랭스 스타일에 따라 블로킹과 섹션을 정확하게 사용하는 방법을 설명하고 시연한다.
⑤ 커트 가위와 헤어커트 빗을 사용한 올바른 커트 동작으로 원랭스 커트를 완성하는 방법을 설명하고 시연한다.
⑥ 원랭스 커트와 마무리에 대한 동영상 시청으로 커트 스타일에 대한 이해를 돕는다.
⑦ 헤어커트 후 균형 및 완성도를 점검하고 수정하는 방법을 설명하고 시연한다.
⑧ 고객의 얼굴과 목 등에 남아 있는 머리카락을 제거하는 방법을 설명하고 시연한다.
⑨ 헤어커트 후 고객 만족도를 파악하여 필요한 경우 수정 및 보정 커트하는 방법을 설명하고 시연한다.
⑩ 헤어커트 후 원랭스 스타일에 따라 모발을 건조하여 마무리하는 방법을 설명하고 시연한다.
⑪ 사용한 헤어커트 도구는 청결하게 관리하고 주변을 정리 정돈하는 방법을 지도한다.
⑫ 학습자가 개별적으로 실습할 수 있도록 한 후 부족한 부분은 개별적으로 지도한다.
⑬ 미용실과 유사한 작업장에서 실습이 이루어지도록 준비한다.
⑭ 고객과 자신의 안전사고에 대한 주의 사항을 교육한다.

실습과정 사진		
사진		설명
		• • • • •
		• • • • •
		• • • • •
		• • • • •
		• • • • •

실습완료 사진	
앞(front)	뒤(back)
우측(right side)	좌측(left side)

학습 방법

① 고객에게 어깨보, 커트보, 가운 등을 착용시키는 순서와 방법을 반복하여 연습한다.
② 헤어커트 유형에 따라 모발의 수분 함량을 조절하거나 오염이 심한 모발의 사전 샴푸를 반복하여 연습하고 숙지한다.
③ 헤어커트 도구 및 공간을 정리하여 작업 준비하는 방법을 숙지한다.
④ 원랭스 스타일에 따라 블로킹과 섹션을 정확하게 사용하는 방법을 반복하여 연습한다.
⑤ 커트 가위와 헤어커트 빗을 사용한 올바른 커트 동작으로 원랭스 커트를 완성하는 방법을 반복하여 연습한다.
⑥ 원랭스 커트와 마무리의 동영상 시청을 하고 반복하여 연습하고 숙지한다.
⑦ 헤어커트 후 균형 및 완성도를 점검하고 수정하는 방법을 반복하여 연습한다.
⑧ 고객의 얼굴과 목 등에 남아 있는 머리카락을 제거하는 방법을 반복하여 연습한다.
⑨ 헤어커트 후 고객 만족도를 파악하여 필요한 경우 수정 및 보정 커트하는 방법을 반복하여 연습한다.
⑩ 헤어커트 후 원랭스 스타일에 따라 모발을 건조하여 마무리하는 방법을 반복하여 연습하고 숙지한다.
⑪ 사용한 헤어커트 도구는 청결하게 관리하고 주변을 정리 정돈하는 방법을 숙지한다.
⑫ 학습자가 개별적으로 실습하고 부족한 부분은 개별적으로 질문한 후 반복하여 연습한다.
⑬ 미용실과 유사한 작업장에서의 실습을 반복하여 연습한다.
⑭ 고객과 자신의 안전사고에 대한 주의 사항을 학습한다.

[학생자가진단 및 교수평가]

진단 영역		진 단 문 항	학생 평가					교수 평가					비고
			매우 미흡	미흡	보통	우수	매우 우수	매우 미흡	미흡	보통	우수	매우 우수	
원랭스 헤어커트	원랭스 헤어커트하기	1. 시술자는 고객에게 어깨보, 커트보 등을 착용해 줄 수 있다.	①	②	③	④	⑤	①	②	③	④	⑤	
		2. 시술자는 헤어커트 유형에 따라 모발의 수분 함량을 조절하거나 오염이 심한 모발은 사전 샴푸를 할 수 있다.	①	②	③	④	⑤	①	②	③	④	⑤	
		3. 시술자는 헤어커트 공간을 정리한 후 커트 목적에 따라 도구를 선택하여 바른 자세로 블런트 커트를 할 수 있다.	①	②	③	④	⑤	①	②	③	④	⑤	원랭스 헤어 커트 진행
		4. 시술자는 원랭스 스타일에 따라 블로킹과 섹션을 정확하게 구분하여 수평, 사선의 형태로 커트할 수 있다.	①	②	③	④	⑤	①	②	③	④	⑤	
		5. 시술자는 커트 후 양쪽의 밸런스 및 완성도를 체크할 수 있다.	①	②	③	④	⑤	①	②	③	④	⑤	
	원랭스 헤어커트 마무리하기	1. 시술자는 고객의 얼굴과 목 등에 남아있는 머리카락을 제거할 수 있다.	①	②	③	④	⑤	①	②	③	④	⑤	
		2. 시술자는 헤어커트 후 고객 만족을 파악하여 필요한 경우 수정 및 보정커트를 할 수 있다.	①	②	③	④	⑤	①	②	③	④	⑤	원랭스 헤어 커트 마무리
		3. 시술자는 헤어커트 후 원랭스 스타일에 따라 모발을 건조하여 마무리할 수 있다.	①	②	③	④	⑤	①	②	③	④	⑤	
		4. 시술자는 사용한 헤어커트 도구는 청결하게 관리하고 주변을 정리 · 정돈할 수 있다.	①	②	③	④	⑤	①	②	③	④	⑤	

[서술형 시험]

학습 내용	평가 항목	성취 수준		
		상	중	하
원랭스 헤어커트 진행	1. 헤어커트 빗과 가위의 이해와 지식			
	2. 헤어커트를 할 때의 올바른 자세의 이해와 지식			
	3. 기초 헤어커트를 위한 기본 기술의 이해와 지식			
	4. 두상의 지점과 도해도 작성의 이해와 지식			
	5. 헤어커트에 필요한 도구 준비의 지식			
원랭스 헤어커트 마무리	1. 원랭스 헤어커트의 특징과 종류의 이해와 지식			
	2. 헤어커트 마무리에 필요한 도구 준비의 이해와 지식			
	3. 원랭스 헤어커트 스타일의 연출의 이해와 지식			
	4. 헤어커트 도구의 위생적 관리와 보관의 이해와 지식			

[진단결과]

진단영역		평가 문항 수	3점 미만 수	3점 이상 수
원랭스 헤어커트	원랭스 헤어커트하기	5		
	원랭스 헤어커트 마무리하기	4		

※ 3점 미만의 점수를 받은 문항이 있을 경우 직무수행 능력 부족으로 향상 학습이 요구 되며 4점 이상의 점수를 받은 문항이 6개 이상일 경우 직무 수행 능력 우수로 심화학습이 요구 됨

Chapter 5

그래쥬에이션 커트

8주_ 머슈룸 커트

9주_ 로우 그래쥬에이션 커트

10주_ 미디움 그래쥬에이션 커트

11주_ 하이 그래쥬에이션 커트

Chapter 5 그래쥬에이션 커트

8th week

머슈룸 커트

학습내용(단원명)	수업 목표
그래쥬에이션 커트 (머슈룸형)	• 그래쥬에이션 커트 머슈룸형을 수행할 수 있다. • 라운드 라인 파팅 패턴과 자연 분배를 이용하여 수행할 수 있다. • 라운드 라인을 만들기 위한 정확한 손가락 위치와 가위 위치를 수행할 수 있다.

[시술개요]

P

머리 위치 : 똑바로
파팅 : 원섹션
분배 : 직각
시술각 : 30°
손가락 위치 : 평행
디자인 라인 : 이동
기법 : 블런트

1. 베이직 헤어커트 준비하기

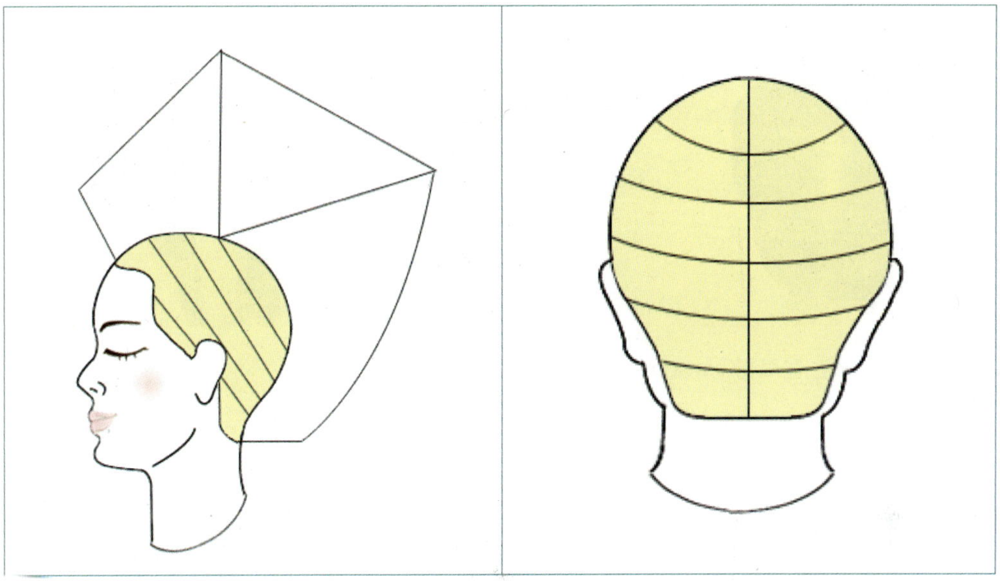

도해도

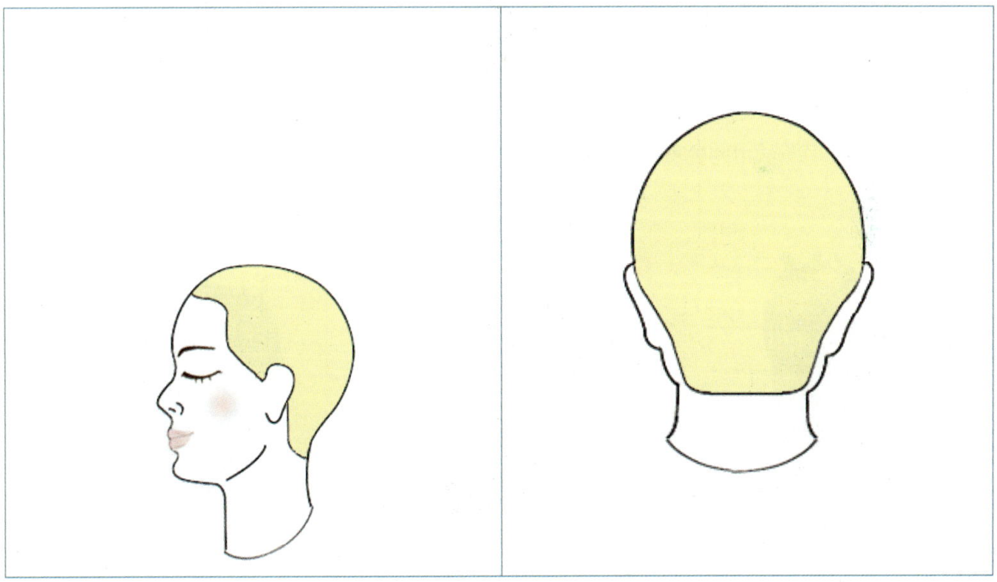

도해도 그려보기

2. 베이직 헤어커트 시술하기

①, ②, ③ 4등분 블로킹(blocking)으로 나눈다.

④, ⑤, ⑥ 네이프 섹션(nape section)을 나눈다.

⑦, ⑧, ⑨ 가이드(guide) 길이를 설정한다. 자연분배(natural distribution)

⑩, ⑪, ⑫ 직각 시술 각 30° 온 더 베이스(on the base)로 진행한다. 직각분배(perpendicular distribution)

⑬, ⑭, ⑮ 양쪽 네이프(nape) 사이드(side) 밸런스(balance)가 맞는지 체킹(checking)한다.

⑯, ⑰, ⑱ 양쪽 사이드(side)의 블로킹(blocking)을 나눈다.

⑲, ⑳, ㉑ 직각분배(perpendicular distribution) 30° 온 더 베이스(on the base)로 진행한다.

㉒, ㉓, ㉔ 원 섹션(one section)으로 나눈다.

㉕, ㉖, ㉗ 직각분배(perpendicular distribution) 30° 온 더 베이스로 진행한다.

㉘, ㉙, ㉚ 직각 시술 각 45° / 온 더 베이스(on the base)로 진행 / 완성된 모습

㉛, ㉜, ㉝ 전체 마지막 섹션(section)을 내려 진행한다. 골덴(golden) → 직각(perpendicular) → 45°로 진행한다.

㉞, ㉟, ㊱ 페이스(face) 앞쪽으로 당겨 시술 각 45°로 시술한다. 블로우 드라이(blow dry) 시술 후 마무리한다.

3. 베이직 헤어커트 마무리하기

앞(front)

뒤(back)

우측(right side)

좌측(left side)

[시술개요]

S

Technique : Line, Graduation
Shape : Round
Parting & Section : Centre Parting, Ear To Ear, Diagonal
Texturising : Pointing

1. 베이직 헤어커트 준비하기

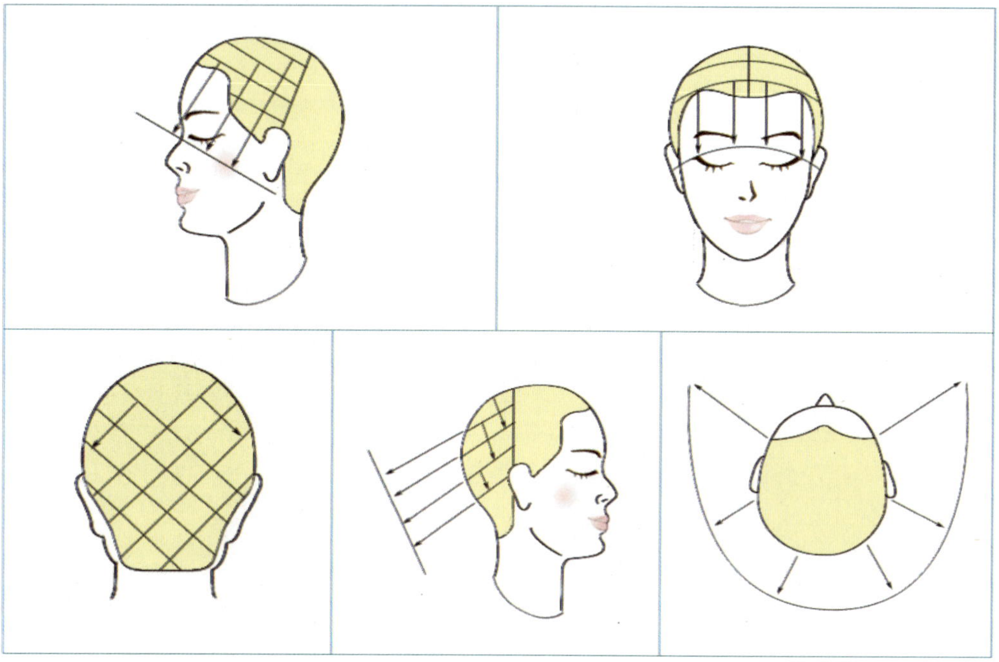

도해도

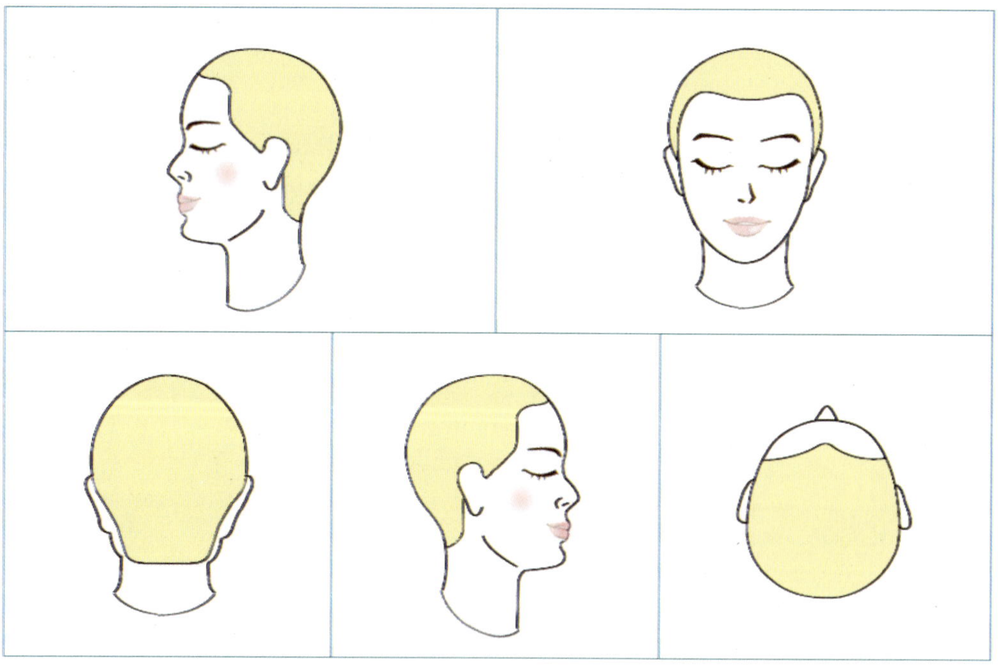

도해도 그려보기

2. 베이직 헤어커트 시술하기

①, ②, ③ 크라운(crown)에서 이어 백(ear back)으로 나눠 준 후 첫 섹션을 나눠준 후, 살짝 각도를 주어 센터(center)를 중심으로 가이드 라인(guide line)을 섹션(section)과 평행하게 커트한다.

④, ⑤, ⑥ 사이드(side)도 마찬가지로 섹션(section)과 평행하게 커트한다.

⑦, ⑧, ⑨ 반대편도 센터(center)에서 커트가 되었던 가이드(guide)와 연결될 수 있도록 섹션(section)과 평행하게 커트한다.

⑩, ⑪, ⑫ 계속해서 크라운(crown)까지 진행한다.

⑬ 뒤쪽 첫 섹션(section)은 다이어거널(diagonal) 섹션(section)으로 두상을 따라 곡선의 형태로 나눈다.

⑭, ⑮ 사이드(side)가 커트된 길이를 가이드(guide)로 하여 원하는 만큼의 그래쥬에이션(graduation)형태로 커트한다.

⑯, ⑰, ⑱ 계속해서 다음 섹션(section)을 진행해 주며 무게라인을 생각하며 앞 전 섹션(section)으로 오버다이렉션(over direction) 하여 커트한다.

⑲, ⑳, ㉑ 반대편도 사이드(side)에서 가이드(guide)를 가져와 원하는 만큼의 무게감을 만들어 주며 커트하고, 처음 섹션(section)을 제외하고는 앞전 섹션(section)으로 오버다이렉션(over direction)하여 무게감을 만든다.

㉒, ㉓, ㉔ 밸런스(balance)를 체크한 후 전용 브러쉬를 사용하여 드라이(dry)를 한다.

㉕ 그래쥬에이션(graduation)의 부드러운 무게감 라인(line)을 위해 커트가 된 각도 그대로 잡아 포인팅(pointing) 테크닉으로 질감처리를 한다.

㉖, ㉗, 원하는 길이의 아웃라인(outline)을 설정한다.

3. 베이직 헤어커트 마무리하기

앞(front)

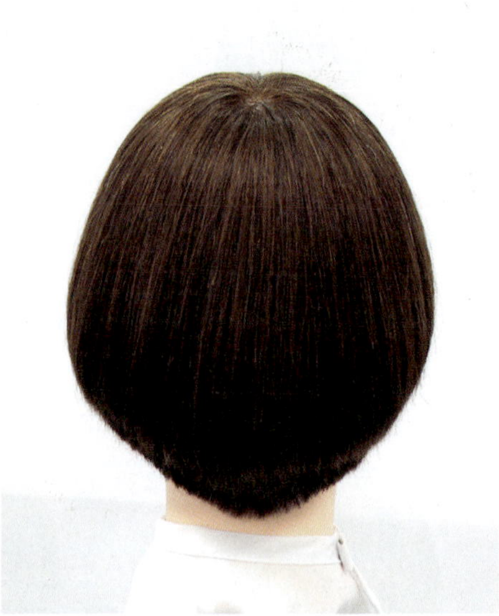

뒤(back)

우측(right side)

좌측(left side)

[시술개요]

T

머슈룸 커트는 원랭스라인과 라운드 그래쥬에이션의 조합으로 양쪽 사이드는 무겁고 강한 라인을 만들기 위해 원랭스로 커트하고 후두부는 라운드 그래쥬에이션으로 커트하는 스타일이다.

Partings & Sections
In Front Of Radial : Profile Parting–Radial–Diagonal Back
Behind Radial : Profile Parting–Radial–Diagonal Back–Pivoting Diagonal Back

Distribution
In Front Of Radial : Natural Fall
Behind Radial : T To The Parting / Natural Fall

Elevation
In Front Of Radial : 1 Fingers Depth
Behind Radial : 45° / Stationary 45° From Occipital

Cut
In Front Of Radial : Parallel To The Parting
Behind Radial : Decreasing In Length

1. 베이직 헤어커트 준비하기

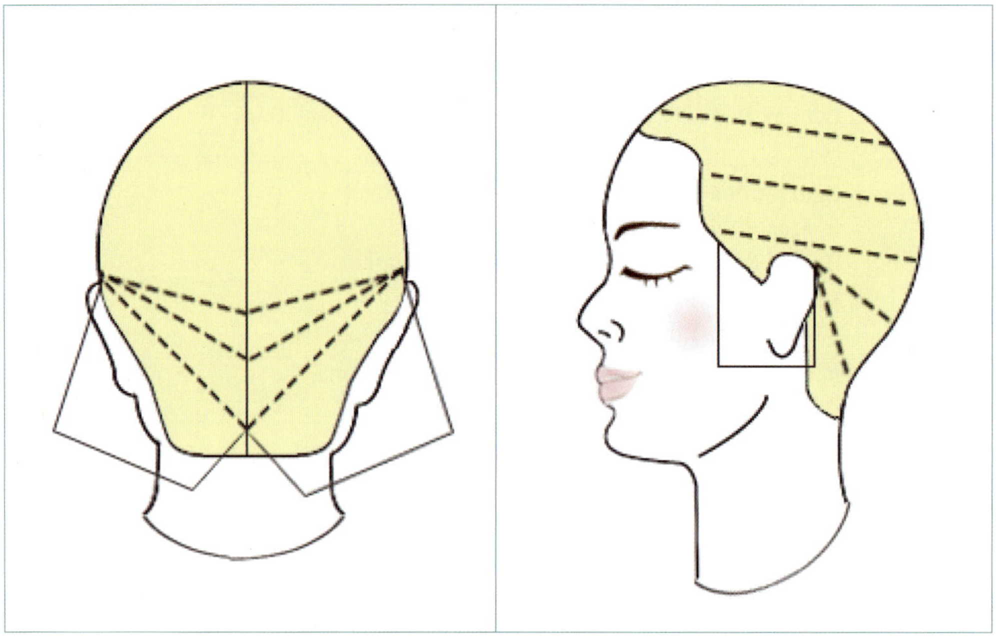

도해도

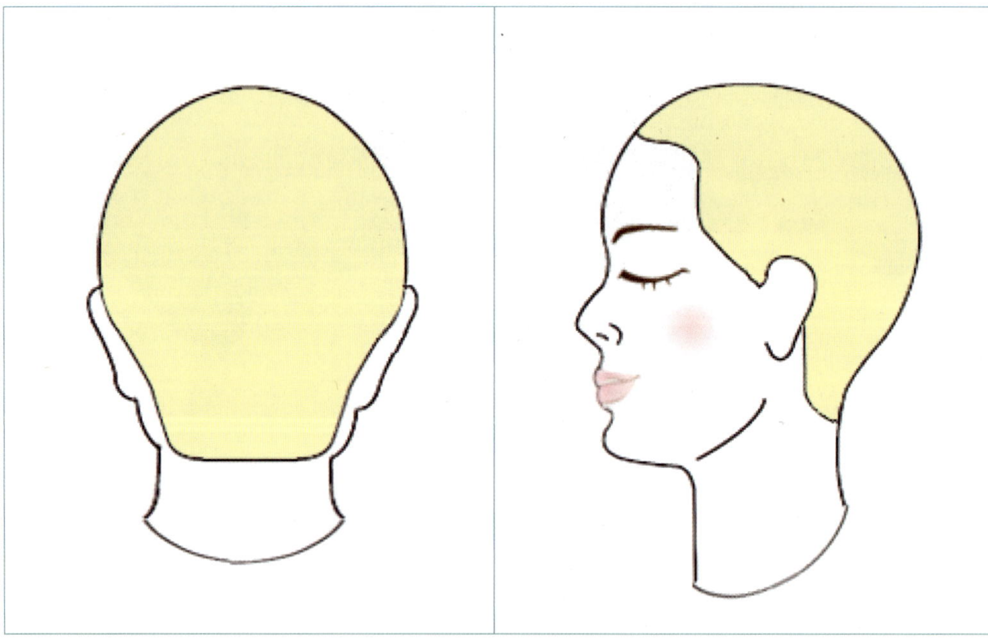

도해도 그려보기

2. 베이직 헤어커트 시술하기

①, ②, ③ 프로파일 레디얼(profile–radial)로 파팅 후 양쪽 모두 후대각(diagonal back) 섹션으로 나눈다. 자연방향(natural fall)으로 빗질 후 1 핑거스 뎁스(1 fingers depth)로 각도(elevation) 설정 후 평행(parallel)으로 커팅(cutting)한다.

④, ⑤, ⑥ 반대쪽도 동일한 방법으로 진행한다.

⑦, ⑧, ⑨ 후대각(diagonal back) 섹션(section)으로 동일한 방법으로 진행한다.

⑩, ⑪, ⑫ 후대각(diagonal back) 섹션으로 나눈 후 1 핑거스 뎁스(1 fingers depth)로 평행(parallel)하게 계속 진행한다.

⑬, ⑭, ⑮ 앞머리(bang)는 호리존탈 섹션(horizontal section)으로 나눈 후 라인(line) 을 정리해준다. 원하는 결과(모양, shape)에 따라 길이 및 라인(line)을 조정할 수 있다.

⑯, ⑰, ⑱ 양쪽 사이드 가이드(behind radial)를 이용해 백(bake) 부분 커트를 진행한다. 후대각 섹션(diagonal back section)을 이용해 티 투 더 파팅(t to the parting)으로 빗질 후 45°각도로 네이프(nape)로 갈수록 길이가 점점 짧아지도록 가이드 라인(line)을 설정한다.

⑲, ⑳, ㉑ 옥시피탈(occipital)에서 탑(top)까지 고정 45°로 커트하여 무게감(weight line)을 설정한다.

㉒, ㉓, ㉔ 동일한 방법으로 반대쪽도 진행한다.

㉕, ㉖, ㉗ 오른쪽과 밸런스(balance)를 확인하며 옥시피탈(occipital)에서 탑(top)까지 고정 45°로 커트하여 양쪽 동일한 무게감(weight line)을 설정한다.

㉘, ㉙, ㉚ 랩 드라이(wrap dry) 테크닉을 이용해 드라이(blow-dry) 후 네이프 라인(nape line)을 시저스 오버 콤(scissors over comb)을 이용해 깔끔하게 정리한다.

3. 베이직 헤어커트 마무리하기

앞(front)

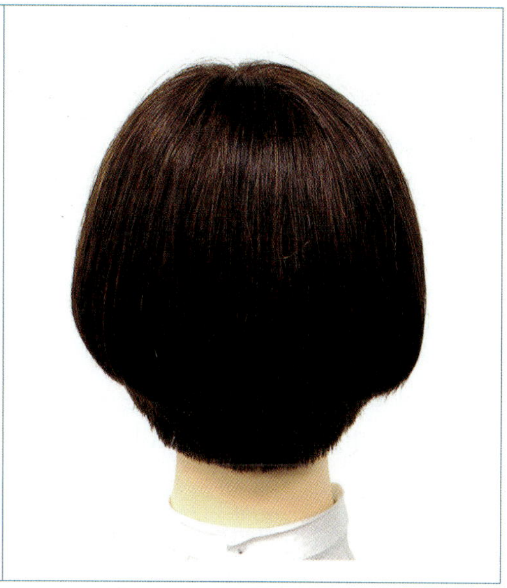
뒤(back)

우측(right side)

좌측(left side)

교수 방법
① 그래쥬에이션 스타일에 따른 블로킹과 섹션을 나누는 방법을 설명하고 시연한다. ② 그래쥬에이션 스타일에 따른 빗질의 방향과 각도를 조절하는 방법을 설명하고 시연한다. ③ 빗과 커트 도구를 정확하게 사용하여 그래쥬에이션 커트하는 방법을 설명하고 시연한다. ④ 모량 조절이 필요한 부분에 틴닝 가위를 사용하는 방법을 설명하고 시연한다. ⑤ 가위 또는 클리퍼를 사용하여 아우트 라인의 형태 선을 정리하는 방법을 설명하고 시연한다. ⑥ 고객의 얼굴과 목 등의 머리카락을 제거하는 방법을 설명하고 시연한다. ⑦ 헤어커트 후 고객 만족도를 파악하여 필요한 경우 수정 및 보정 커트하는 방법을 설명하고 시연한다. ⑧ 그래쥬에이션 커트에 어울리는 스타일로 마무리하는 방법을 설명하고 시연한다. ⑨ 그래쥬에이션 커트, 마무리하는 방법, 틴닝 가위 사용 방법 등에 대한 동영상 시청으로 실기 학습에 이해를 돕는다. ⑩ 사용한 헤어커트 도구는 청결하게 관리하고 주변을 정리 정돈하는 방법을 지도한다. ⑪ 학습자가 개별적으로 실습할 수 있도록 한 후 부족한 부분은 개별적으로 지도한다. ⑫ 미용실과 유사한 작업장에서 실습이 이루어지도록 준비한다. ⑬ 고객과 자신의 안전사고에 대한 주의 사항을 지도한다.

실습과정 사진		
사진		설명
		• • • • •
		• • • • •
		• • • • •
		• • • • •
		• • • • •

실습완료 사진	
앞(front)	뒤(back)
우측(right side)	좌측(left side)

학습 방법

① 그래쥬에이션 스타일에 따른 블로킹과 섹션 나누는 방법을 반복하여 연습하고 숙지한다.

② 그래쥬에이션 스타일에 따른 빗질의 방향과 각도를 조절하는 방법을 반복하여 연습하고 숙지한다.

③ 커트 빗과 커트 도구를 정확하게 사용하여 그래쥬에이션 커트하는 방법을 반복하여 연습하고 숙지한다.

④ 모량 조절이 필요한 부분에 틴닝 가위를 사용하는 방법을 반복하여 연습하고 숙지한다.

⑤ 가위 또는 클리퍼를 사용하여 아우트 라인의 형태 선을 정리하는 방법을 반복하여 연습한다.

⑥ 고객의 얼굴과 목 등의 머리카락을 제거하는 방법을 반복하여 연습하고 숙지한다.

⑦ 헤어커트 후 고객 만족도를 파악하여 필요한 경우 수정 및 보정 커트하는 방법을 반복하여 연습한다.

⑧ 그래쥬에이션 커트에 어울리는 스타일로 마무리하는 방법을 반복하여 연습하고 숙지한다.

⑨ 그래쥬에이션 커트, 마무리하는 방법, 틴닝 가위 사용 방법 등에 대한 동영상 시청과 교수자의 설명 및 시연을 보고 시술 방법을 반복하여 연습하고 숙지한다.

⑩ 사용한 헤어커트 도구는 청결하게 관리하고 주변을 정리 정돈하는 방법을 연습하고 숙지한다.

⑪ 학습자가 개별적으로 실습하고 부족한 부분은 개별적으로 질문한 후 반복하여 연습한다.

⑫ 미용실과 유사한 작업장에서의 실습을 반복하여 연습하고 숙지한다.

⑬ 고객과 자신의 안전사고에 대한 주의 사항을 숙지한다.

[학생자가진단 및 교수평가]

진단 영역		진단문항	학생 평가					교수 평가					비고
			매우 미흡	미흡	보통	우수	매우 우수	매우 미흡	미흡	보통	우수	매우 우수	
그래쥬에이션 헤어커트	그래쥬에이션 헤어커트하기	1. 시술자는 그래쥬에이션 스타일에 따른 블로킹과 섹션을 할 수 있다.	①	②	③	④	⑤	①	②	③	④	⑤	그래쥬에이션 헤어 커트 진행
		2. 시술자는 그래쥬에이션 스타일에 따른 빗질의 방향과 각도를 조절할 수 있다.	①	②	③	④	⑤	①	②	③	④	⑤	
		3. 시술자는 빗과 커트 도구를 정확하게 사용하여 그래쥬에이션 커트를 할 수 있다.	①	②	③	④	⑤	①	②	③	④	⑤	
		4. 시술자는 모량 조절이 필요한 부분에 틴닝 가위를 사용할 수 있다.	①	②	③	④	⑤	①	②	③	④	⑤	
		5. 시술자는 가위 또는 클리퍼를 사용하여 아우트 라인을 정리할 수 있다.	①	②	③	④	⑤	①	②	③	④	⑤	
	그래쥬에이션 헤어커트 마무리하기	1. 시술자는 고객의 얼굴과 목 등의 머리카락을 제거할 수 있다.	①	②	③	④	⑤	①	②	③	④	⑤	
		2. 시술자는 헤어커트 후 고객 만족을 파악하여 필요한 경우 수정 및 보정 커트를 할 수 있다.	①	②	③	④	⑤	①	②	③	④	⑤	
		3. 시술자는 그래쥬에이션 커트에 어울리는 스타일로 마무리 할 수 있다.	①	②	③	④	⑤	①	②	③	④	⑤	그래쥬에이션 헤어 커트 마무리
		4. 시술자는 사용한 헤어커트 도구는 청결하게 관리하고 주변을 정리 · 정돈할 수 있다.	①	②	③	④	⑤	①	②	③	④	⑤	

[서술형 시험]

학습 내용	평가 항목	성취 수준		
		상	중	하
그래쥬에이션 헤어커트 진행	1. 틴닝 기법의 이해와 지식			
	2. 헤어커트를 할 때 필요한 도구 준비의 이해와 지식			
	3. 그래쥬에이션 헤어커트의 특징과 종류의 이해와 지식			
그래쥬에이션 헤어커트 마무리	1. 헤어커트 마무리를 할 때 필요한 도구 준비의 이해와 지식			
	2. 그래쥬에이션 헤어커트 스타일의 마무리 연출의 이해와 지식			
	3. 헤어커트 도구의 위생적 관리와 보관의 이해와 지식			

[진단결과]

진단영역		평가 문항 수	3점 미만 수	3점 이상 수
그래쥬에이션 헤어커트	그래쥬에이션 헤어커트하기	5		
	그래쥬에이션 헤어커트 마무리하기	4		

※ 3점 미만의 점수를 받은 문항이 있을 경우 직무수행 능력 부족으로 향상 학습이 요구 되며 4점 이상의 점수를 받은 문항이 6개 이상일 경우 직무 수행 능력 우수로 심화학습이 요구 됨

Chapter 5 그래쥬에이션 커트

9 th week

로우 그래쥬에이션 커트

학습내용(단원명)	수업 목표
로우 그래쥬에이션	• 로우 그래쥬에이션을 수행할 수 있다. • 로우 그래쥬에이션 형태를 만들기 위해 사용되는 직각 분배와 변이 분배를 이용하여 수행할 수 있다. • 디자인 라인을 만들기 위한 정확한 손가락 위치와 가위 위치를 수행할 수 있다.

[시술개요]

P

섹셔닝 : 4등분
머리 위치 : 똑바로
파팅 : 수평라인
분배 : 수평
시술각 : 30°
손가락 위치 : 평행
디자인 라인 : 이동
기법 : 블런트

1. 베이직 헤어커트 준비하기

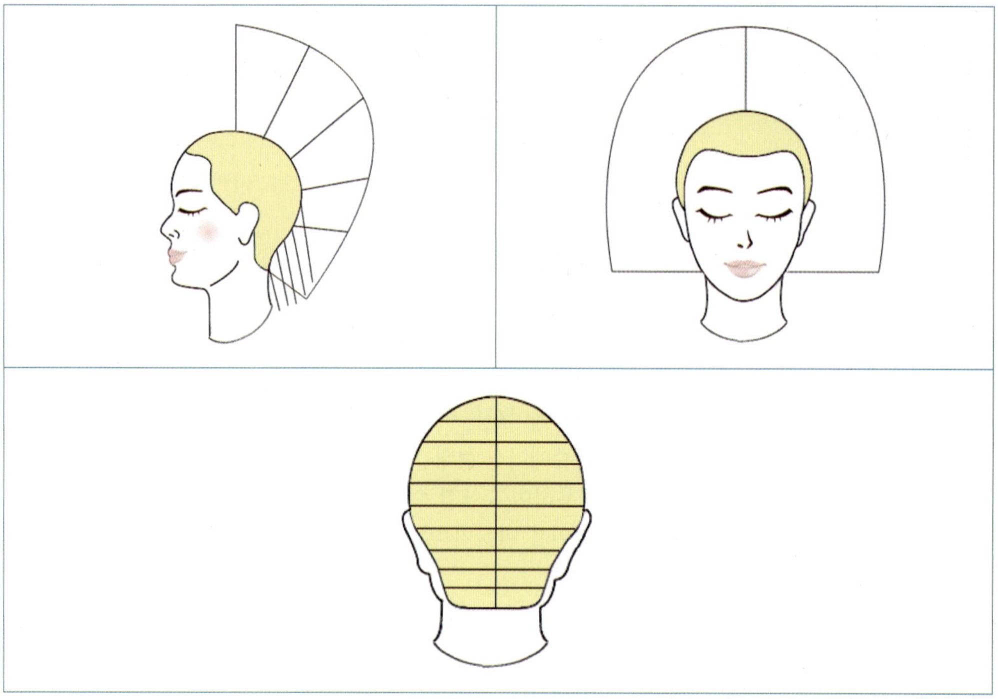

도해도

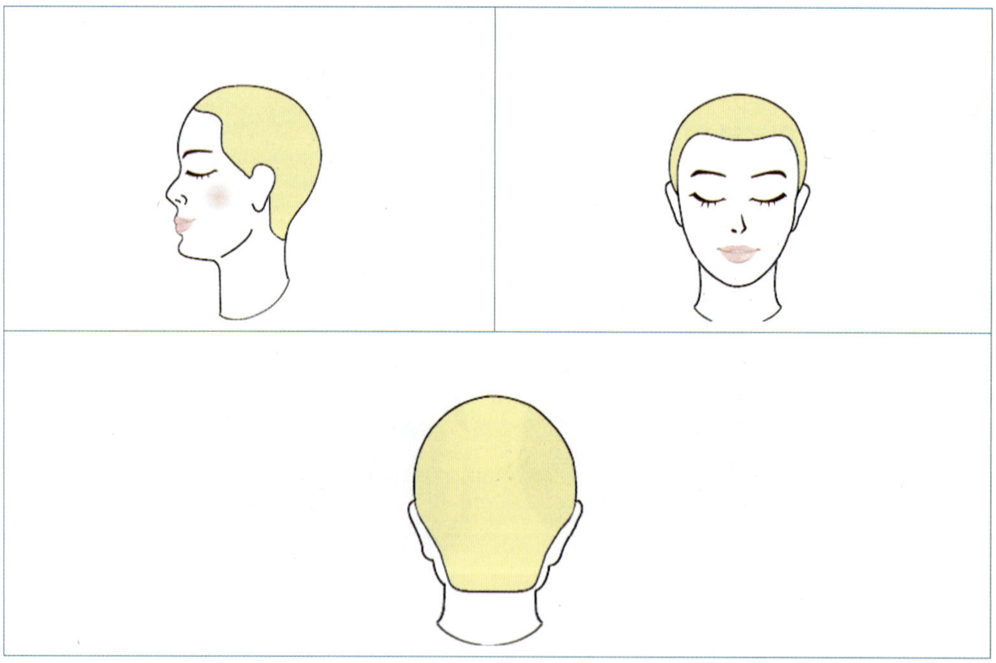

도해도 그려보기

2. 베이직 헤어커트 시술하기

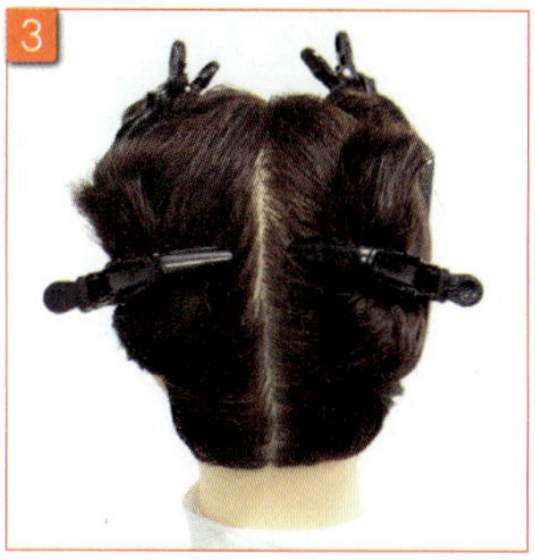

①, ②, ③ 4등분 블로킹(blocking)을 나눈다.

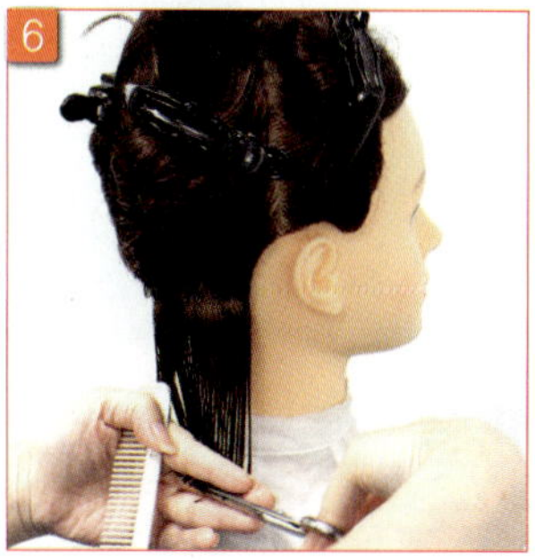

④, ⑤, ⑥ 네이프(nape) 가이드(guide) 길이 설정한다./자연분배(nature distribution)

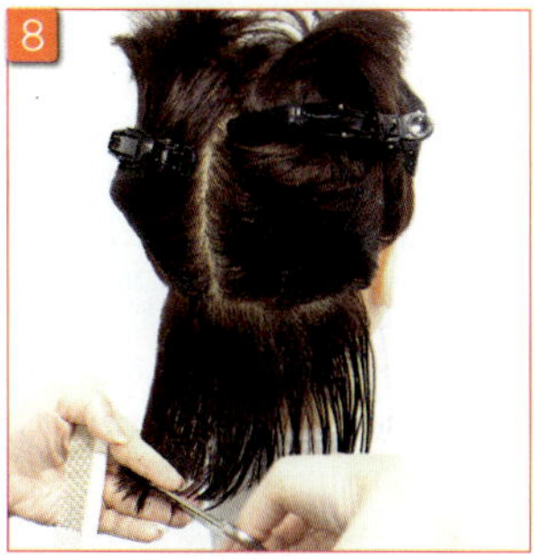
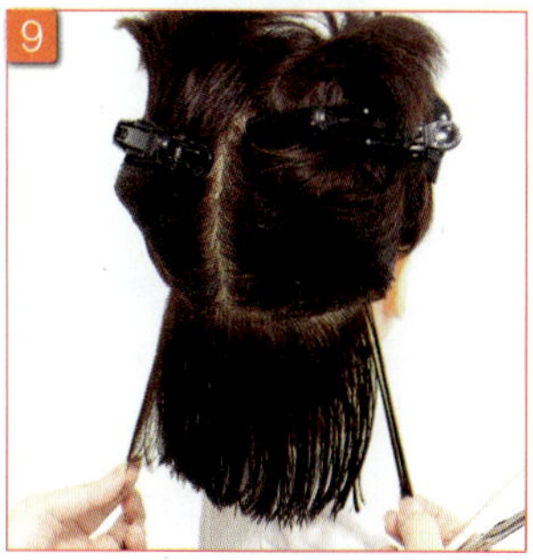

⑦, ⑧, ⑨ 직각분배(perpendicular distribution) 30°/온 더 베이스(on the base)로 진행한다. 양쪽 길이 체킹(checking)한다.

⑩, ⑪, ⑫ 양쪽 백 사이드(back side) 밸런스 체크(balance check) → 골덴(golden)까지 진행한다.

⑬, ⑭, ⑮ 골덴(golden) → 탑(top)으로 진행한다.

⑯, ⑰, ⑱ 왼쪽 사이드 호리존탈 섹션(horizontal section)/ 직각(perpendicular) 30°/ 온 더 베이스(on the base)로 진행한다.

⑲, ⑳, ㉑ 오른쪽 사이드 탑(top) 직각(perpendicular) 30°/ 온 더 베이스(on the base)로 진행한다.

㉒, ㉓, ㉔ 언더 존(under zone), 미들 존(middle zone), 오버 존(over zone) 커트가 완성된 모습

㉕, ㉖, ㉗ 블로우 드라이(blow dry)로 마무리한다.

※ 커트 섹션과 동일하게 블로우 드라이 시술 시 커트 선으로 완성한다.

3. 베이직 헤어커트 마무리하기

앞(front)

뒤(back)

우측(right side)

좌측(left side)

[시술개요] **S**

Technique : Line, Graduation
Shape : Square, Triangular
Parting & Section : Side Parting, Centre Back Parting, Horizontal, Diagonal
Texturising : Pointing

1. 베이직 헤어커트 준비하기

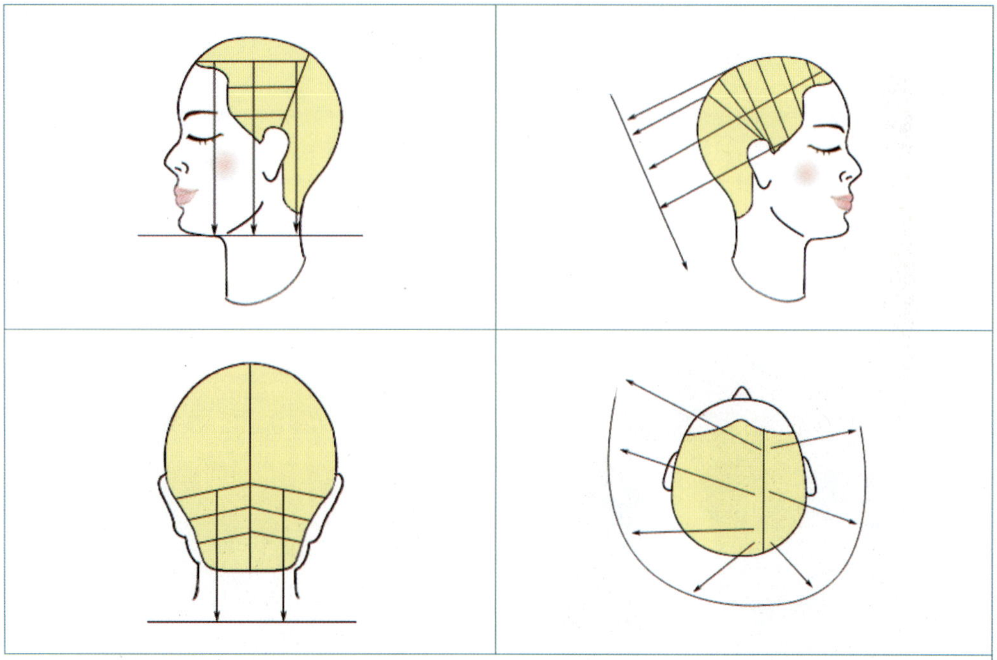

도해도

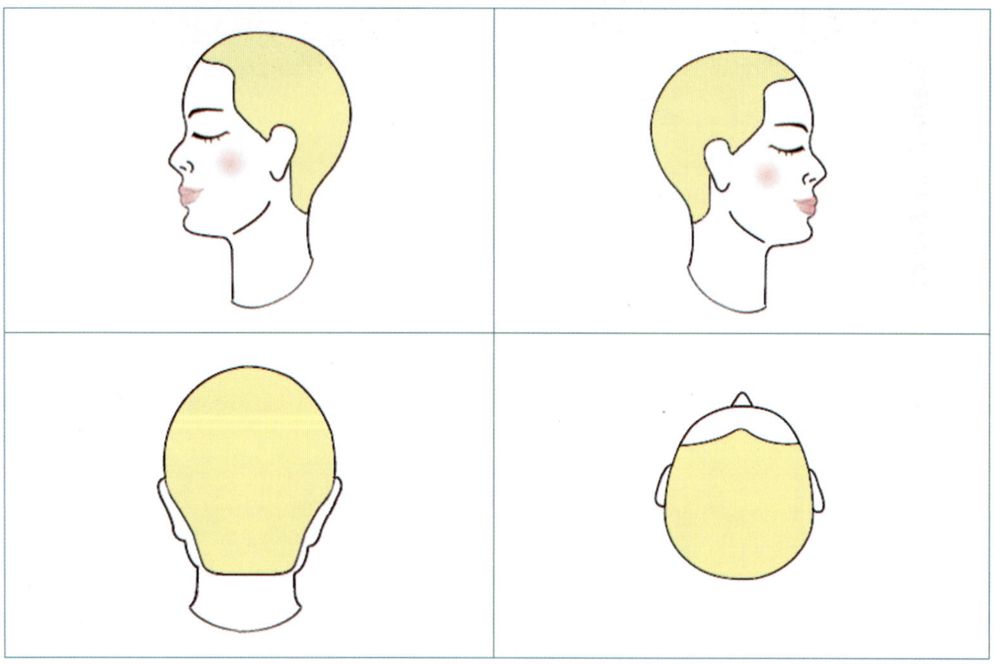

도해도 그려보기

1. 베이직 헤어커트 시술하기

① 앞쪽은 사이드 파팅(side parting)) 또는 센터 파팅(center parting)을 해주고 뒤쪽은 센터 파팅(center parting)으로 첫 섹션(section)을 나눈다.

②, ③ 가이드 라인(guide line)은 텐션 없이 빗질로 모발을 잡아주고 스퀘어 라인(square lin)을 만든다.

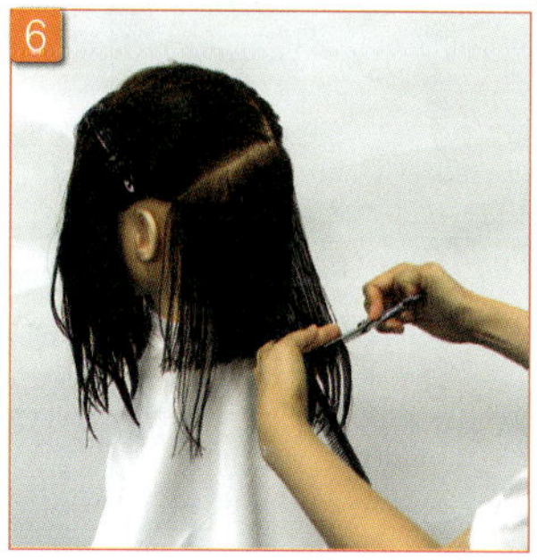

④ 첫 섹션(section) 커트 후 옥시피탈 본(occipital bone)에서 이어 백(ear back)까지 동일한 방법으로 커트한다.

⑤, ⑥ 다음 섹션(section)은 다이어거널 섹션(diagonal section)으로 나눈 후 밑에 커트가 된 길이를 가이드(guide)로 원하는 만큼의 무게감을 주며 그래쥬에이션(graduation)으로 커트한다.

⑦, ⑧ 사이드(side)로 갈수록 층이 덜나는 커트의 형태이므로 섹션(section)에 따라 모발을 들어 올리는 각도를 점차 낮춰서 진행한다.

⑨ 반대편도 동일하게 진행한다.

⑩ 크라운(crown) 부분까지 진행하며 무게라인이 너무 무겁지 않게 섹션(section)마다 조금씩 더 각도를 올리며 커트한다.

⑪, ⑫ 다이어거널 섹션(diagonal section)으로 커트가 되었던 각도대로 모발을 들어 올려 크로스 체크(cross check)한다.

⑬, ⑭, ⑮ 사이드(side)로 넘어와 호리존탈 섹션(horizontal section) 후 백부분의 가이드(guide)를 기준으로 텐션없이 스퀘어 라인(square lin)으로 커트를 진행한다.

⑯, ⑰ 첫 가이드(guide)를 기준으로 크라운(crown)까지 커트한다.

⑱ 사이드(side)쪽 그래쥬에이션(graduation) 연결을 위해 버티컬(vertical에 가까운 다이어거널 섹션(diagonal section)을 나눈다.

⑲ 뒤쪽 커트가 되었던 부분을 가이드(guide)로 오버다이렉션(over direction)하여 커트한다.

⑳, ㉑ 자연스러운 무게라인을 위해 조금씩 각도를 들어 앞쪽까지 진행한다.

㉒ 앞쪽에서 뒤쪽으로 커트 섹션(section)을 나눈 후 모발을 살짝 들어 올려 크로스 체크(cross check)를 해주며 불필요한 무게감을 제거한다.

㉓, ㉔ 반대편도 동일하게 커트를 진행해주며, 크로스 체크(cross check)를 통해 무게감까지 제거한다.

㉕ 전용 브러쉬로 드라이(dry)한다.

㉖ 커트되어진 각도로 모발을 들어 포인팅(pointing)으로 질감처리를 한다.

㉗ 라인(line)을 정리한다.

3. 베이직 헤어커트 마무리하기

앞(front)

뒤(back)

우측(right side)

좌측(left side)

[시술개요] 로우 그래쥬에이션은 스퀘어 그래쥬에이션의 쉐입으로 후두부는 그래쥬에이션 각도를 이용해 커트하고 양쪽 사이드는 원랭스 테크닉으로 라인을 만들어 주는 스타일이다.

T

Partings & Sections
Nape : Profile–Diagonal Forward–Center Profile Section – Pivoting Diagonal Forward
Above Nape : Horseshoe–Pivoting

Distribution
Nape : T To The Parting
Above Nape : Natural Fall

Elevation
Nape : 45°
Above Nape : Stationary 45°

Cut
Nape : Cut To Decrease In Length
Above Nape : Parallel To The Parting

1. 베이직 헤어커트 준비하기

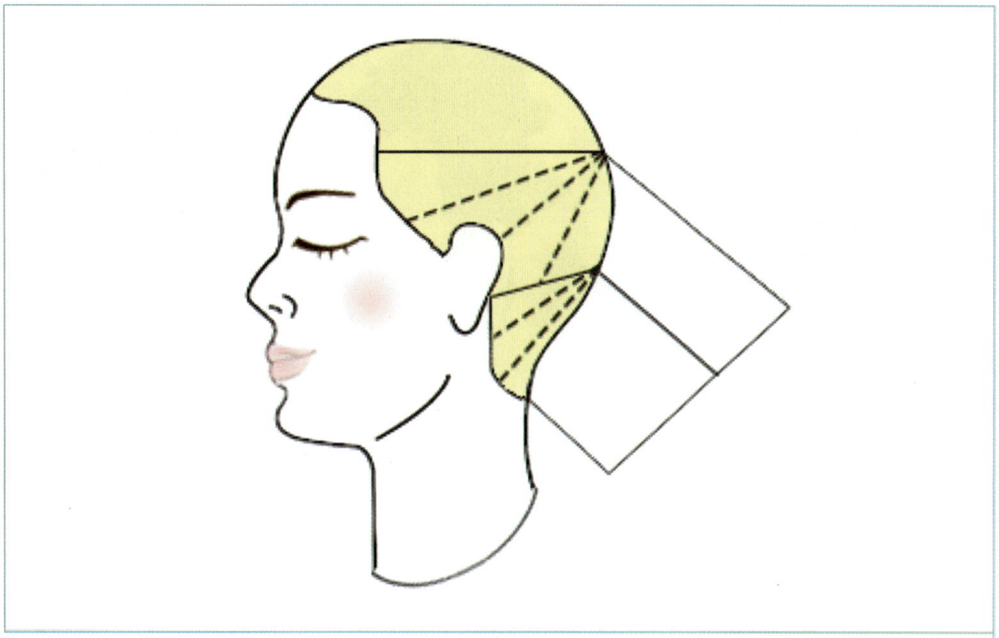

도해도

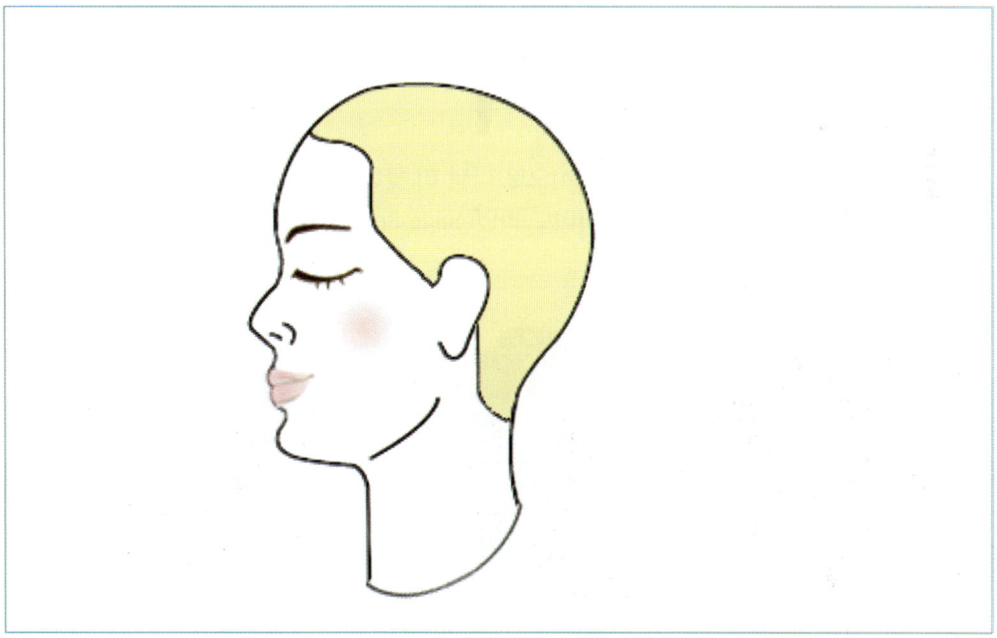

도해도 그려보기

2. 베이직 헤어커트 시술하기

①, ②, ③ 프로파일(profile) 파팅으로 나눈 후 네이프(nape)에서 전대각(diagonal forward)를 섹션(section)으로 나눈다. 센터 프로파일 섹션((center profile section)으로 나눠 45° 각도(elevation) 설정 후 버티컬 그래쥬에이션(vertical graduation)으로 커트한다.

④, ⑤, ⑥ 피봇팅 섹션(pivoting section)으로 나눠 티 투더 파팅(t to the parting)으로 빗질한 다음 45° 각도(elevation) 설정 후 가이드 라인(guide line)를 따라 커트한다.

⑦, ⑧, ⑨ 오른쪽과 동일한 방법으로 진행한다.

⑩, ⑪, ⑫ 홀슈 파팅(horseshoe parting)으로 나눈 후 피봇팅 섹션(pivoting section)을 이용한다. 자연방향(natural fall)으로 빗질 후 고정 45° 각도(elevation)를 이용해 가이드 라인(guide line)을 따라 커트하고 무게감(weight line)을 설정한다.

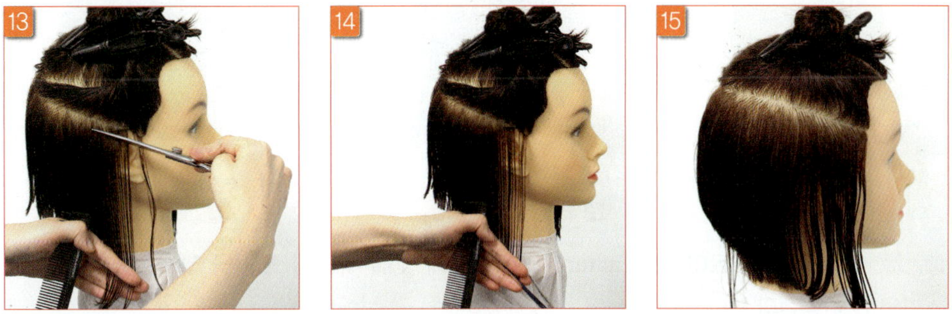

⑬, ⑭, ⑮ 피봇팅 섹션(pivoting section)으로 진행하면서 귀 부분의 텐션(tension)을 주의하여 커트한다. 사이드(side)로 진행할수록 각도(elevation)를 서서히 낮춘다.

⑯, ⑰, ⑱ 오른쪽과 동일한 방법으로 진행한다.

⑲, ⑳, ㉑ 양쪽 밸런스 체크(balance check) 후 계속 진행한다.

㉒, ㉓, ㉔ 고객의 가르마 방향(natural parting)에 맞춰 나머지 모발을 다 내린 후 동일한 방법으로 진행한다.

㉕, ㉖, ㉗ 커트가 완성된 상태

㉘, ㉙, ㉚ 랩 드라이 테크닉(wrap dry technique)을 이용해 자연스럽게 드라이한다.

㉛, ㉜, ㉝ 네이프 라인(nape line) 정리 후 마무리한다.

3. 베이직 헤어커트 마무리하기

앞(front)

뒤(back)

우측(right side)

좌측(left side)

교수 방법
① 그래쥬에이션 스타일에 따른 블로킹과 섹션을 나누는 방법을 설명하고 시연한다. ② 그래쥬에이션 스타일에 따른 빗질의 방향과 각도를 조절하는 방법을 설명하고 시연한다. ③ 빗과 커트 도구를 정확하게 사용하여 그래쥬에이션 커트하는 방법을 설명하고 시연한다. ④ 모량 조절이 필요한 부분에 틴닝 가위를 사용하는 방법을 설명하고 시연한다. ⑤ 가위 또는 클리퍼를 사용하여 아우트 라인의 형태 선을 정리하는 방법을 설명하고 시연한다. ⑥ 고객의 얼굴과 목 등의 머리카락을 제거하는 방법을 설명하고 시연한다. ⑦ 헤어커트 후 고객 만족도를 파악하여 필요한 경우 수정 및 보정 커트하는 방법을 설명하고 시연한다. ⑧ 그래쥬에이션 커트에 어울리는 스타일로 마무리하는 방법을 설명하고 시연한다. ⑨ 그래쥬에이션 커트, 마무리하는 방법, 틴닝 가위 사용 방법 등에 대한 동영상 시청으로 실기 학습에 이해를 돕는다. ⑩ 사용한 헤어커트 도구는 청결하게 관리하고 주변을 정리 정돈하는 방법을 지도한다. ⑪ 학습자가 개별적으로 실습할 수 있도록 한 후 부족한 부분은 개별적으로 지도한다. ⑫ 미용실과 유사한 작업장에서 실습이 이루어지도록 준비한다. ⑬ 고객과 자신의 안전사고에 대한 주의 사항을 지도한다.

<table>
<tr><th colspan="3">실습과정 사진</th></tr>
<tr><th colspan="2">사진</th><th>설명</th></tr>
<tr><td></td><td></td><td>•
•
•
•
•</td></tr>
<tr><td></td><td></td><td>•
•
•
•
•</td></tr>
<tr><td></td><td></td><td>•
•
•
•
•</td></tr>
<tr><td></td><td></td><td>•
•
•
•
•</td></tr>
<tr><td></td><td></td><td>•
•
•
•
•</td></tr>
</table>

실습완료 사진	
앞(front)	뒤(back)
우측(right side)	좌측(left side)

학습 방법
① 그래쥬에이션 스타일에 따른 블로킹과 섹션 나누는 방법을 반복하여 연습하고 숙지한다. ② 그래쥬에이션 스타일에 따른 빗질의 방향과 각도를 조절하는 방법을 반복하여 연습하고 숙지한다. ③ 커트 빗과 커트 도구를 정확하게 사용하여 그래쥬에이션 커트하는 방법을 반복하여 연습하고 숙지한다. ④ 모량 조절이 필요한 부분에 틴닝 가위를 사용하는 방법을 반복하여 연습하고 숙지한다. ⑤ 가위 또는 클리퍼를 사용하여 아우트 라인의 형태 선을 정리하는 방법을 반복하여 연습한다. ⑥ 고객의 얼굴과 목 등의 머리카락을 제거하는 방법을 반복하여 연습하고 숙지한다. ⑦ 헤어커트 후 고객 만족도를 파악하여 필요한 경우 수정 및 보정 커트하는 방법을 반복하여 연습한다. ⑧ 그래쥬에이션 커트에 어울리는 스타일로 마무리하는 방법을 반복하여 연습하고 숙지한다. ⑨ 그래쥬에이션 커트, 마무리하는 방법, 틴닝 가위 사용 방법 등에 대한 동영상 시청과 교수자의 설명 및 시연을 보고 시술 방법을 반복하여 연습하고 숙지한다. ⑩ 사용한 헤어커트 도구는 청결하게 관리하고 주변을 정리 정돈하는 방법을 연습하고 숙지한다. ⑪ 학습자가 개별적으로 실습하고 부족한 부분은 개별적으로 질문한 후 반복하여 연습한다. ⑫ 미용실과 유사한 작업장에서의 실습을 반복하여 연습하고 숙지한다. ⑬ 고객과 자신의 안전사고에 대한 주의 사항을 숙지한다.

[학생자가진단 및 교수평가]

<table>
<tr><td rowspan="2" colspan="2">진단 영역</td><td rowspan="2">진 단 문 항</td><td colspan="5">학생 평가</td><td colspan="5">교수 평가</td><td rowspan="2">비고</td></tr>
<tr><td>매우 미흡</td><td>미흡</td><td>보통</td><td>우수</td><td>매우 우수</td><td>매우 미흡</td><td>미흡</td><td>보통</td><td>우수</td><td>매우 우수</td></tr>
<tr><td rowspan="9">그래쥬에이션 헤어커트</td><td rowspan="5">그래쥬에이션 헤어커트하기</td><td>1. 시술자는 그래쥬에이션 스타일에 따른 블로킹과 섹션을 할 수 있다.</td><td>①</td><td>②</td><td>③</td><td>④</td><td>⑤</td><td>①</td><td>②</td><td>③</td><td>④</td><td>⑤</td><td rowspan="4">그래쥬에이션 헤어 커트 진행</td></tr>
<tr><td>2. 시술자는 그래쥬에이션 스타일에 따른 빗질의 방향과 각도를 조절할 수 있다.</td><td>①</td><td>②</td><td>③</td><td>④</td><td>⑤</td><td>①</td><td>②</td><td>③</td><td>④</td><td>⑤</td></tr>
<tr><td>3. 시술자는 빗과 커트 도구를 정확하게 사용하여 그래쥬에이션 커트를 할 수 있다.</td><td>①</td><td>②</td><td>③</td><td>④</td><td>⑤</td><td>①</td><td>②</td><td>③</td><td>④</td><td>⑤</td></tr>
<tr><td>4. 시술자는 모량 조절이 필요한 부분에 틴닝 가위를 사용할 수 있다.</td><td>①</td><td>②</td><td>③</td><td>④</td><td>⑤</td><td>①</td><td>②</td><td>③</td><td>④</td><td>⑤</td></tr>
<tr><td>5. 시술자는 가위 또는 클리퍼를 사용하여 아우트 라인을 정리할 수 있다.</td><td>①</td><td>②</td><td>③</td><td>④</td><td>⑤</td><td>①</td><td>②</td><td>③</td><td>④</td><td>⑤</td><td></td></tr>
<tr><td rowspan="4">그래쥬에이션 헤어커트 마무리하기</td><td>1. 시술자는 고객의 얼굴과 목 등의 머리카락을 제거할 수 있다.</td><td>①</td><td>②</td><td>③</td><td>④</td><td>⑤</td><td>①</td><td>②</td><td>③</td><td>④</td><td>⑤</td><td></td></tr>
<tr><td>2. 시술자는 헤어커트 후 고객 만족을 파악하여 필요한 경우 수정 및 보정 커트를 할 수 있다.</td><td>①</td><td>②</td><td>③</td><td>④</td><td>⑤</td><td>①</td><td>②</td><td>③</td><td>④</td><td>⑤</td><td></td></tr>
<tr><td>3. 시술자는 그래쥬에이션 커트에 어울리는 스타일로 마무리 할 수 있다.</td><td>①</td><td>②</td><td>③</td><td>④</td><td>⑤</td><td>①</td><td>②</td><td>③</td><td>④</td><td>⑤</td><td rowspan="2">그래쥬에이션 헤어 커트 마무리</td></tr>
<tr><td>4. 시술자는 사용한 헤어커트 도구는 청결하게 관리하고 주변을 정리 · 정돈할 수 있다.</td><td>①</td><td>②</td><td>③</td><td>④</td><td>⑤</td><td>①</td><td>②</td><td>③</td><td>④</td><td>⑤</td></tr>
</table>

[서술형 시험]

학습 내용	평가 항목	성취 수준		
		상	중	하
그래쥬에이션 헤어커트 진행	1. 틴닝 기법의 이해와 지식			
	2. 헤어커트를 할 때 필요한 도구 준비의 이해와 지식			
	3. 그래쥬에이션 헤어커트의 특징과 종류의 이해와 지식			
그래쥬에이션 헤어커트 마무리	1. 헤어커트 마무리를 할 때 필요한 도구 준비의 이해와 지식			
	2. 그래쥬에이션 헤어커트 스타일의 마무리 연출의 이해와 지식			
	3. 헤어커트 도구의 위생적 관리와 보관의 이해와 지식			

[진단결과]

진단영역		평가 문항 수	3점 미만 수	3점 이상 수
그래쥬에이션 헤어커트	그래쥬에이션 헤어커트하기	5		
	그래쥬에이션 헤어커트 마무리하기	4		
※ 3점 미만의 점수를 받은 문항이 있을 경우 직무수행 능력 부족으로 향상 학습이 요구 되며 4점 이상의 점수를 받은 문항이 6개 이상일 경우 직무 수행 능력 우수로 심화학습이 요구 됨				

Chapter 5 그래쥬에이션 커트

10 th week

미디움 그래쥬에이션 커트

학습내용(단원명)	수업 목표
미디움 그래쥬에이션	• 미디움 그래쥬에이션을 수행할 수 있다. • 미디움 그래쥬에이션 형태를 만들기 위해 사용되는 직각 분배와 변이 분배를 이용하여 수행할 수 있다. • 디자인 라인을 만들기 위한 정확한 손가락 위치와 가위 위치를 수행할 수 있다.

[시술개요]

P

섹셔닝 : 이어 투 이어(E.P to E.P), 정중선(C.P~N.P)
머리 위치 : 똑바로
파팅 : 전대각
분배 : 직각
시술각 : 45°
손가락 위치 : 평행
디자인 라인 : 이동 라인
기법 : 블런트

1. 베이직 헤어커트 준비하기

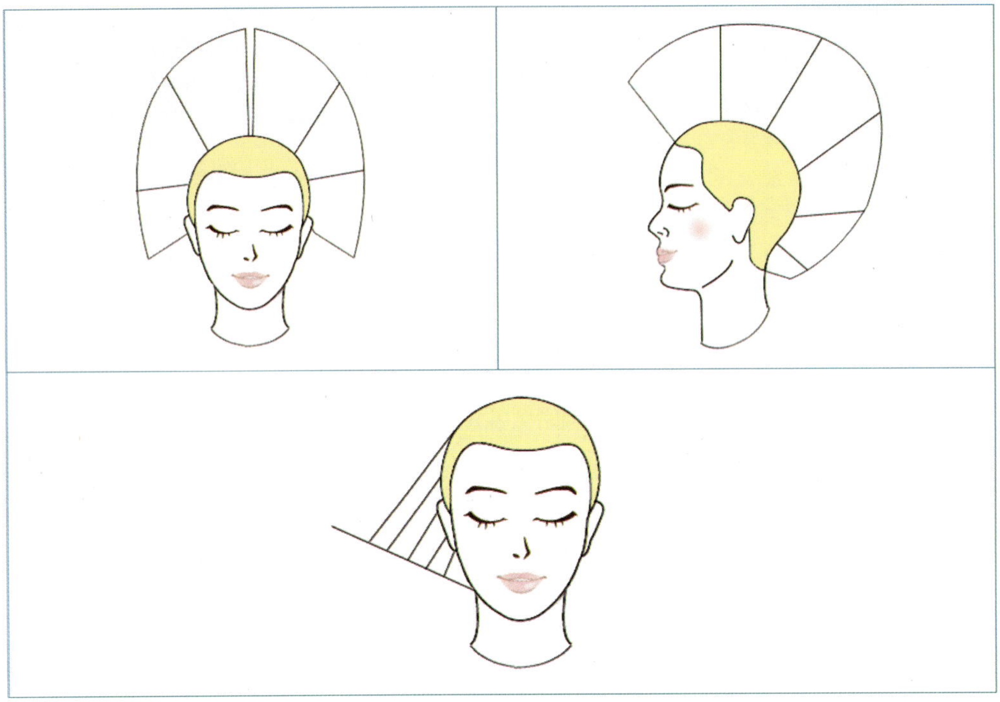

도해도

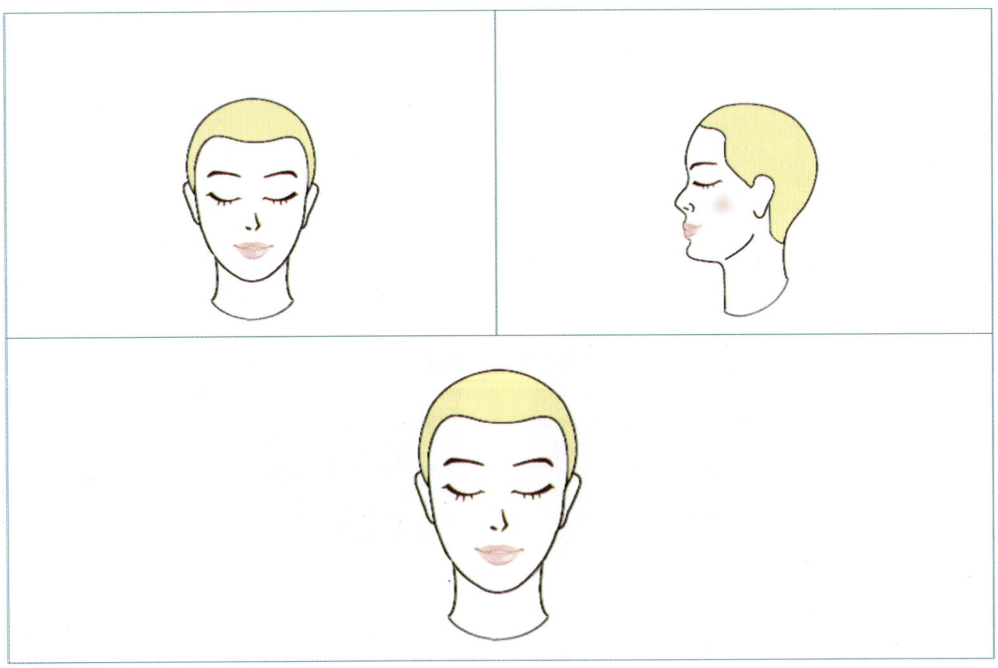

도해도 그려보기

2. 베이직 헤어커트 시술하기

①, ②, ③ 4등분 블로킹(blocking)으로 나눈다

④, ⑤, ⑥ 후대각 파팅(diagonal back parting)을 나눈다. 양쪽 네이프 사이드 길이 밸런스가 맞는지 체킹한다.

⑦, ⑧, ⑨ 직각분배(perpendicular distribution) 45°/온 더 베이스(on the base)로 진행한다.

⑩, ⑪, ⑫ 네이프(nape)가 완성된 모습. 가이드 라인(guide line)을 설정한다.

⑬, ⑭, ⑮ 직각분배(perpendicular distribution) 45°로 진행한다.

⑯, ⑰, ⑱ 직각분배(perpendicular distribution)로 진행한다.

⑲, ⑳, ㉑ 직각분배(perpendicular distribution)로 진행한다.

㉒, ㉓, ㉔ 직각분배(perpendicular distribution)로 진행한다.

㉕, ㉖, ㉗ 완성된 모습

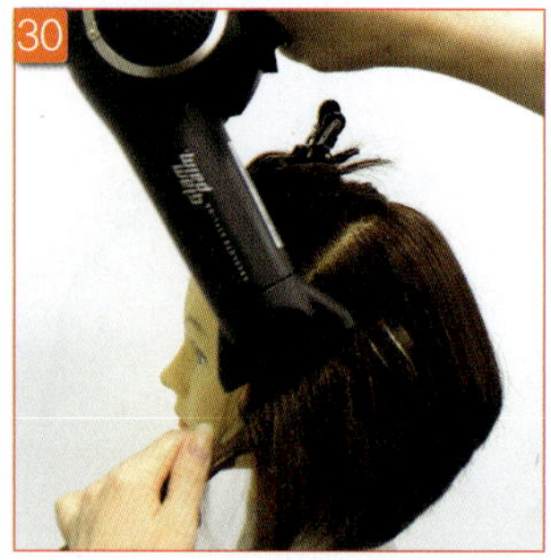

㉘, ㉙, ㉚ 블로우 드라이(blow dry) 후 스타일링(styling) 한다.

3. 베이직 헤어커트 마무리하기

앞(front)

뒤(back)

우측(right side)

좌측(left side)

[시술개요] Technique : Graduation, Line
Shape : Triangular
Parting & Section : Side Parting, Centre Back, Pivot Section, Diagonal
Texturising : Pointing

S

1. 베이직 헤어커트 준비하기

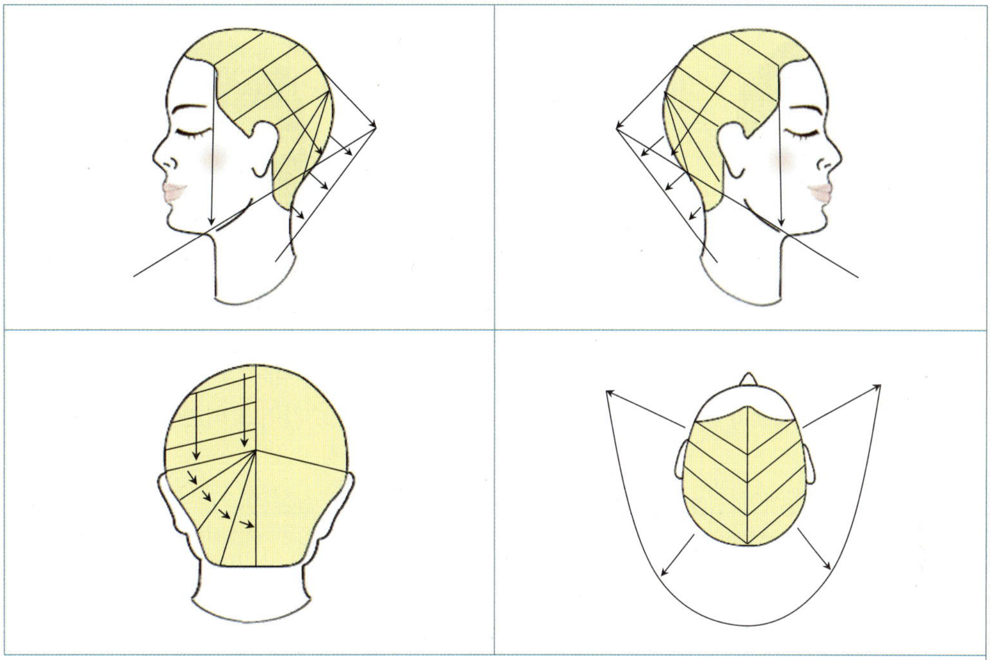

도해도

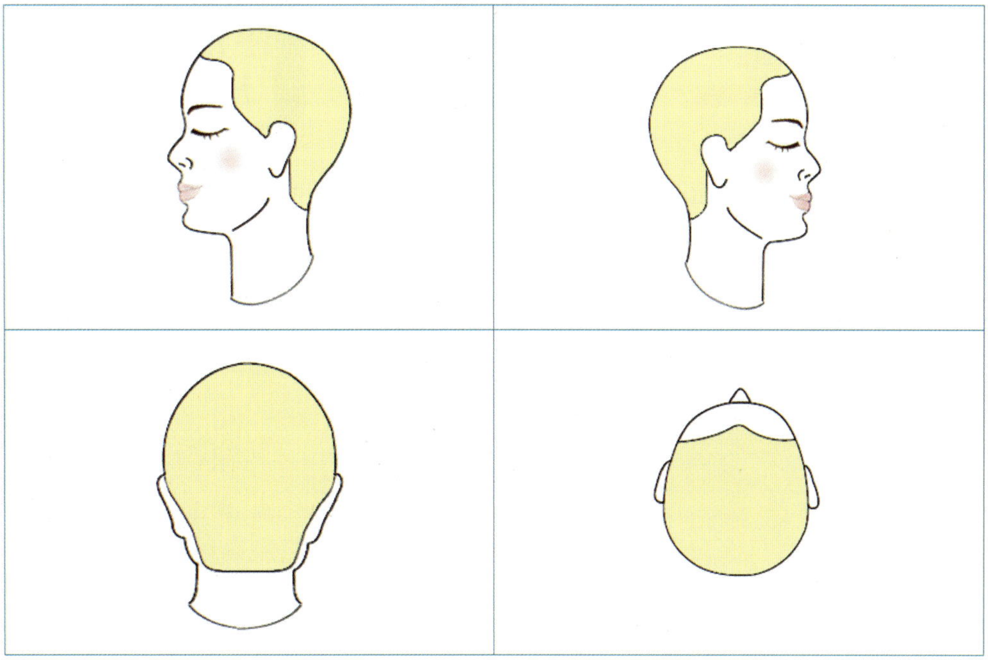

도해도 그려보기

2. 베이직 헤어커트 시술하기

① 센터 파팅(center parting) 나눈 후, 옥시피탈 본(occipital bone)에서 이어 백(ear back)까지 다이어거널(diagonal section)로 나눠준 후 버티컬(vertical)로 가이드 섹션(guide section)을 잡는다.

② 원하는 그래쥬에이션(graduation) 무게감(weight)과 길이를 설정 후 커트한다.

③ 커트가 된 가이드라인(guide line)

④ 다음 섹션(section)은 피봇섹션(pivot section)으로 진행하며 앞전 커트가 된 섹션(section)으로 오버 다이렉션(over direction)하여 커트한다.

⑤, ⑥ 계속해서 커트를 진행한다.

⑦ 섹션(section)을 나눠 놓은 부분까지 진행한다.

⑧ 반대편도 같은 방법으로 피봇섹션(pivot section)으로 계속해서 진행한다.

⑨ 완성된 네이프(nape)부분의 그래쥬에이션(graduation)

⑩ 사진과 같이 다이어거널 섹션(diagonal section)으로 나눈다.

⑪, ⑫ 커트가 된 그래쥬에이션(graduation)에 계속해서 무게감(weight)을 쌓는다.

⑬, ⑭ 반대편도 같은 방법으로 커트를 진행한다.

⑮ 커트가 진행 중인 모습

⑯, ⑰, ⑱ 이어 탑(ear top)까지 진행 한 후에는 사이드(side)까지 같이 다이어거널 섹션(diagonal section)으로 나누어 주고 섹션과 평행하게 커트를 진행한다.

⑲, ⑳, ㉑ 반대편도 같은 방법으로 커트를 진행한다.

㉒, ㉓, ㉔ 계속해서 다음 섹션(section)도 같은 방법으로 진행하며 그래쥬에이션(graduation)의 무게감(weight)을 쌓는다.

㉕, ㉖, ㉗ 반대편도 계속해서 커트를 진행한다.

㉘, ㉙, ㉚ 양쪽 모두 파팅(parting)을 나눈 곳까지 계속해서 진행한다.

㉛, ㉛, ㉛ 드라이(dry) 전 완성된 모습

㉞ 드라이(dry) 전 완성된 모습.

㉟, ㊱ 전용 브러쉬를 이용해 드라이를 한다.

㊲ 전용 브러쉬를 이용해 블로우 드라이를 한다.

㊳ 필요한 곳에 포인팅(pointing)으로 질감처리를 한다.

㊴ 깔끔한 커트 선을 위해 리파인(refine) 작업을 한다.

3. 베이직 헤어커트 마무리하기

앞(front)

뒤(back)

우측(right side)

좌측(left side)

[시술개요] 미디움 그래쥬에이션은 네이프는 천체축의 30~60° 사이의 각도를 활용하였고 크라운 부분은 두상 각을 적용하여 코너를 제거함으로써 움직임을 표현할 수 있는 스타일

T

Parting & Section
Nape : Profile Parting–Diagonal Forward–Profile Section–Diagonal Forward Sections
Below Horseshoe : Profile Section–Diagonal Forward Sections
Above Horseshoe : Profile Parting–Radial–Pivoting Radials

Distribution
Nape : T To The Parting
Below Horseshoe : T To The Parting
Above Horseshoe : T To The Parting

Elevation
Nape : Held At A Graduation Level
Below Horseshoe : Held At A Graduation Level
Above Horseshoe : Held At A Layering Level

Cut
Nape : Vertical Graduation
Below Horseshoe : Vertical Graduation
Above Horseshoe : Visually Rounding To The Head

1. 베이직 헤어커트 준비하기

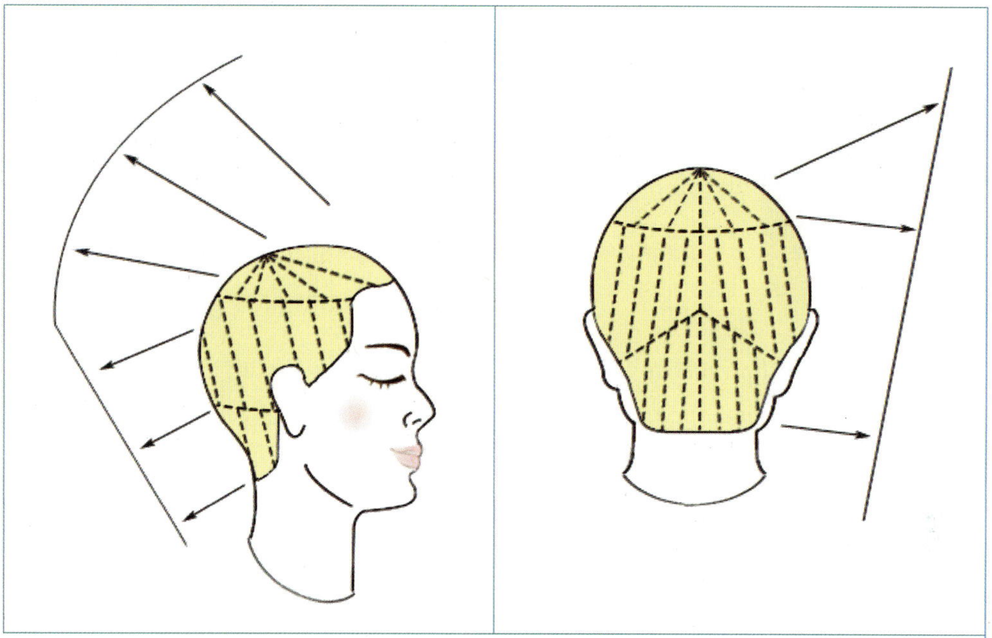

도해도

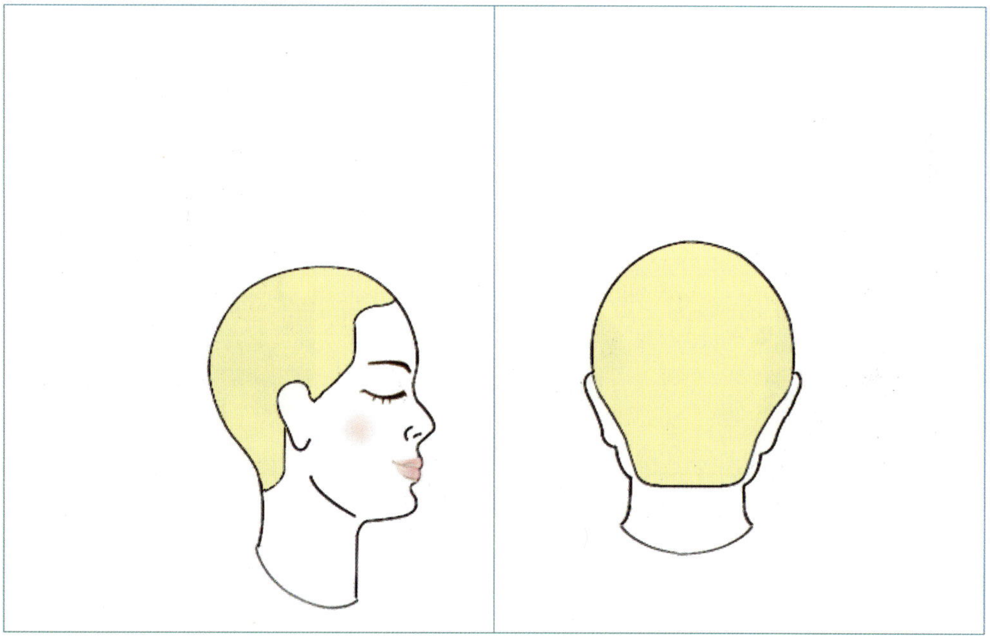

도해도 그려보기

2. 베이직 헤어커트 시술하기

①, ②, ③ 프로파일(profile) 파팅으로 나눈 후 네이프(nape)는 옥시피탈(occipital) 기준으로 전대각 섹션(diagonal forward section)으로 나눈다. 가이드 라인(guide line) 설정을 위해 센터 프로파일 섹션(center profile section)으로 나눈다.

④, ⑤, ⑥ 빗질은 티 투더 파팅 (T to the parting), 각도는 그래쥬에이션 각도(graduation level)로 설정하여 버티컬 그래쥬에이션(vertical graduation)으로 옥시피탈에서부터 네이프(nape)로 점점 짧아지도록 커트한다.

⑦, ⑧, ⑨ 전대각 섹션으로 나눈다. 빗질은 티 투 더 파팅하며 각도는 그래쥬에이션 각도(graduation level)로 이전 섹션(section)의 가이드(guide)로 오버 다이렉트(over direct)하여 커트한다.

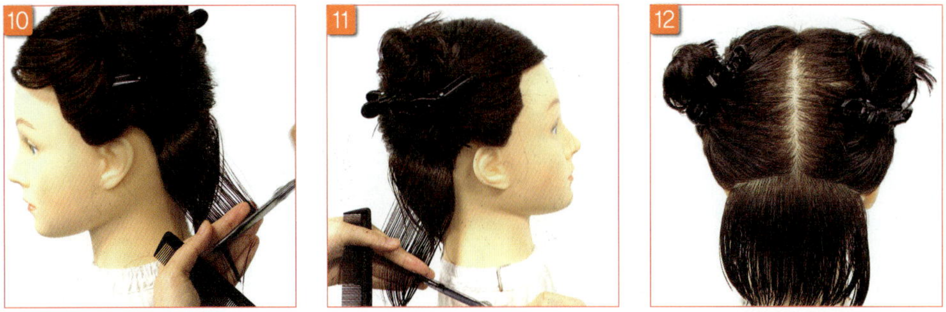

⑩, ⑪, ⑫ 반대편 또한 동일한 방법으로 커트한다.

⑬, ⑭, ⑮ 홀슈(horseshoe) 파팅으로 나눈 뒤 전대각 섹션(diagonal forward section)으로 나눈다.

⑯, ⑰, ⑱ 빗질은 티 투 더 파팅 (T to the parting)으로 하고 각도(elevation)는 네이프(nape)에서 설정한 그래쥬에이션(graduation level)의 각도와 연결하여 커트한다.

⑲, ⑳, ㉑ 전대각 섹션(diagonal forward section)으로 나눈다. 빗질은 티 투더 파팅(T to theparting)으로 하고, 각도는 그래쥬에이션 각도(graduation level)로 하여 이전 섹션(section)의 가이드(guide)로 오버다이렉트(overdirect)하여 이어 포인트(ear point)까지 커트한다.

㉒, ㉓, ㉔ 이어 포인트(E.P) 앞쪽의 사이드는 먼저 라인설정을 위해 전대각 섹션(diagonal forward section)을 나눈 후 빗질은 자연방향(natural fall)으로 하고, 각도는 1 핑거스 뎁스(1 fingers depth)로 설정하여 섹션(section)과 평행 (parallel)하게 커트한다. 라인 설정이 완료되면 다시 전대각 섹션(diagonal forward section)으로 나눈 다음 백(back) 부분과 동일한 방법으로 커트한다.

㉕, ㉖, ㉗ 반대편 또한 동일한 방법으로 진행한다.

㉘, ㉙, ㉚ 레디얼(radial), 피봇팅 레디얼(pivoting radial)로 나눈 후 빗질은 티 투 더 파팅(T to theparting)으로 하고, 각도는 두상에 따라 로어 크라운(lower crown)까지 90° 오버 다이렉트(over direct)로 설정하여 코너(corner)를 제거한다. 이때 아래 길이보다 탑(top)으로 갈수록 길어지게(visually increasing in length) 커트한다.

㉛, ㉜, ㉝ 반대 또한 동일한 방법으로 커트한다.

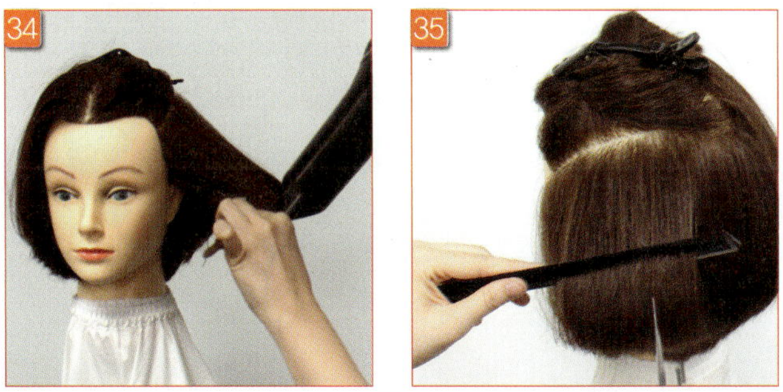

㉞, ㉟ 블로우 드라이(blow dry)한 후 질감처리(personalising)는 포인트 커팅(deep parallel point cutting)으로 작업 후 마무리 스타일링 한다.

3. 베이직 헤어커트 마무리하기

앞(front)

뒤(back)

우측(right side)

좌측(left side)

교수 방법

① 그래쥬에이션 스타일에 따른 블로킹과 섹션을 나누는 방법을 설명하고 시연한다.
② 그래쥬에이션 스타일에 따른 빗질의 방향과 각도를 조절하는 방법을 설명하고 시연한다.
③ 빗과 커트 도구를 정확하게 사용하여 그래쥬에이션 커트하는 방법을 설명하고 시연한다.
④ 모량 조절이 필요한 부분에 틴닝 가위를 사용하는 방법을 설명하고 시연한다.
⑤ 가위 또는 클리퍼를 사용하여 아우트 라인의 형태 선을 정리하는 방법을 설명하고 시연한다.
⑥ 고객의 얼굴과 목 등의 머리카락을 제거하는 방법을 설명하고 시연한다.
⑦ 헤어커트 후 고객 만족도를 파악하여 필요한 경우 수정 및 보정 커트하는 방법을 설명하고 시연한다.
⑧ 그래쥬에이션 커트에 어울리는 스타일로 마무리하는 방법을 설명하고 시연한다.
⑨ 그래쥬에이션 커트, 마무리하는 방법, 틴닝 가위 사용 방법 등에 대한 동영상 시청으로 실기 학습에 이해를 돕는다.
⑩ 사용한 헤어커트 도구는 청결하게 관리하고 주변을 정리 정돈하는 방법을 지도한다.
⑪ 학습자가 개별적으로 실습할 수 있도록 한 후 부족한 부분은 개별적으로 지도한다.
⑫ 미용실과 유사한 작업장에서 실습이 이루어지도록 준비한다.
⑬ 고객과 자신의 안전사고에 대한 주의 사항을 지도한다.

<table>
<tr><th colspan="3">실습과정 사진</th></tr>
<tr><th colspan="2">사진</th><th>설명</th></tr>
<tr><td></td><td></td><td>•
•
•
•
•</td></tr>
<tr><td></td><td></td><td>•
•
•
•
•</td></tr>
<tr><td></td><td></td><td>•
•
•
•
•</td></tr>
<tr><td></td><td></td><td>•
•
•
•
•</td></tr>
<tr><td></td><td></td><td>•
•
•
•
•</td></tr>
</table>

실습완료 사진	
앞(front)	뒤(back)
우측(right side)	좌측(left side)

학습 방법

① 그래쥬에이션 스타일에 따른 블로킹과 섹션 나누는 방법을 반복하여 연습하고 숙지한다.
② 그래쥬에이션 스타일에 따른 빗질의 방향과 각도를 조절하는 방법을 반복하여 연습하고 숙지한다.
③ 커트 빗과 커트 도구를 정확하게 사용하여 그래쥬에이션 커트하는 방법을 반복하여 연습하고 숙지한다.
④ 모량 조절이 필요한 부분에 틴닝 가위를 사용하는 방법을 반복하여 연습하고 숙지한다.
⑤ 가위 또는 클리퍼를 사용하여 아우트 라인의 형태 선을 정리하는 방법을 반복하여 연습한다.
⑥ 고객의 얼굴과 목 등의 머리카락을 제거하는 방법을 반복하여 연습하고 숙지한다.
⑦ 헤어커트 후 고객 만족도를 파악하여 필요한 경우 수정 및 보정 커트하는 방법을 반복하여 연습한다.
⑧ 그래쥬에이션 커트에 어울리는 스타일로 마무리하는 방법을 반복하여 연습하고 숙지한다.
⑨ 그래쥬에이션 커트, 마무리하는 방법, 틴닝 가위 사용 방법 등에 대한 동영상 시청과 교수자의 설명 및 시연을 보고 시술 방법을 반복하여 연습하고 숙지한다.
⑩ 사용한 헤어커트 도구는 청결하게 관리하고 주변을 정리 정돈하는 방법을 연습하고 숙지한다.
⑪ 학습자가 개별적으로 실습하고 부족한 부분은 개별적으로 질문한 후 반복하여 연습한다.
⑫ 미용실과 유사한 작업장에서의 실습을 반복하여 연습하고 숙지한다.
⑬ 고객과 자신의 안전사고에 대한 주의 사항을 숙지한다.

[학생자가진단 및 교수평가]

진단 영역		진 단 문 항	학생 평가					교수 평가					비고
			매우 미흡	미흡	보통	우수	매우 우수	매우 미흡	미흡	보통	우수	매우 우수	
그래쥬에이션 헤어커트	그래쥬에이션 헤어커트하기	1. 시술자는 그래쥬에이션 스타일에 따른 블로킹과 섹션을 할 수 있다.	①	②	③	④	⑤	①	②	③	④	⑤	그래쥬에이션 헤어 커트 진행
		2. 시술자는 그래쥬에이션 스타일에 따른 빗질의 방향과 각도를 조절할 수 있다.	①	②	③	④	⑤	①	②	③	④	⑤	
		3. 시술자는 빗과 커트 도구를 정확하게 사용하여 그래쥬에이션 커트를 할 수 있다.	①	②	③	④	⑤	①	②	③	④	⑤	
		4. 시술자는 모량 조절이 필요한 부분에 틴닝 가위를 사용할 수 있다.	①	②	③	④	⑤	①	②	③	④	⑤	
		5. 시술자는 가위 또는 클리퍼를 사용하여 아우트 라인을 정리할 수 있다.	①	②	③	④	⑤	①	②	③	④	⑤	
	그래쥬에이션 헤어커트 마무리하기	1. 시술자는 고객의 얼굴과 목 등의 머리카락을 제거할 수 있다.	①	②	③	④	⑤	①	②	③	④	⑤	
		2. 시술자는 헤어커트 후 고객 만족을 파악하여 필요한 경우 수정 및 보정 커트를 할 수 있다.	①	②	③	④	⑤	①	②	③	④	⑤	
		3. 시술자는 그래쥬에이션 커트에 어울리는 스타일로 마무리 할 수 있다.	①	②	③	④	⑤	①	②	③	④	⑤	그래쥬에이션 헤어 커트 마무리
		4. 시술자는 사용한 헤어커트 도구는 청결하게 관리하고 주변을 정리 · 정돈할 수 있다.	①	②	③	④	⑤	①	②	③	④	⑤	

[서술형 시험]

학습 내용	평가 항목	성취 수준		
		상	중	하
그래쥬에이션 헤어커트 진행	1. 틴닝 기법의 이해와 지식			
	2. 헤어커트를 할 때 필요한 도구 준비의 이해와 지식			
	3. 그래쥬에이션 헤어커트의 특징과 종류의 이해와 지식			
그래쥬에이션 헤어커트 마무리	1. 헤어커트 마무리를 할 때 필요한 도구 준비의 이해와 지식			
	2. 그래쥬에이션 헤어커트 스타일의 마무리 연출의 이해와 지식			
	3. 헤어커트 도구의 위생적 관리와 보관의 이해와 지식			

[진단결과]

진단영역		평가 문항 수	3점 미만 수	3점 이상 수
그래쥬에이션 헤어커트	그래쥬에이션 헤어커트하기	5		
	그래쥬에이션 헤어커트 마무리하기	4		
※ 3점 미만의 점수를 받은 문항이 있을 경우 직무수행 능력 부족으로 향상 학습이 요구 되며 4점 이상의 점수를 받은 문항이 6개 이상일 경우 직무 수행 능력 우수로 심화학습이 요구 됨				

11th week

하이 그래쥬에이션 커트

학습내용(단원명)	수업 목표
하이 그래쥬에이션	• 하이 그래쥬에이션을 수행할 수 있다. • 하이 그래쥬에이션 형태를 만들기 위해 사용되는 직각 분배와 변이 분배를 이용하여 수행할 수 있다. • 디자인 라인을 만들기 위한 정확한 손가락 위치와 가위 위치를 수행할 수 있다.

[시술개요]

P

블로킹 : 4등분(Center Parting/Ear To Ear Parting)
섹셔닝 : 수평섹션
분배 : 직각분배
각도 : 천체축각 60°
손가락 위치 : 섹션과 평행
커트 테크닉 : 블런트
가이드 : 이동가이드라인

1. 베이직 헤어커트 준비하기

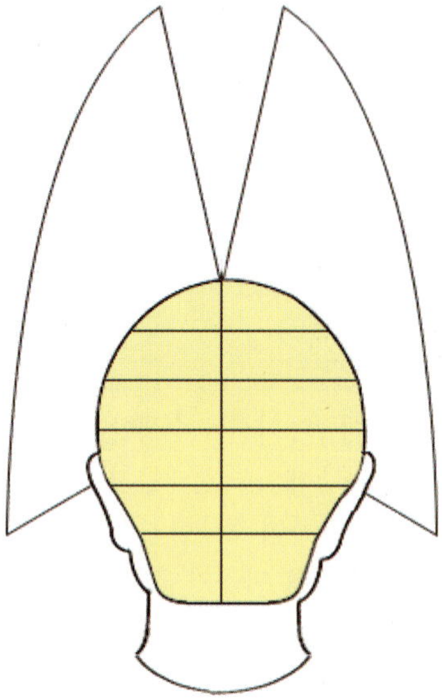

도해도

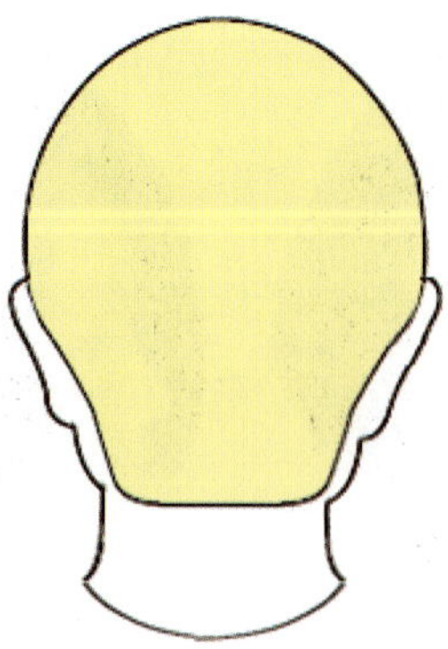

도해도 그려보기

2. 베이직 헤어커트 시술하기

①, ②, ③ 사이드 파팅(side parting) 과 이어 투 이어 파팅(ear to ear parting)으로 나눈다.

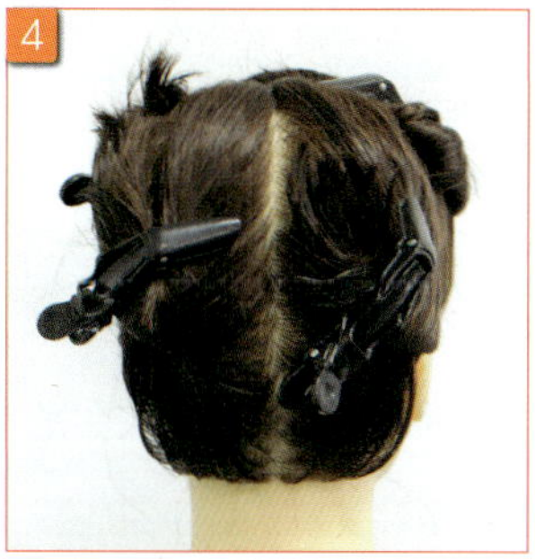

④, ⑤, ⑥ 네이프(nape)에서 시작하며 섹션은 수평 섹션(horizontal section)으로 나눈다.

⑦, ⑧, ⑨ 빗질은 섹션과 직각으로 빗질하며 각도는 0°로 설정하여 손가락 위치는 섹션과 평행하게 커팅한다.

⑩, ⑪, ⑫ 두 번째 섹션부터는 이전과 동일한 방법으로 전대각 섹션(diagonal section), 빗질은 섹션과 직각으로 빗질하되 각도는 천체축 60° 이상 들어준다.

⑬, ⑭, ⑮ 이전과 동일한 방법으로 진행한다. 섹션은 수평 섹션(horizontal section), 빗질은 섹션에서 직각으로 빗질하며, 각도는 천체축 60°이상 들어준다.

⑯, ⑰, ⑱ 이전과 동일한 방법으로 진행하여 백(back) 부분을 마무리한다. 섹션은 수평 섹션, 빗질은 섹션에서 직각으로 빗질하며, 각도는 천체축 60° 이상 들어준다.

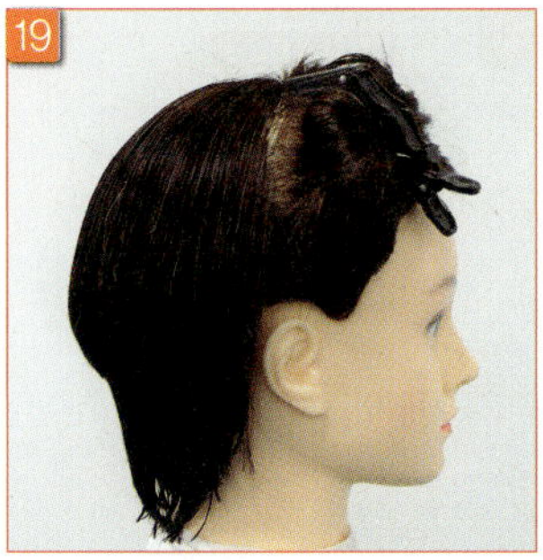

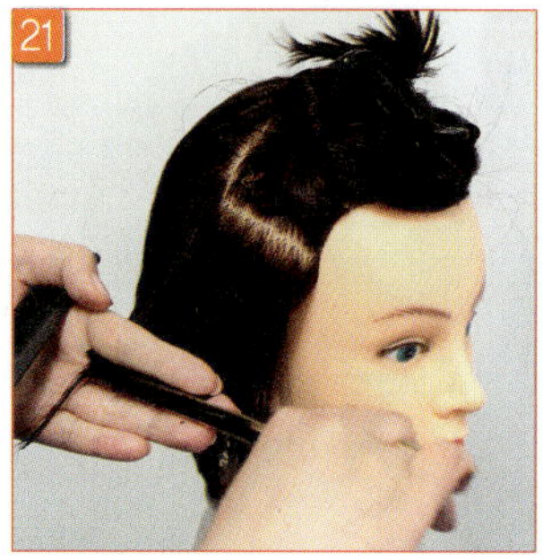

⑲, ⑳, ㉑ 사이드(side) 부분은 수평 섹션(horizontal section)으로 나눈 후 빗질은 섹션에 직각으로 빗질하며 각도는 천체축각 60° 이상 설정하여 손가락의 위치(finger position)는 섹션과 평행하게 커팅한다.

㉒, ㉓, ㉔ 이전과 동일 방법으로 진행하여 완성한다.

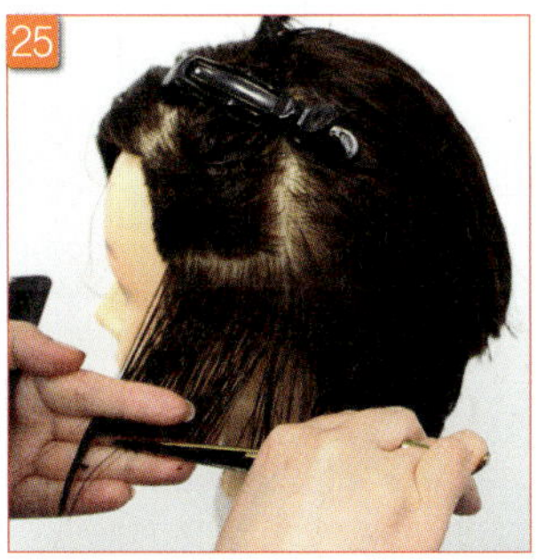

㉕, ㉖, ㉗ 반대편도 이전과 동일한 방법으로 커팅한다. 섹션은 수평섹션, 빗질은 섹션에 대해 직각으로 빗질, 각도는 천체축 60도 이상 손가락의 위치는 섹션과 평행으로 커팅한다.

㉘, ㉙, ㉚ 커트 완성된 모습

㉛, ㉜, ㉝ 롤 브러쉬를 이용하여 블로우 드라이(blow dry) 후 스타일링(styling) 한다.

3. 베이직 헤어커트 마무리하기

앞(front)

뒤(back)

우측(right side)

좌측(left side)

[시술개요] **S**

Technique : Graduation, Layer
Shape : Round
Parting & Section : Horseshoe, Diagonal, Pivot section
Texturising : Pointing

1. 베이직 헤어커트 준비하기

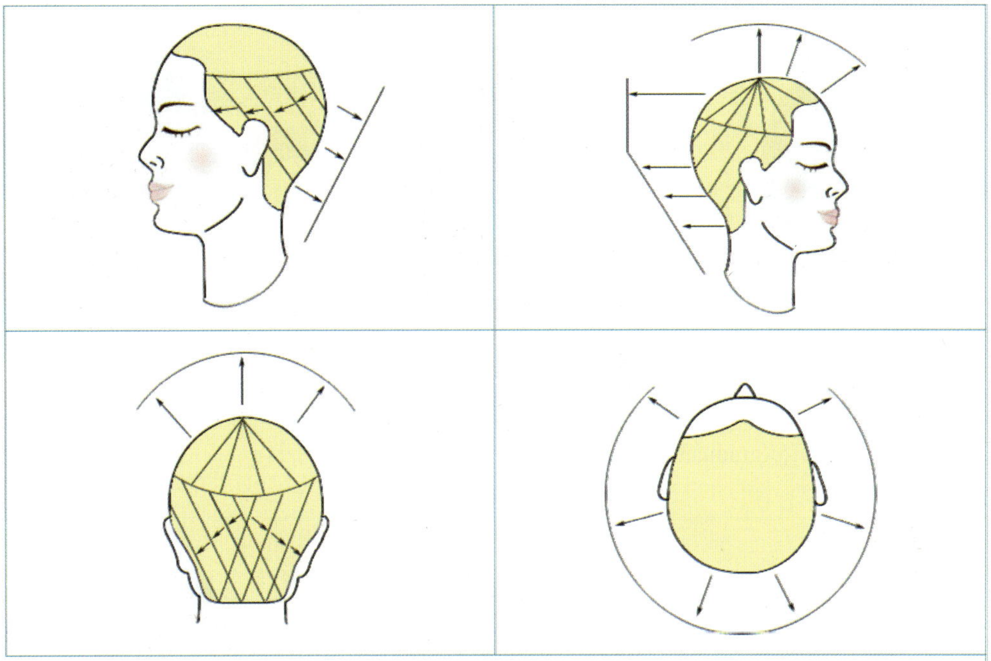

도해도

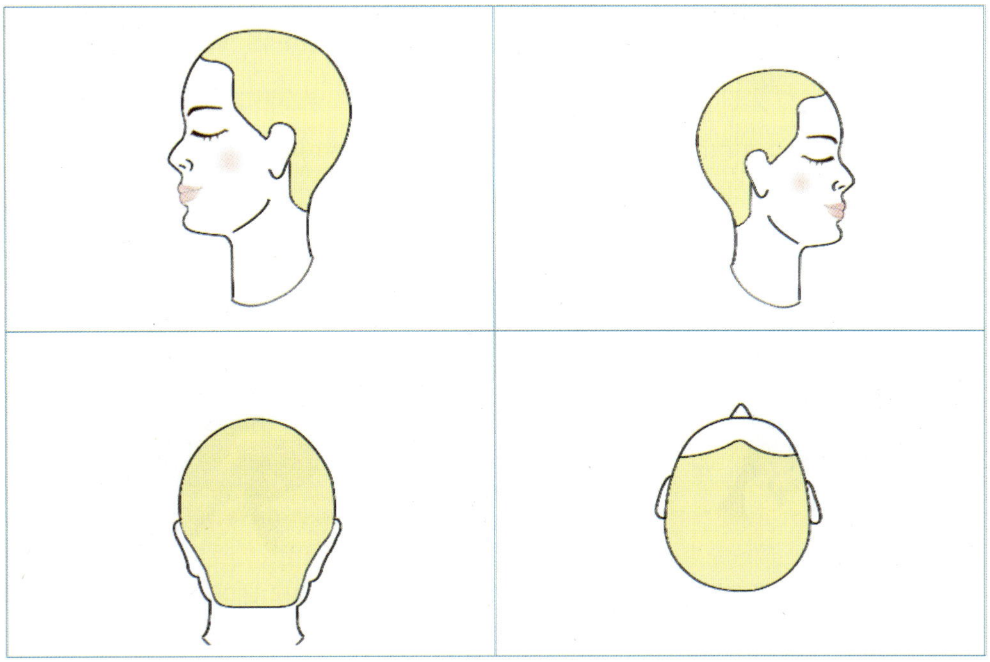

도해도 그려보기

2. 베이직 헤어커트 시술하기

①, ② 사진과 같이 홀슈(horseshoe) 섹션(section)을 나눈다.

③ 첫 섹션(section)은 사이드(side)에서 시작하며 다이어거널 섹션(diagonal section)을 이용해 그래쥬에이션(graduation)으로 커트한다.

④, ⑤, ⑥ 반복적으로 다이어거널 섹션(diagonal section)으로 나눈 후 앞전 섹션(section)으로 오버다이렉션(over direction)하여 커트한다.

⑦, ⑧, ⑨ 섹션(section)과 평행하게 커트가 되고 있으며 원할 경우 네이프(nape) 쪽을 좀 더 짧게 커트를 진행하여도 가능하며, 계속해서 오버다이렉션(over direction)하여 커트한다.

⑩, ⑪, ⑫ 반대편도 동일한 방법으로 진행하며 양 옆 밸런스(balance)를 맞춘 후 진행한다

⑬ 크로스 체크(cross check)를 하여 라운드(round) 형태인지 확인한다.

⑭ 홀슈(horseshoe) 윗부분을 빗질 후 크라운(crown)을 기준으로 피봇 섹션(pivot section)으로 나눈 후 플랫 커팅앵글로 아래의 가이드(guide)와 연결시킨다.

⑮ 바디 포지션을 옮겨가며 섹션(section)의 원래 자리에서 모발을 들어 올려 라운드(round) 형태를 만든다.

⑯, ⑰ 동일한 방법으로 반대편도 이어 백(ear back)까지 진행한다.

⑱ 뒤쪽 커트가 완성이되면 탑(top) 부분 첫 가이드(guide)가 될 섹션(section)으로 나눈다.

⑲, ⑳, ㉑ 크라운 부분에서 뒤쪽 커트가 된 모발을 가이드(guide)로 가져와 두상에 따라 라운드(round) 형태의 레이어(layer)로 커트한다.

㉒, ㉓ 가이드(guide)를 반으로 나눈 후 크라운(crown)을 기준으로 피봇섹션(pivot section)을 나눈 후 오버 다이렉션(over direction) 없이 그 자리에서 커트를 해주며 두상에 따라서 라운드(round)로 커트한다.

㉔ 반대편도 동일하게 진행한다.

㉕ 전용브러쉬를 사용해 드라이(dry)한다.

㉖ 사이드의 경우 디스커넥션(disconnection)형태가 나온다.

㉗ 아웃라인(outline)을 정리해주며 필요한 곳에 포인팅(pointing)으로 질감처리를 한다.

3. 베이직 헤어커트 마무리하기

앞(front)

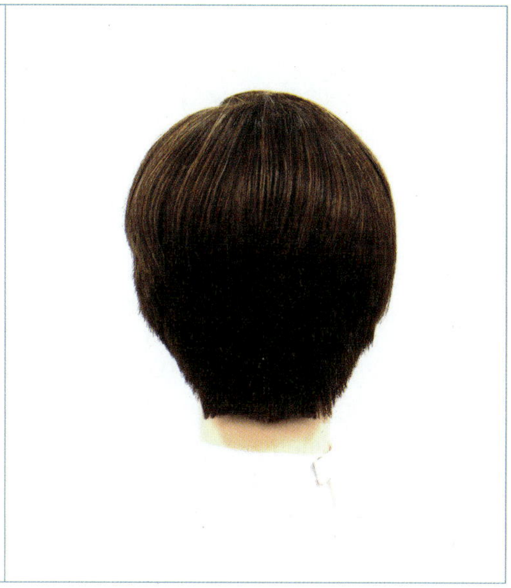

뒤(back)

우측(right side)

좌측(left side)

[시술개요] 하이그래쥬에이션은 네이프의 가벼운 느낌과 Crown의 질감을 표현할 수 있는 스타일

T

Parting & Section
Below Horseshoe : Profile Section–Diagonal Forward
Above Horesshoe : Radial–Pivoting Radials–Diagonal Forward
Top : Profile Section–Horizontal

Distribution
Below Horseshoe : 90 To Over–Directed
Above Horesshoe : 90 To Over–Directed
Top : 90 To Over–Directed

Elevation
Below Horseshoe : 90 To Over–Directed
Above Horesshoe : 90 To Over–Directed
Top : 90 To Over–Directed

Cut
Below Horseshoe : Vertical Graduation
Above Horesshoe : Vertical Graduation
Top : Square

1. 베이직 헤어커트 준비하기

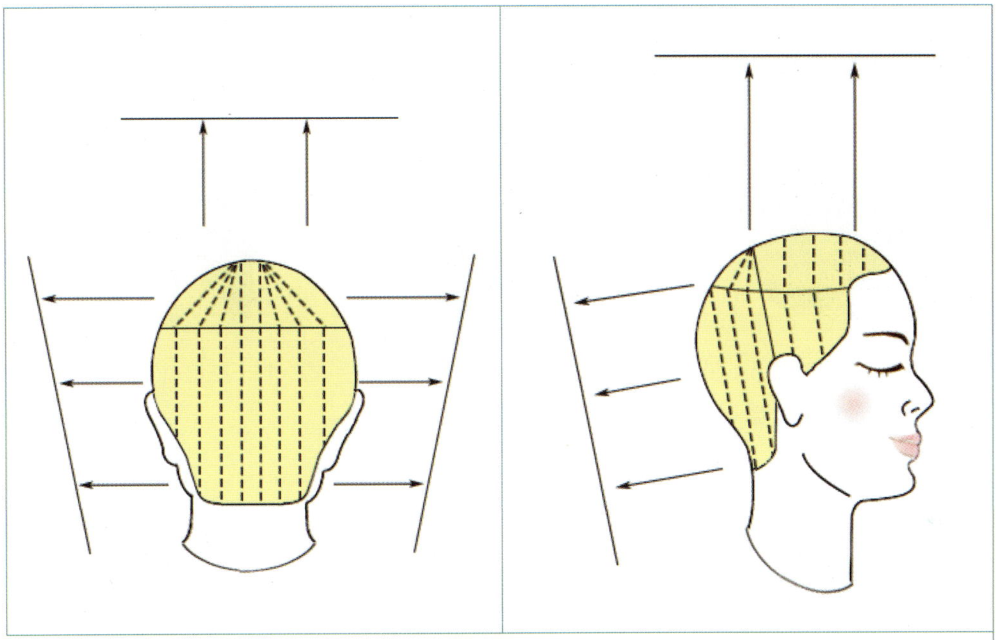

도해도

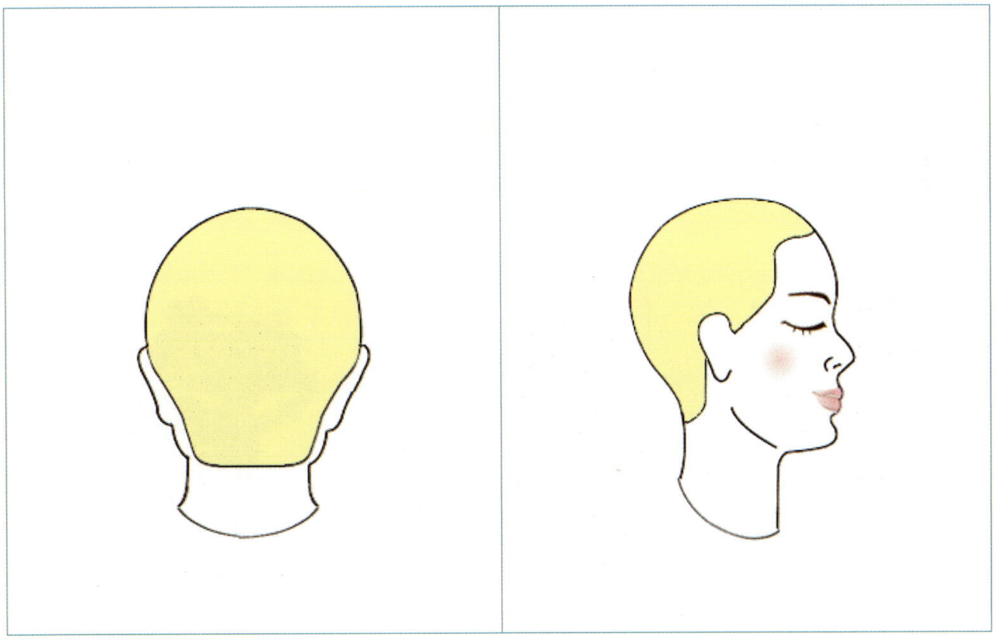

도해도 그려보기

2. 베이직 헤어커트 시술하기

①, ②, ③ 프로파일(profile), 홀슈(horseshoe)로 파팅을 나눈 후 센터 프로파일 섹션(center profile section)으로 나눈다.

④, ⑤, ⑥ 빗질과 각도 모두 90° 오버 다이렉트(90° to over directed)로 설정하고 버티컬 그래쥬에이션(vertical graduation)으로 커트한다.

⑦, ⑧, ⑨ 전대각(diagonal forward) 섹션으로 나눈다. 빗질과 각도 모두 90° 오버 다이렉트(90°to overdirected)로 설정하고 가이드라인을 따라 커트한다. 손가락 위치(finger position)는 엄지손가락이 하늘을 향하도록 한다. 이어 백(ear back)까지 동일한 방법으로 진행한다.

⑩, ⑪, ⑫ 반대편 또한 전대각(diagonal forward) 섹션으로 나눈다. 빗질과 각도 모두 90˚ 오버 다이렉트(90˚ to over directed)로 설정하고 가이드라인을 따라 커트한다. 손가락 위치는 엄지손가락이 땅을 향하도록 한다.

⑬, ⑭, ⑮ 전대각 섹션으로 나눈다. 빗질과 각도 모두 90˚ 오버 다이렉트(90˚ to over directed)로 설정하며 가이드에 따라 커팅한다. 반대편 또한 동일한 방법으로 커팅한다.

⑯, ⑰, ⑱ 레디얼(radial) 파팅 후 피봇팅 레디얼(pivoting radial) 섹션으로 나눈다. 빗질과 각도 모두 90˚ 오버 다이렉트로 설정하여 커팅한다.

⑲, ⑳, ㉑ 레디얼(radial)을 기준으로 앞쪽은 전대각(diagonal forward) 섹션으로 나눈 후 빗질과 각도 모두 90° 오버 다이렉트(90° to over directed)로 설정하여 커팅한다.

㉒, ㉓, ㉔ 반대편 또한 동일한 방법으로 커팅한다.

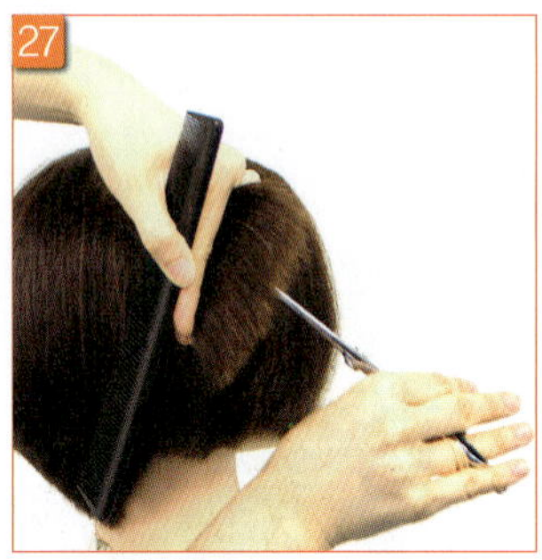

㉕, ㉖, ㉗ 핸드 드라이(hand dry) 후 크라운(crown)에서 호리존탈 섹션(horizontal section)으로 나눈다. 빗질과 각도 모두 90° 오버 다이렉트(90° to over directed)로 설정하며 스퀘어(square) 커트한다. 질감처리는 포인트 커팅(point cutting)으로 진행한다.

㉘, ㉙ 블로우 드라이(blow dry) 후 마무리 스타일링한다.

3. 베이직 헤어커트 마무리하기

앞(front)

뒤(back)

우측(right side)

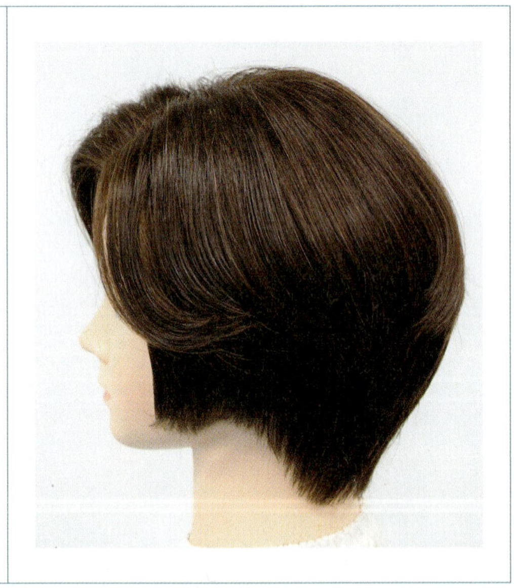

좌측(left side)

교수 방법
① 그래쥬에이션 스타일에 따른 블로킹과 섹션을 나누는 방법을 설명하고 시연한다. ② 그래쥬에이션 스타일에 따른 빗질의 방향과 각도를 조절하는 방법을 설명하고 시연한다. ③ 빗과 커트 도구를 정확하게 사용하여 그래쥬에이션 커트하는 방법을 설명하고 시연한다. ④ 모량 조절이 필요한 부분에 틴닝 가위를 사용하는 방법을 설명하고 시연한다. ⑤ 가위 또는 클리퍼를 사용하여 아우트 라인의 형태 선을 정리하는 방법을 설명하고 시연한다. ⑥ 고객의 얼굴과 목 등의 머리카락을 제거하는 방법을 설명하고 시연한다. ⑦ 헤어커트 후 고객 만족도를 파악하여 필요한 경우 수정 및 보정 커트하는 방법을 설명하고 시연한다. ⑧ 그래쥬에이션 커트에 어울리는 스타일로 마무리하는 방법을 설명하고 시연한다. ⑨ 그래쥬에이션 커트, 마무리하는 방법, 틴닝 가위 사용 방법 등에 대한 동영상 시청으로 실기 학습에 이해를 돕는다. ⑩ 사용한 헤어커트 도구는 청결하게 관리하고 주변을 정리 정돈하는 방법을 지도한다. ⑪ 학습자가 개별적으로 실습할 수 있도록 한 후 부족한 부분은 개별적으로 지도한다. ⑫ 미용실과 유사한 작업장에서 실습이 이루어지도록 준비한다. ⑬ 고객과 자신의 안전사고에 대한 주의 사항을 지도한다.

실습과정 사진		
사진		설명
		• • • • •
		• • • • •
		• • • • •
		• • • • •
		• • • • •

실습완료 사진	
앞(front)	뒤(back)
우측(right side)	좌측(left side)

학습 방법
① 그래쥬에이션 스타일에 따른 블로킹과 섹션 나누는 방법을 반복하여 연습하고 숙지한다. ② 그래쥬에이션 스타일에 따른 빗질의 방향과 각도를 조절하는 방법을 반복하여 연습하고 숙지한다. ③ 커트 빗과 커트 도구를 정확하게 사용하여 그래쥬에이션 커트하는 방법을 반복하여 연습하고 숙지한다. ④ 모량 조절이 필요한 부분에 틴닝 가위를 사용하는 방법을 반복하여 연습하고 숙지한다. ⑤ 가위 또는 클리퍼를 사용하여 아우트 라인의 형태 선을 정리하는 방법을 반복하여 연습한다. ⑥ 고객의 얼굴과 목 등의 머리카락을 제거하는 방법을 반복하여 연습하고 숙지한다. ⑦ 헤어커트 후 고객 만족도를 파악하여 필요한 경우 수정 및 보정 커트하는 방법을 반복하여 연습한다. ⑧ 그래쥬에이션 커트에 어울리는 스타일로 마무리하는 방법을 반복하여 연습하고 숙지한다. ⑨ 그래쥬에이션 커트, 마무리하는 방법, 틴닝 가위 사용 방법 등에 대한 동영상 시청과 교수자의 설명 및 시연을 보고 시술 방법을 반복하여 연습하고 숙지한다. ⑩ 사용한 헤어커트 도구는 청결하게 관리하고 주변을 정리 정돈하는 방법을 연습하고 숙지한다. ⑪ 학습자가 개별적으로 실습하고 부족한 부분은 개별적으로 질문한 후 반복하여 연습한다. ⑫ 미용실과 유사한 작업장에서의 실습을 반복하여 연습하고 숙지한다. ⑬ 고객과 자신의 안전사고에 대한 주의 사항을 숙지한다.

[학생자가진단 및 교수평가]

진단영역		진 단 문 항	학생 평가					교수 평가					비고
			매우 미흡	미흡	보통	우수	매우 우수	매우 미흡	미흡	보통	우수	매우 우수	
그래쥬에이션 헤어커트	그래쥬에이션 헤어커트하기	1. 시술자는 그래쥬에이션 스타일에 따른 블로킹과 섹션을 할 수 있다.	①	②	③	④	⑤	①	②	③	④	⑤	그래쥬에이션 헤어커트 진행
		2. 시술자는 그래쥬에이션 스타일에 따른 빗질의 방향과 각도를 조절할 수 있다.	①	②	③	④	⑤	①	②	③	④	⑤	
		3. 시술자는 빗과 커트 도구를 정확하게 사용하여 그래쥬에이션 커트를 할 수 있다.	①	②	③	④	⑤	①	②	③	④	⑤	
		4. 시술자는 모량 조절이 필요한 부분에 틴닝 가위를 사용할 수 있다.	①	②	③	④	⑤	①	②	③	④	⑤	
		5. 시술자는 가위 또는 클리퍼를 사용하여 아우트 라인을 정리할 수 있다.	①	②	③	④	⑤	①	②	③	④	⑤	
	그래쥬에이션 헤어커트 마무리하기	1. 시술자는 고객의 얼굴과 목 등의 머리카락을 제거할 수 있다.	①	②	③	④	⑤	①	②	③	④	⑤	
		2. 시술자는 헤어커트 후 고객 만족을 파악하여 필요한 경우 수정 및 보정 커트를 할 수 있다.	①	②	③	④	⑤	①	②	③	④	⑤	
		3. 시술자는 그래쥬에이션 커트에 어울리는 스타일로 마무리 할 수 있다.	①	②	③	④	⑤	①	②	③	④	⑤	그래쥬에이션 헤어커트 마무리
		4. 시술자는 사용한 헤어커트 도구는 청결하게 관리하고 주변을 정리 · 정돈할 수 있다.	①	②	③	④	⑤	①	②	③	④	⑤	

[서술형 시험]

학습 내용	평가 항목	성취 수준		
		상	중	하
그래쥬에이션 헤어커트 진행	1. 틴닝 기법의 이해와 지식			
	2. 헤어커트를 할 때 필요한 도구 준비의 이해와 지식			
	3. 그래쥬에이션 헤어커트의 특징과 종류의 이해와 지식			
그래쥬에이션 헤어커트 마무리	1. 헤어커트 마무리를 할 때 필요한 도구 준비의 이해와 지식			
	2. 그래쥬에이션 헤어커트 스타일의 마무리 연출의 이해와 지식			
	3. 헤어커트 도구의 위생적 관리와 보관의 이해와 지식			

[진단결과]

진단영역		평가 문항 수	3점 미만 수	3점 이상 수
그래쥬에이션 헤어커트	그래쥬에이션 헤어커트하기	5		
	그래쥬에이션 헤어커트 마무리하기	4		
※ 3점 미만의 점수를 받은 문항이 있을 경우 직무수행 능력 부족으로 향상 학습이 요구되며 4점 이상의 점수를 받은 문항이 6개 이상일 경우 직무 수행 능력 우수로 심화학습이 요구 됨				

Chapter 6

레이어 커트

12th week

인크리스 레이어 커트

학습내용(단원명)	수업 목표
인크리스 레이어 커트	• 인크리스 레이어를 수행할 수 있다. • 인크리스 레이어 형태를 만들기 위해 사용되는 수평 파팅에서 고정 디자인 라인으로 집중전환 레이어링 기법을 사용하여 수행할 수 있다. • 수평의 커팅 자세로 두상 위에 정확한 손가락 위치와 가위 위치를 수행할 수 있다.

[시술개요]

P

섹셔닝 : 이어 투 이어 → E to E 정중선 → C to N
머리 위치 : 똑바로
파팅 : 수평
시술각 : 90°
손가락 위치 : 위로 똑바로
디자인 라인 : 고정
기법 : 블런트

1. 베이직 헤어커트 준비하기

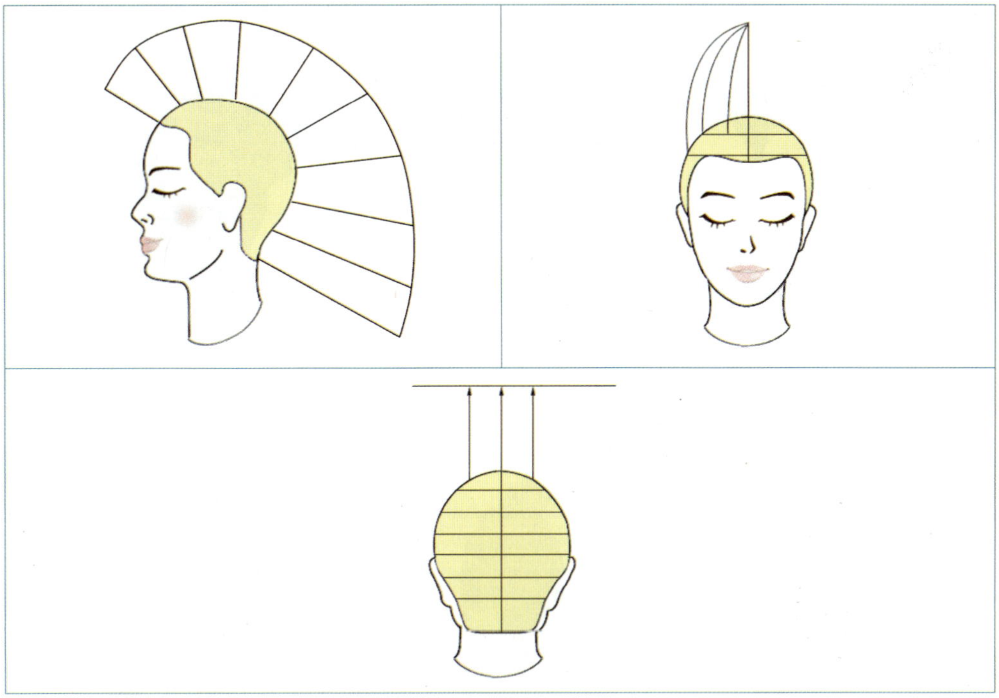

도해도

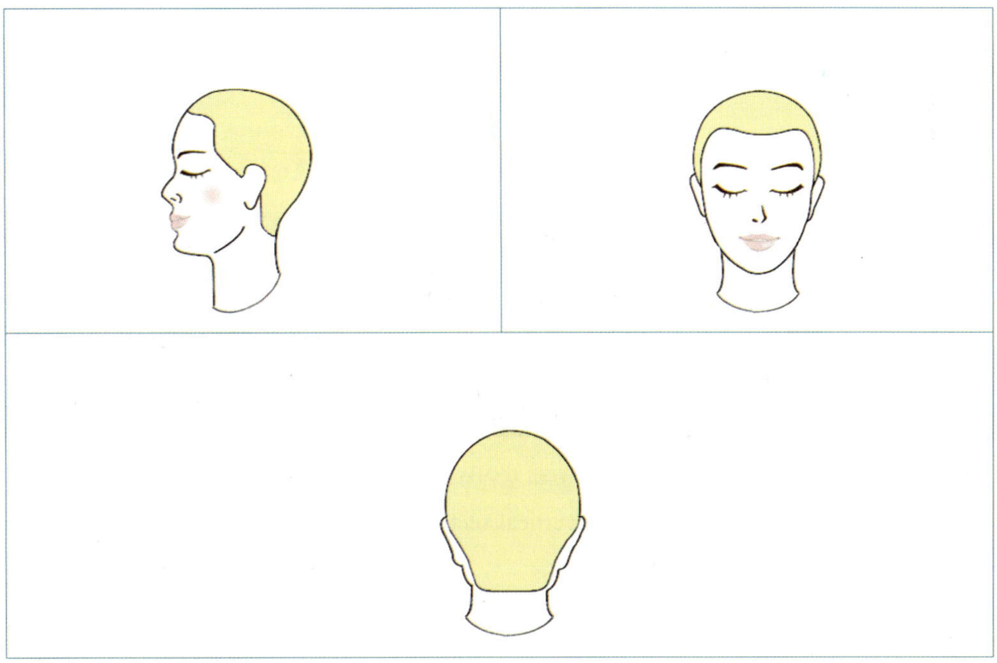

도해도 그려보기

2. 베이직 헤어커트 시술하기

①, ②, ③ 4등분으로 블로킹(blocking)한다

④, ⑤, ⑥ u라인(u–line)으로 블로킹한다.

⑦, ⑧, ⑨ 센터 포인트(center point)/골덴 포인트(golden point)의 가이드 길이를 설정한다.
센터 포인트/골덴 포인트 수직 섹션(vertical section) 가이드 길이를 진행한다.

⑩, ⑪, ⑫ 센터 포인트(c.p)에서 수평 파팅(horizontal parting) 위로 똑바로 들어서 진행한다. 센터 포인트(c.p)부터 골덴 포인트(g.p)까지 진행한다.

⑬, ⑭, ⑮ 오른쪽 수평 섹션(horizontal section) 위로 똑바로 들어서 사이드(side) 진행한다. 오른쪽 골덴 백 사이드(golden back side)/위로 똑바로 들어서 진행한다.

⑯, ⑰, ⑱ 골덴 백(golden back) 위로 똑바로 들어서 진행한다. 왼쪽 백 사이드(back side) 위로 똑바로 들어서 진행한다.

⑲, ⑳, ㉑ 왼쪽 사이드(side) 위로 똑바로 들어서 진행한다.

㉒, ㉓, ㉔ 커트 완성한다.

㉕, ㉖, ㉗ 드라이(dry)를 한 후 스타일링(styling)을 한다.

3. 베이직 헤어커트 마무리하기

앞(front)

뒤(back)

우측(right side)

좌측(left side)

[시술개요]

S

Technique : Layer, Graduation, Line
Shape : Round
Parting & Section : Ear To Ear, Pivot Section
Texturising : Pointing

1. 베이직 헤어커트 준비하기

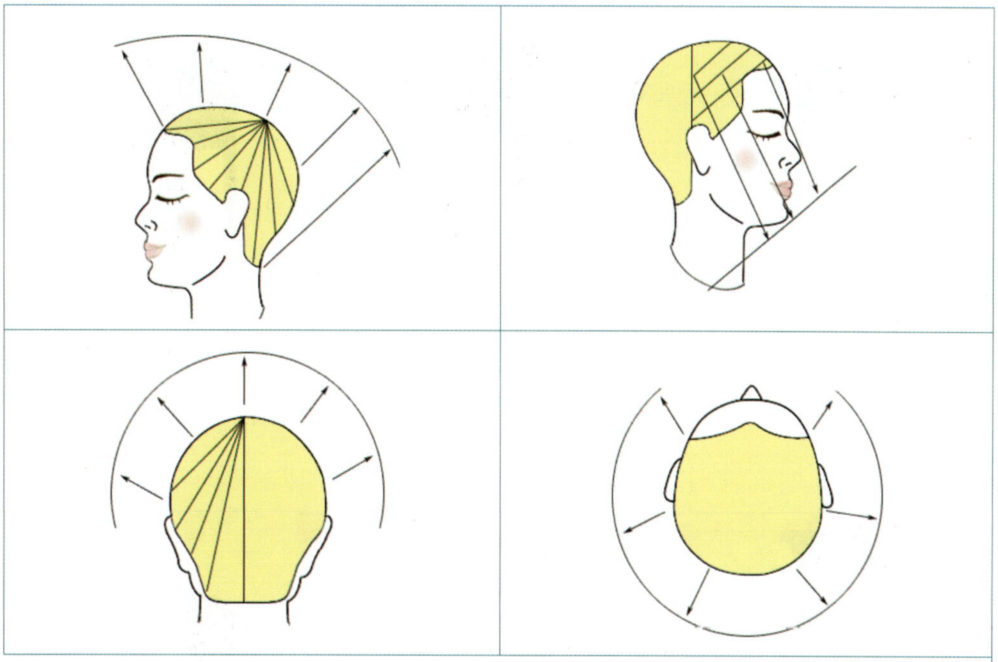

도해도

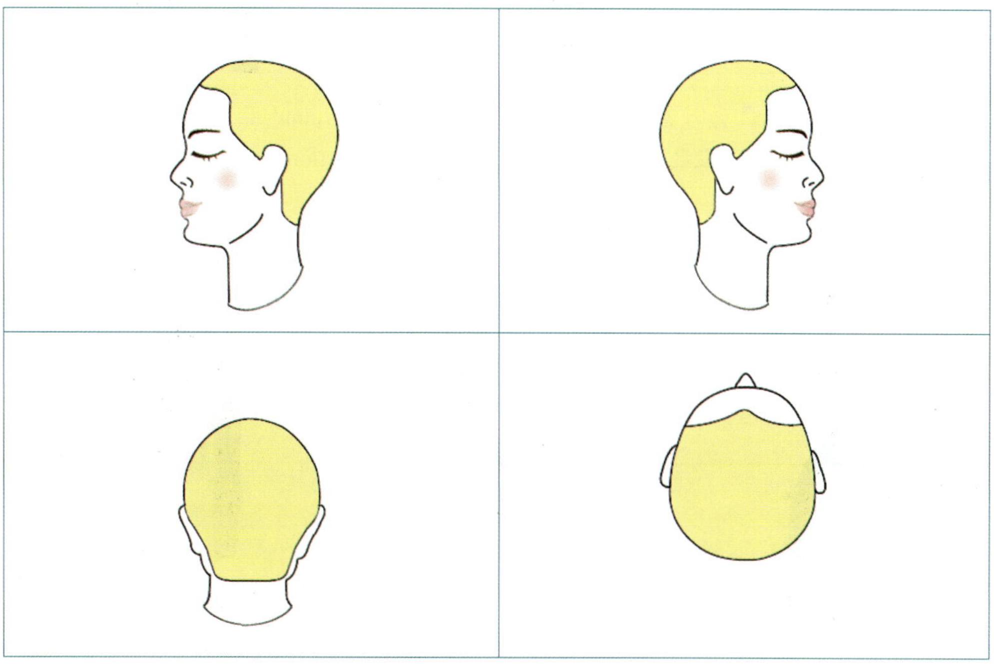

도해도 그려보기

2. 베이직 헤어커트 시술하기

①, ②, ③ 크라운(crown)에서 이어 백(ear back)으로 섹션(section)을 나누어 주고 첫 섹션(section)을 버티컬(vertical)로 센터(center)에서 가이드(guide)를 잡는다.

④, ⑤ 두상에서 그대로 들어 올려 두상의 형태에 따라 라운드(round)로 커트한다.

⑥ 크라운(crown)을 기점으로 사진과 같이 피봇 섹션(pivot section)으로 진행한다.

⑦, ⑧ 오버 다이렉션(over direction) 없이 그 섹션(section)의 자리 그대로에서 몸을 움직여 주며 가이드 라인(guide line)에 따라 커트를 진행한다.

⑨ 반대편도 다시 크라운(crown)을 기점으로 피봇 섹션(pivot section)으로 나눈다.

⑩, ⑪ 동일한 방법으로 그 자리에서 오버 다이렉션(over direction) 없이 가이드(guide)에 따라 이어 백(ear back)까지 진행한다.

⑫ 사이드(side)를 완성 한 후 클립으로 모발을 정리한 후 크라운(crown)에서 네이프(nape)까지 가이드(guide)를 나눈다.

⑬,⑭ 앞쪽 모발을 가이드(guide)로 가져와 뒤쪽에 레이어(layer)로 커트한다. 이때 두상에 따라가며 레이어(layer)를 주는 것이 아닌 네이프(nape)쪽에 기장이 더 길어지도록 가이드 라인(guide line)을 커트한다.

⑮ 피봇 섹션(pivot section)으로 라운드(round) 형태로 진행이 되며 오버 다이렉션(over direction)없이 그 자리에서 가이드(guide)를 따라 커트해주며 반대편 또한 동일하게 진행한다.

⑯ 뒤쪽 커트가 끝난 후 앞쪽에서 사진과 같이 다이어거널 섹션(diagonal section)으로 나눈 후 섹션(section)과 평행하게 커트를 진행한다.

⑰, ⑱ 반대쪽도 같은 방법으로 커트 후 밸런스 체크(balance check)를 한다.

⑲ 반복적으로 다이어거널 섹션(diagonal section)으로 나눈 후 처음 커트가 되었던 섹션(section)으로 오버다이렉션(over direction) 해서 커트를 해주며, 반대편도 동일한 방법으로 진행한다.

⑳ 아웃라인(outline)의 길이를 설정 후 라운드(round) 형태로 정리한다.

㉑ 아웃라인(outline)이 정리된 정면 모습

㉒ 아웃라인(outline)이 정리된 옆면 모습

㉓ 긴머리를 드라이하기 위해 패들 브러쉬로 블로우 드라이(dry) 한다.

㉔ 필요한 부분에 포인팅(pointing)으로 질감처리를 한다.

3. 베이직 헤어커트 마무리하기

앞(front)

뒤(back)

우측(right side)

좌측(left side)

[시술개요] 인크리스 레이어는 두상의 겉면에 볼륨과 가벼움의 텍스쳐를 연출할 수 있는 스타일

T

Parting & Section
Internal : Profile Parting–Diagonal Foward–Profile Section–Diagonal Back
Baseline : Profile Parting–Horizontal

Distribution
Internal : Over Directed
Baseline : Natural Fall

Elevation
Internal : 90° To Over Directed
Baseline : Natural Fall

Cut
Internal : Visually Increasing In Lengh
Baseline : Rounded Baseline

1. 베이직 헤어커트 준비하기

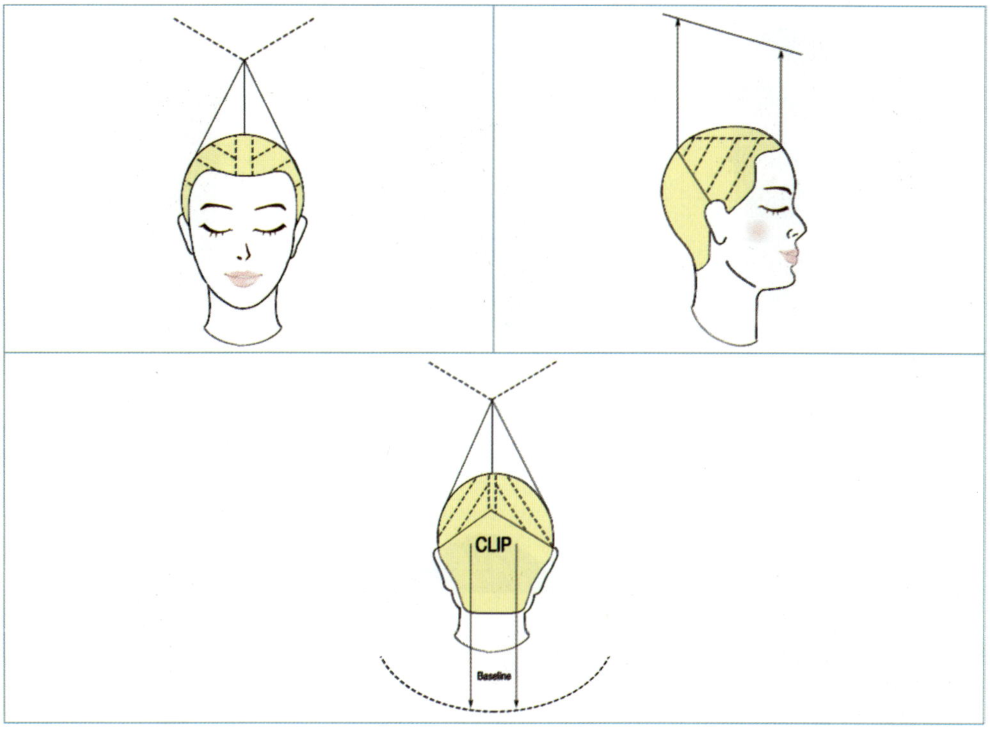

도해도

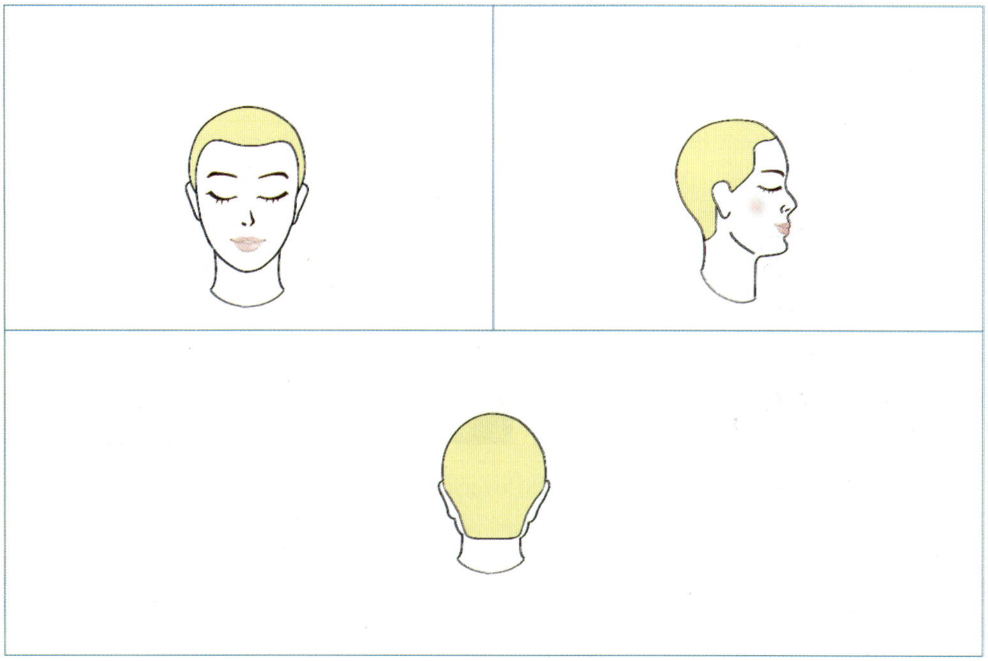

도해도 그려보기

2. 베이직 헤어커트 시술하기

①, ②, ③ 프로파일(profile)파팅 후 로어 크라운(lower crown)에서 전대각(diagonal forward) 섹션으로 나눈다.

④, ⑤, ⑥ 가이드 설정을 위해 센터 프로파일 섹션(center profile section)으로 나눈다.

⑦, ⑧, ⑨ 빗질은 90° 오버 다이렉트(90° to over directed)하고, 각도 역시 90° 오버 다이렉트(90° to over directed)로 설정한다.

⑩, ⑪, ⑫ 이마의 정중앙에서 로어 크라운(lower crown)의 방향으로 진행하며 점점 길이가 증가하게 커트한다.

⑬, ⑭, ⑮ 후대각(diagonal back) 섹션으로 나눈 후 커트를 진행한다. 이 때 몸은 가이드 앞에 위치한다. 빗질은 90° 오버 다이렉트(90° to over directed)로 하며, 각도 역시 90° 오버 다이렉트로 설정하여 커트한다.

⑯, ⑰, ⑱ 위와 같이 동일한 방법으로 진행한다.

⑲, ⑳, ㉑ 빗질은 90˚ 오버 다이렉트(90˚ to over directed)로 하며, 각도 역시 90˚ 오버 다이렉트로 설정하여 커트한다. 위와 같이 동일한 방법으로 진행한다.

㉒, ㉓, ㉔ 후대각(diagonal back) 섹션으로 나눈다. 이 때 몸은 가이드 앞에 위치한다.

㉕, ㉖, ㉗ 반대편도 동일한 방법으로 커트한다. 빗질은 90˚ 오버 다이렉트로 하고, 각도 역시 90˚ 오버 다이렉트로 설정하며 가이드에 따라 점점 길이가 증가하게 커팅한다.

㉘, ㉙, ㉚ 전체 모발을 자연 방향(natural fall)으로 빗질한 후 1 핑거스 뎁스(1 fingers depth), 포인트 커트(point cut)로 베이스 라인을 라운드(round)로 커트한다.

㉛, ㉜ 블로우 드라이(blow dry) 후 마무리 스타일링한다.

3. 베이직 헤어커트 마무리하기

앞(front)

뒤(back)

우측(right side)

좌측(left side)

교수 방법

① 레이어 헤어커트 스타일에 따른 블로킹과 섹션 나누는 방법을 설명하고 시연한다.

② 레이어 헤어커트 스타일에 따른 빗질의 방향과 각도 조절 방법을 설명하고 시연한다.

③ 헤어커트 빗과 커트 가위를 정확하게 사용하여 레이어 커트하는 방법을 설명하고 시연한다.

④ 모량 조절이 필요한 부분에 틴닝 가위를 사용하는 방법을 설명하고 시연한다.

⑤ 고객의 얼굴과 목 등의 머리카락을 제거하는 방법을 설명하고 시연한다.

⑥ 헤어커트 후 고객 만족도를 파악하여 필요한 경우 수정 및 보완 커트하는 방법을 설명하고 시연한다.

⑦ 레이어 헤어커트에 어울리는 스타일로 마무리하는 방법을 설명하고 시연한다.

⑧ 레이어 헤어커트, 마무리하는 방법, 틴닝 가위 사용 방법 등에 대한 동영상 시청으로 실기 학습에 이해를 돕는다.

⑨ 사용한 헤어커트 도구는 청결하게 관리하고 주변을 정리 정돈하는 방법을 지도한다.

⑩ 학습자가 개별적으로 실습할 수 있도록 한 후 부족한 부분은 개별적으로 지도한다.

⑪ 미용실과 유사한 작업장에서 실습이 이루어지도록 준비한다.

⑫ 고객과 자신의 안전사고에 대한 주의 사항을 지도한다.

<table>
<tr><th colspan="3">실습과정 사진</th></tr>
<tr><th colspan="2">사진</th><th>설명</th></tr>
<tr><td></td><td></td><td>•
•
•
•
•</td></tr>
<tr><td></td><td></td><td>•
•
•
•
•</td></tr>
<tr><td></td><td></td><td>•
•
•
•
•</td></tr>
<tr><td></td><td></td><td>•
•
•
•
•</td></tr>
<tr><td></td><td></td><td>•
•
•
•
•</td></tr>
</table>

실습완료 사진	
앞(front)	뒤(back)
우측(right side)	좌측(left side)

학습 방법

① 레이어 헤어커트 스타일에 따른 블로킹과 섹션 나누는 방법을 반복하여 연습하고 숙지한다.
② 레이어 헤어커트 스타일에 따른 빗질의 방향과 각도 조절 방법을 반복하여 연습하고 숙지한다.
③ 헤어커트 빗과 커트 가위를 정확하게 사용하여 레이어 커트하는 방법을 반복하여 연습하고 숙지한다.
④ 모량 조절이 필요한 부분에 틴닝 가위를 사용하는 방법을 반복하여 연습하고 숙지한다.
⑤ 고객의 얼굴과 목 등의 머리카락을 제거하는 방법을 연습하고 숙지한다.
⑥ 헤어커트 후 고객 만족을 파악하여 필요한 경우 수정 및 보완 커트하는 방법을 반복하여 연습하고 숙지한다.
⑦ 레이어 헤어커트에 어울리는 스타일로 마무리하는 방법을 반복하여 연습하고 숙지한다.
⑧ 레이어 헤어커트, 마무리하는 방법, 틴닝 가위 사용 방법 등에 대한 동영상 시청과 교수자의 설명 및 시연을 보고 시술 방법을 반복하여 연습하고 숙지한다.
⑨ 사용한 헤어커트 도구는 청결하게 관리하고 주변을 정리 정돈하는 방법을 연습하고 숙지한다.
⑩ 학습자가 개별적으로 실습하고 부족한 부분은 개별적으로 질문한 후 반복하여 연습한다.
⑪ 미용실과 유사한 작업장에서의 실습을 반복하여 연습하고 숙지한다.
⑫ 고객과 자신의 안전사고에 대한 주의 사항을 숙지한다.

[학생자가진단 및 교수평가]

진단 영역		진 단 문 항	학생 평가					교수 평가					비고
			매우 미흡	미흡	보통	우수	매우 우수	매우 미흡	미흡	보통	우수	매우 우수	
레이어 헤어커트	레이어 헤어커트하기	1. 시술자는 레이어 헤어커트 스타일에 따른 블로킹과 섹션을 할 수 있다.	①	②	③	④	⑤	①	②	③	④	⑤	
		2. 시술자는 레이어 헤어커트 스타일에 따른 빗질의 방향과 각도를 조절할 수 있다.	①	②	③	④	⑤	①	②	③	④	⑤	레이어 헤어 커트 진행
		3. 시술자는 헤어커트 빗과 가위를 정확하게 사용하여 레이어 커트를 할 수 있다.	①	②	③	④	⑤	①	②	③	④	⑤	
		4. 시술자는 모량조절이 필요한 부분에 틴닝 가위를 사용할 수 있다.	①	②	③	④	⑤	①	②	③	④	⑤	
	레이어 헤어커트 마무리하기	1. 시술자는 고객의 얼굴과 목 등의 머리카락을 제거할 수 있다.	①	②	③	④	⑤	①	②	③	④	⑤	
		2. 시술자는 레이어 헤어 커트 마무리 후 고객 만족도를 파악하여 필요한 경우 수정 · 보완커트를 할 수 있다.	①	②	③	④	⑤	①	②	③	④	⑤	
		3. 시술자는 레이어 헤어커트 마무리가 종료 된 후 사용한 헤어커트 도구와 주변을 즉시 정리 · 정돈할 수 있다.	①	②	③	④	⑤	①	②	③	④	⑤	레이어 헤어 커트 마무리하기
		4. 시술자는 레이어 헤어커트에 어울리게 헤어스타일을 마무리 할 수 있다.	①	②	③	④	⑤	①	②	③	④	⑤	

[서술형 시험]

<table>
<tr><th rowspan="2">학습 내용</th><th rowspan="2">평가 항목</th><th colspan="3">성취 수준</th></tr>
<tr><th>상</th><th>중</th><th>하</th></tr>
<tr><td rowspan="2">레이어 헤어커트 진행</td><td>1. 헤어커트를 할 때 필요한 도구 준비의 이해와 지식</td><td></td><td></td><td></td></tr>
<tr><td>2. 레이어 헤어커트의 특징과 종류의 이해와 지식</td><td></td><td></td><td></td></tr>
<tr><td rowspan="3">레이어 헤어커트 마무리</td><td>1. 헤어커트 마무리를 할 때 필요한 도구 준비의 이해와 지식</td><td></td><td></td><td></td></tr>
<tr><td>2. 레이어 헤어커트 스타일의 마무리 연출의 이해와 지식</td><td></td><td></td><td></td></tr>
<tr><td>3. 헤어커트 도구의 위생적 관리와 보관의 이해와 지식</td><td></td><td></td><td></td></tr>
</table>

[진단결과]

<table>
<tr><th colspan="2">진단영역</th><th>평가 문항 수</th><th>3점 미만 수</th><th>3점 이상 수</th></tr>
<tr><td rowspan="2">레이어 커트하기</td><td>레이어 헤어커트하기</td><td>5</td><td></td><td></td></tr>
<tr><td>레이어 헤어커트 마무리하기</td><td>4</td><td></td><td></td></tr>
<tr><td colspan="5">※ 3점 미만의 점수를 받은 문항이 있을 경우 직무수행 능력 부족으로 향상 학습이 요구 되며 4점 이상의 점수를 받은 문항이 6개 이상일 경우 직무 수행 능력 우수로 심화학습이 요구 됨</td></tr>
</table>

Chapter 6 레이어 커트

13 th week

유니폼 레이어 커트

학습내용(단원명)	수업 목표
유니폼 레이어 커트	• 유니폼 레이어를 수행할 수 있다. • 유니폼 레이어 형태를 만들기 위해 사용되는 수직 파팅에서 수직 분배기법을 사용하여 수행할 수 있다. • 두상의 곡면에 편행하게 정확한 손가락 위치와 가위 위치를 수행할 수 있다.

[시술개요]

P

블로킹 : 4등분(Center Parting/Ear To Ear Parting)
섹셔닝 : 수평섹션/수직섹션/피봇
분배 : 직각분배
각도 : 두상각 90°
손가락 위치 : 섹션과 평행
커트 테크닉 : 포인트
가이드 : 이동가이드라인

1. 베이직 헤어커트 준비하기

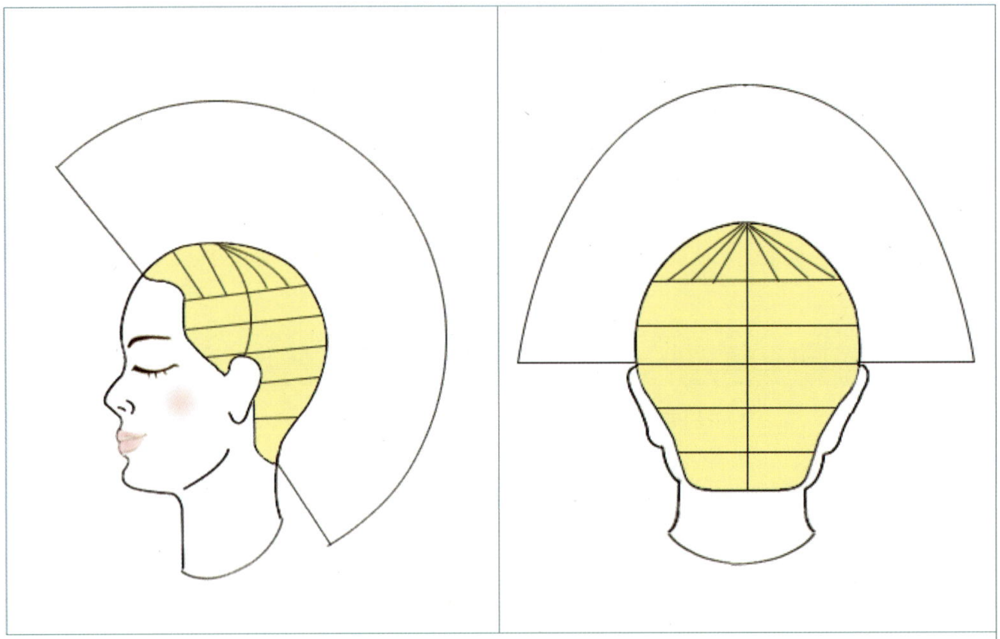

도해도

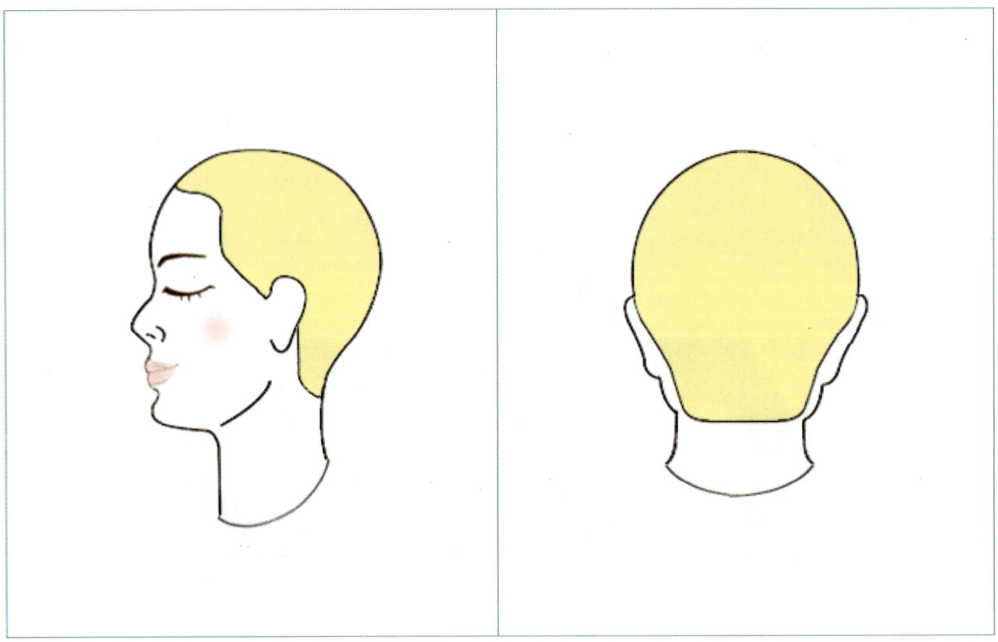

도해도 그려보기

2. 베이직 헤어커트 시술하기

①, ②, ③ 센터 파팅(center parting), 이어 투 이어 파팅(ear to ear parting) 4등분으로 나눈다.

④, ⑤, ⑥ 네이프(nape)에서 시작하여 섹션은 수평 섹션(horizontal section)으로 나눈다.

⑦, ⑧, ⑨ 첫 번째 섹션은 수평 섹션으로 나눈다. 빗질은 섹션에서 직각으로 빗질하며 각도는 0°로 설정하며 손가락의 위치(finger position)는 섹션과 평행하게 커팅한다. 이때 포인트로 커팅한다.

⑩, ⑪, ⑫ 섹션은 수평 섹션(horizontal section), 빗질은 직각 분배(perpendicular distribution), 두상 각(head angle) 90° 손가락의 위치(finger position)는 섹션과 평행하게 커팅한다.

⑬, ⑭, ⑮ 이전과 동일한 방법으로 백(back)까지 커팅한다. 섹션은 수평 섹션, 빗질은 직각 분배, 두상 각(head angle) 90° 손가락의 위치(finger position)는 섹션과 평행하게 커팅한다.

⑯, ⑰, ⑱ 백(back) 위로는 피봇팅 섹션(pivoting section)으로 나눈 후 빗질은 직각 분배 각도는 두상 각 90° 손가락의 위치는 섹션과 평행하게 커팅한다.

⑲, ⑳, ㉑ 이전과 동일한 방법으로 커팅한다.

㉒, ㉓, ㉔ 백(back) 완성 후 사이드 부분은 수평 섹션(horizontal section)으로 나눈다.

㉕, ㉖, ㉗ 프론트 사이드 포인트(front side point) 까지 수평 섹션(horizontal section)으로 진행하며 탑(top) 부분은 세로 섹션(vertical section)으로 커팅한다.

㉘, ㉙, ㉚ 이전과 동일한 방법으로 진행한다. 프론트 사이드 포인트(front side point)까지 수평 섹션(horizontal section)으로 나누며, 탑(top)은 세로 섹션(vertical section)으로 나눈다.

㉛, ㉜, ㉝ 블로우 드라이(blow dry) 후 마무리 스타일링(styling) 한다.

3. 베이직 헤어커트 마무리하기

앞(front)

뒤(back)

우측(right side)

좌측(left side)

[시술개요] Technique : Layer, Graduation
Shape : Round
Parting & Section : Ear To Ear, Pivot Section
Texturising : Pointing

S

1. 베이직 헤어커트 준비하기

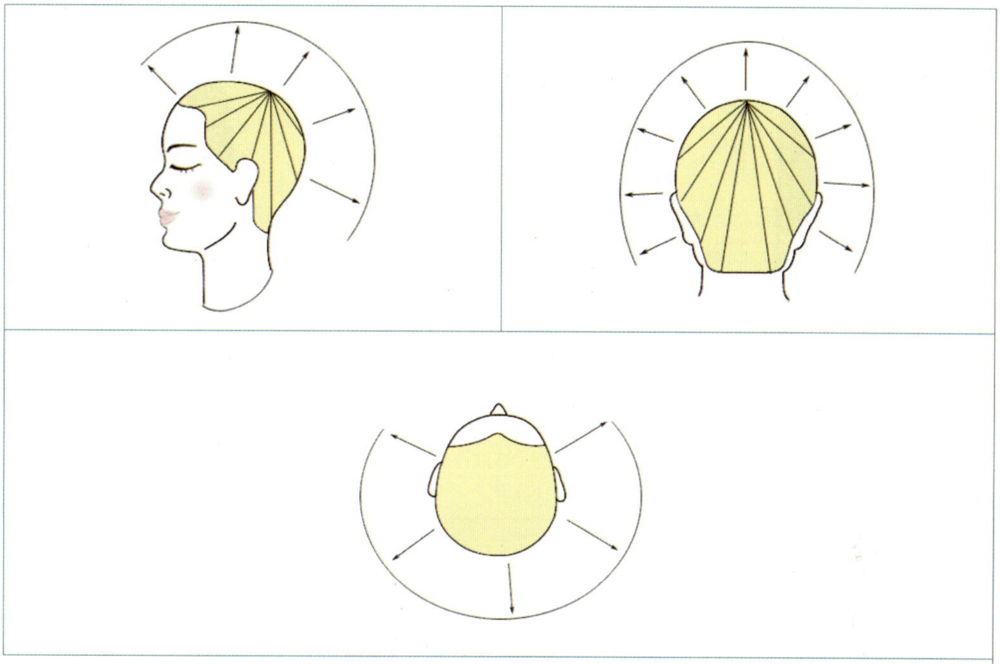

도해도

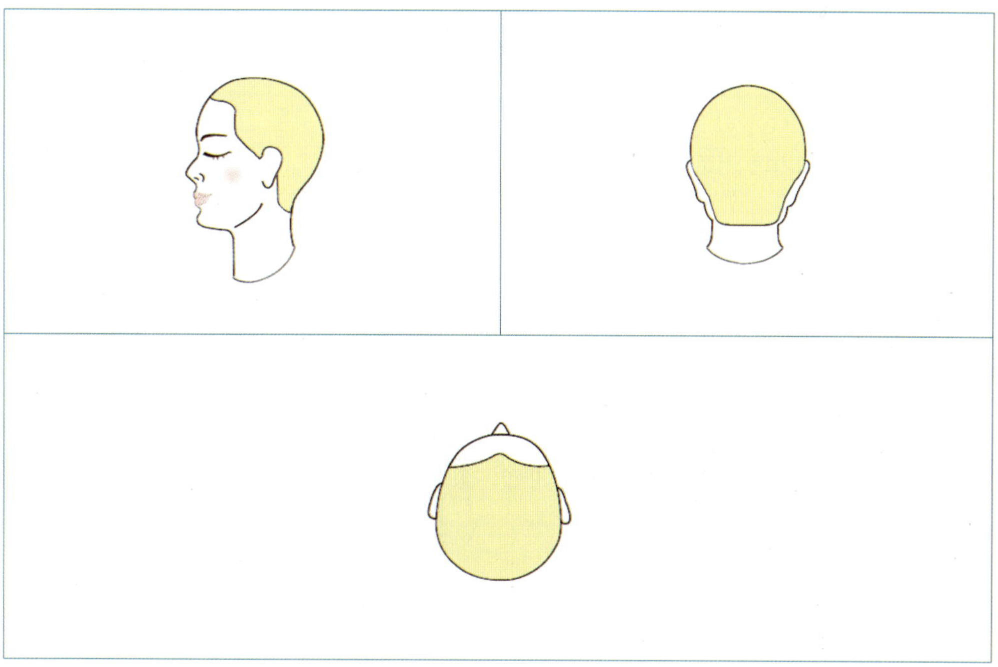

도해도 그려보기

2. 베이직 헤어커트 시술하기

①, ②, ③ 크라운(crown)에서 이어 백(ear back)으로 섹션(section)을 나누어 주고, 뒤쪽 센터에서 버티컬 섹션(vertical section)을 나눈다.

④, ⑤, ⑥ 크라운(crown) 부분에서 첫 가이드 섹션(guide section)을 진행하고, 두상의 둥근모양 그대로 따라가며 커트한다.

⑦ 계속해서 커트를 진행한다.

⑧, ⑨ 옥시피탈 본(occipital bone) 밑 네이프(nape) 부분은 사진과 같이 핑거 포지션(finger position)을 잡고 커트한다.

⑩, ⑪, ⑫ 첫 가이드 라인(guide line)을 반으로 나누어 주고, 한쪽을 피봇 섹션(pivot section)으로 나눈다.

⑬, ⑭, ⑮ 피봇 섹션(pivot section)으로 오버 다이렉션(over derection) 없이 그 섹션 자리에서 그대로 두상을 따라 가주며 계속해서 커트한다.

⑯ 계속해서 파팅(parting) 끝까지 커트를 진행한다.
⑰ 한쪽 커트가 끝나면 커트가 되었던 각도대로 크로스 체크(cross check)를 한다.
⑱ 한쪽 커트가 완성된 모습.

⑲, ⑳ 반대편도 마찬가지로 피봇 섹션(pivot section)을 이용해 오버 다이렉션(over direction) 없이 그 자리에서 두상을 따라 커트를 진행한다.

㉑ 완성된 뒷 모습

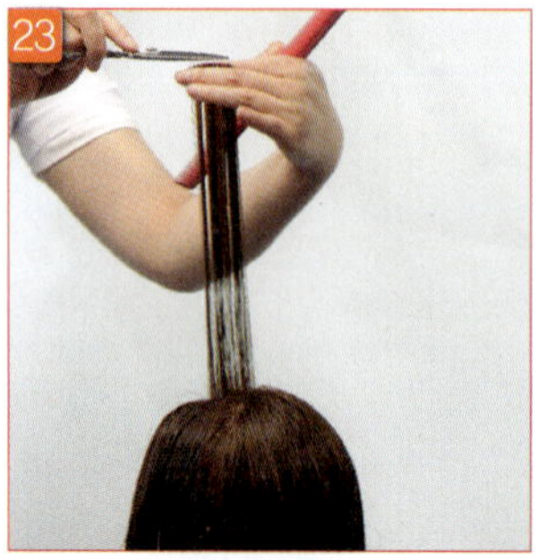

㉒ 앞쪽으로 넘어와 첫 섹션(section)을 버티컬 섹션(vertical section)으로 잡는다.

㉓, ㉔ 뒤에서부터 가이드(guide)를 가지고 와 두상에서 그대로 들어 올려 앞쪽 가이드를 설정한다.

㉕ 계속해서 앞쪽 가이드를 설정한다.

㉖, ㉗ 첫 가이드 라인(guide line)을 반으로 나누어 주고, 한쪽을 피봇 섹션(pivot section)으로 나눈다.

㉘, ㉙ 사이드(side) 역시 피봇 섹션(pivot section)으로 오버 다이렉션(over derection) 없이 그 섹션 자리에서 그대로 두상을 따라 가주며 계속해서 커트해 준다.

㉚ 한쪽 사이드(side) 완성된 모습

㉛, ㉜ 동일한 방법으로 반대편도 커트한다.

㉝ 드라이 전 앞 모습

㉞, ㉟, ㊱ 드라이 전 모습

㊲, ㊳ 전용 브러쉬로 블로우 드라이를 한다.

㊴ 필요한 부분에 커트가 되어진 각도 그대로 포인팅(pointing)으로 질감처리한다.

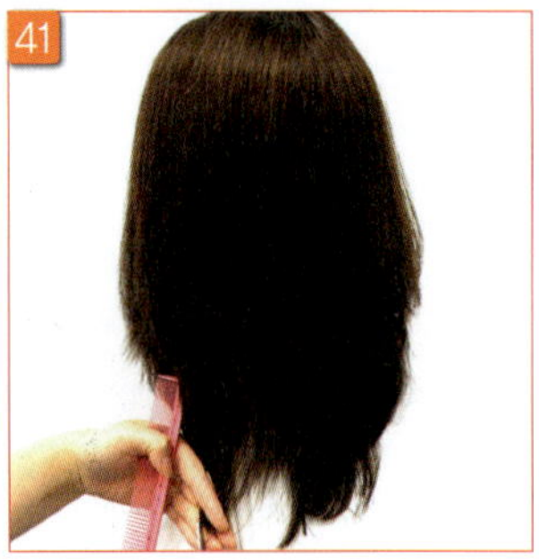

㊵ 포인팅(pointing) 질감처리가 진행되는 모습

㊶ 리파인(refine) 작업을 한다.

㊷ 뒤쪽 코너를 제거한다.

3. 베이직 헤어커트 마무리하기

앞(front)

뒤(back)

우측(right side)

좌측(left side)

[시술개요] 유니폼 레이어는 두상의 곡면에 따른 형태가 나타나는 Soft한 느낌의 스타일

T

Partings & Sections
Internal : Profile Section–Radial
Behind Radial : Pivoting Radials
In Front Of Radial : Horizontal

Distribution
Internal : 90 Degree
Perimeter : Natural Fall

Elevation
Internal : 90 Degree
Perimeter : 1 Fingers Depth

Cut
Internal : Parallel To The Head
Perimeter : Point Cut Visually

1. 베이직 헤어커트 준비하기

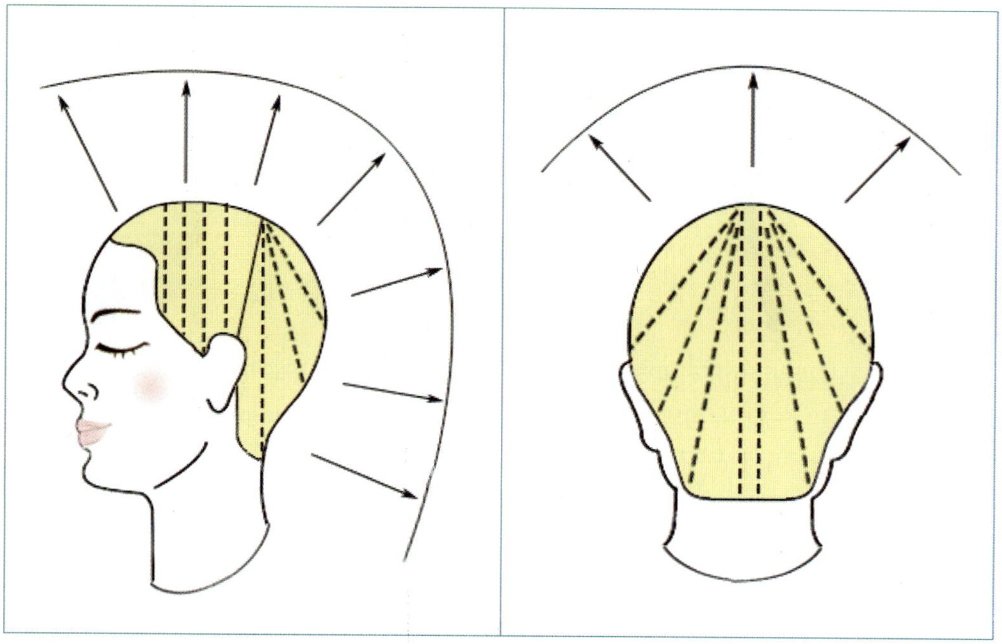

도해도

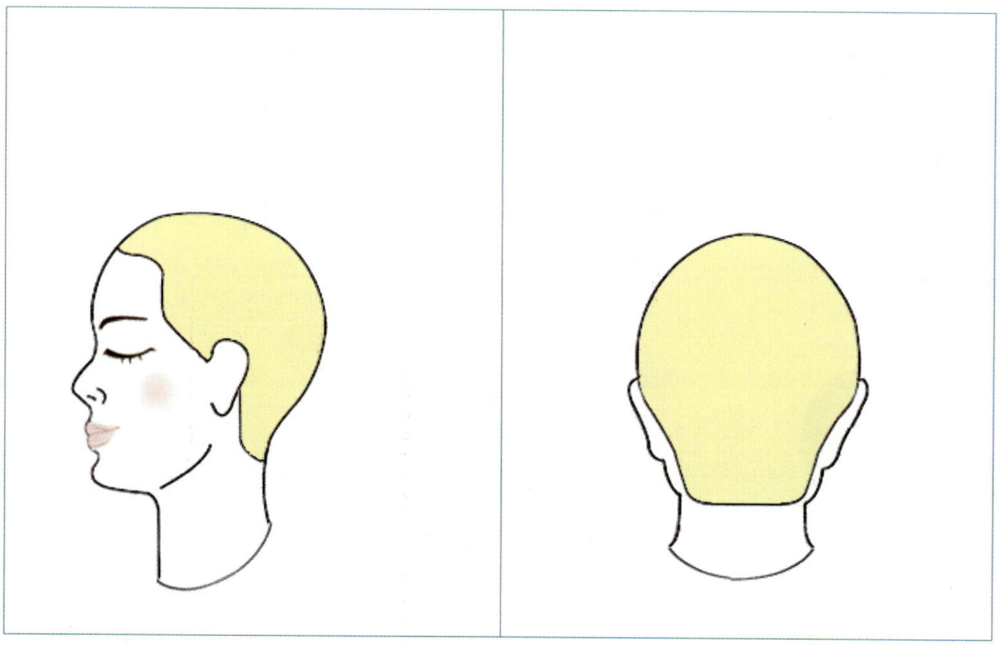

도해도 그려보기

2. 베이직 헤어커트 시술하기

①, ②, ③ 프로파일(profile) 파팅 후 가이드 설정을 위해 센터 프로파일 섹션(center profile section)으로 나눈다. 두상의 위치에 따라 90° 오버 다이렉트(90° to over directed)로 빗질하며, 각도는 두상에서 90°가 되도록 설정한다.

④, ⑤, ⑥ 탑(top)에서 네이프(nape)의 순으로 두상의 형태에 따라 코너를 제거하며 두상과 평행(parallel to the head)하게 커트한다.

⑦, ⑧, ⑨ 두상의 네이프에서는 손가락 위치(finger position)를 바꿔 커트한다. 가이드 설정 후 레디얼(radial) 파팅을 나눈 후 피봇팅 레디얼(pivoting radial) 섹션으로 나눈다.

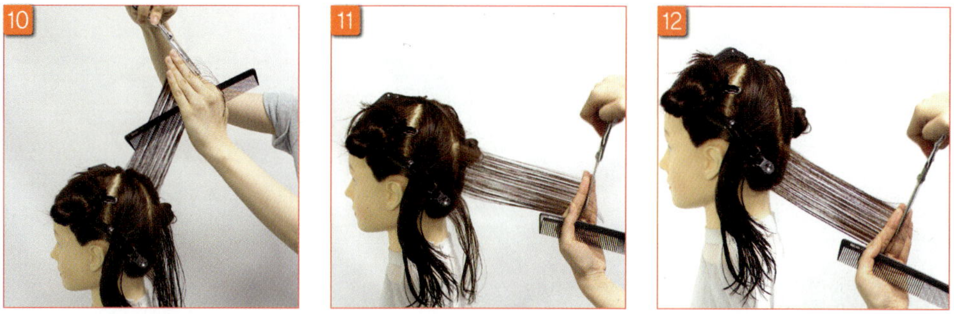

⑩, ⑪, ⑫ 빗질은 90˚ 오버 다이렉트(90˚ to over directed) 각도는 두상에서 90˚로 설정하며, 두상의 형태에 따라 코너를 제거하여 두상과 평행(parallel to the head)이 되도록 커트한다. 몸의 위치는 가이드를 마주보고 위치한다. 네이프(nape) 커트 시 시술자의 몸 정중앙에 섹션이 위치하며 손가락이 하늘을 향하도록 한다.

⑬, ⑭, ⑮ 레디얼(radial) 파팅의 마지막 섹션까지 위와 같이 동일한 방법으로 진행한다.

⑯, ⑰, ⑱ 반대편 또한 두상의 위치에 따라 90˚ 오버 다이렉트의 방향으로 빗질하며, 각도는 두상에서 90˚로 설정한다. 탑(top)에서 네이프의 방향으로 두상의 형태에 따라 코너를 제거하며 두상과 평행이 되도록 커트한다.

⑲, ⑳, ㉑ 래디얼(radial) 파팅의 마지막 섹션까지 위와 같이 동일한 방법으로 진행한다.

㉒, ㉓, ㉔ 양쪽 사이드는 호리존탈 섹션(horizontal section)으로 나눈다. 빗질은 90° 오버 다이렉트(90° to over directed) 각도는 두상에서 90°로 설정하며, 두상의 형태에 따라 코너를 제거하여 두상과 평행(parallel to the head)이 되도록 커트한다.

㉕, ㉖, ㉗ 두상의 위치에 따라 90° 오버 다이렉트의 방향으로 빗질하며, 각도는 두상에서 90°로 설정한다. 두상의 형태에 따라 코너를 제거하며 두상과 평행(parallel to the head)이 되도록 커트한다. 이 때 몸은 가이드 뒤에 위치한다. 반대편 또한 동일한 방법으로 커트하며 몸은 가이드 뒤에 위치한다.

㉘, ㉙ 블로우 드라이(blow dry) 후 라인 정리를 하고 마무리 스타일링한다.

3. 베이직 헤어커트 마무리하기

앞(front)

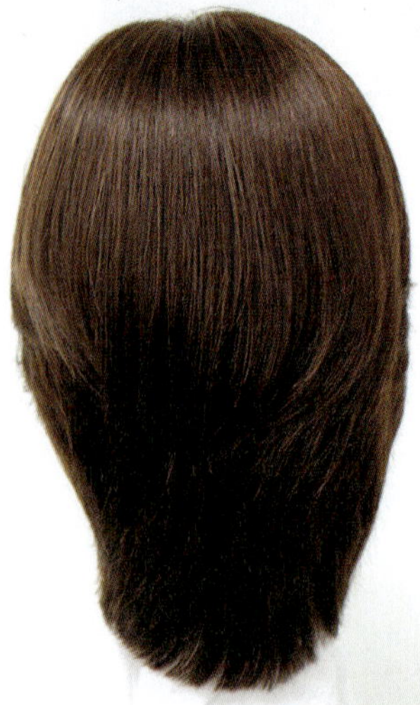

뒤(back)

우측(right side)

좌측(left side)

교수 방법

① 레이어 헤어커트 스타일에 따른 블로킹과 섹션 나누는 방법을 설명하고 시연한다.
② 레이어 헤어커트 스타일에 따른 빗질의 방향과 각도 조절 방법을 설명하고 시연한다.
③ 헤어커트 빗과 커트 가위를 정확하게 사용하여 레이어 커트하는 방법을 설명하고 시연한다.
④ 모량 조절이 필요한 부분에 틴닝 가위를 사용하는 방법을 설명하고 시연한다.
⑤ 고객의 얼굴과 목 등의 머리카락을 제거하는 방법을 설명하고 시연한다.
⑥ 헤어커트 후 고객 만족도를 파악하여 필요한 경우 수정 및 보완 커트하는 방법을 설명하고 시연한다.
⑦ 레이어 헤어커트에 어울리는 스타일로 마무리하는 방법을 설명하고 시연한다.
⑧ 레이어 헤어커트, 마무리하는 방법, 틴닝 가위 사용 방법 등에 대한 동영상 시청으로 실기 학습에 이해를 돕는다.
⑨ 사용한 헤어커트 도구는 청결하게 관리하고 주변을 정리 정돈하는 방법을 지도한다.
⑩ 학습자가 개별적으로 실습할 수 있도록 한 후 부족한 부분은 개별적으로 지도한다.
⑪ 미용실과 유사한 작업장에서 실습이 이루어지도록 준비한다.
⑫ 고객과 자신의 안전사고에 대한 주의 사항을 지도한다.

실습과정 사진		
사진		설명
		• • • • •
		• • • • •
		• • • • •
		• • • • •
		• • • • •

실습완료 사진	
앞(front)	뒤(back)
우측(right side)	좌측(left side)

학습 방법

① 레이어 헤어커트 스타일에 따른 블로킹과 섹션 나누는 방법을 반복하여 연습하고 숙지한다.
② 레이어 헤어커트 스타일에 따른 빗질의 방향과 각도 조절 방법을 반복하여 연습하고 숙지한다.
③ 헤어커트 빗과 커트 가위를 정확하게 사용하여 레이어 커트하는 방법을 반복하여 연습하고 숙지한다.
④ 모량 조절이 필요한 부분에 틴닝 가위를 사용하는 방법을 반복하여 연습하고 숙지한다.
⑤ 고객의 얼굴과 목 등의 머리카락을 제거하는 방법을 연습하고 숙지한다.
⑥ 헤어커트 후 고객 만족을 파악하여 필요한 경우 수정 및 보완 커트하는 방법을 반복하여 연습하고 숙지한다.
⑦ 레이어 헤어커트에 어울리는 스타일로 마무리하는 방법을 반복하여 연습하고 숙지한다.
⑧ 레이어 헤어커트, 마무리하는 방법, 틴닝 가위 사용 방법 등에 대한 동영상 시청과 교수자의 설명 및 시연을 보고 시술 방법을 반복하여 연습하고 숙지한다.
⑨ 사용한 헤어커트 도구는 청결하게 관리하고 주변을 정리 정돈하는 방법을 연습하고 숙지한다.
⑩ 학습자가 개별적으로 실습하고 부족한 부분은 개별적으로 질문한 후 반복하여 연습한다.
⑪ 미용실과 유사한 작업장에서의 실습을 반복하여 연습하고 숙지한다.
⑫ 고객과 자신의 안전사고에 대한 주의 사항을 숙지한다.

[학생자가진단 및 교수평가]

진단 영역		진 단 문 항	학생 평가					교수 평가					비고
			매우 미흡	미흡	보통	우수	매우 우수	매우 미흡	미흡	보통	우수	매우 우수	
레이어 헤어커트	레이어 헤어커트하기	1. 시술자는 레이어 헤어커트 스타일에 따른 블로킹과 섹션을 할 수 있다.	①	②	③	④	⑤	①	②	③	④	⑤	
		2. 시술자는 레이어 헤어커트 스타일에 따른 빗질의 방향과 각도를 조절할 수 있다.	①	②	③	④	⑤	①	②	③	④	⑤	레이어 헤어 커트 진행
		3. 시술자는 헤어커트 빗과 가위를 정확하게 사용하여 레이어 커트를 할 수 있다.	①	②	③	④	⑤	①	②	③	④	⑤	
		4. 시술자는 모량조절이 필요한 부분에 틴닝 가위를 사용할 수 있다.	①	②	③	④	⑤	①	②	③	④	⑤	
	레이어 헤어커트 마무리하기	1. 시술자는 고객의 얼굴과 목 등의 머리카락을 제거할 수 있다.	①	②	③	④	⑤	①	②	③	④	⑤	
		2. 시술자는 레이어 헤어 커트 마무리 후 고객 만족도를 파악하여 필요한 경우 수정·보완커트를 할 수 있다.	①	②	③	④	⑤	①	②	③	④	⑤	
		3. 시술자는 레이어 헤어커트 마무리가 종료 된 후 사용한 헤어커트 도구와 주변을 즉시 정리·정돈할 수 있다.	①	②	③	④	⑤	①	②	③	④	⑤	레이어 헤어 커트 마무리 하기
		4. 시술자는 레이어 헤어커트에 어울리게 헤어스타일을 마무리 할 수 있다.	①	②	③	④	⑤	①	②	③	④	⑤	

[서술형 시험]

학습 내용	평가 항목	성취 수준		
		상	중	하
레이어 헤어커트 진행	1. 헤어커트를 할 때 필요한 도구 준비의 이해와 지식			
	2. 레이어 헤어커트의 특징과 종류의 이해와 지식			
레이어 헤어커트 마무리	1. 헤어커트 마무리를 할 때 필요한 도구 준비의 이해와 지식			
	2. 레이어 헤어커트 스타일의 마무리 연출의 이해와 지식			
	3. 헤어커트 도구의 위생적 관리와 보관의 이해와 지식			

[진단결과]

진단영역		평가 문항 수	3점 미만 수	3점 이상 수
레이어 커트하기	레이어 헤어커트하기	5		
	레이어 헤어커트 마무리하기	4		
※ 3점 미만의 점수를 받은 문항이 있을 경우 직무수행 능력 부족으로 향상 학습이 요구되며 4점 이상의 점수를 받은 문항이 6개 이상일 경우 직무 수행 능력 우수로 심화학습이 요구 됨				

Chapter 6 레이어 커트

14 *th week*

쇼트 레이어 커트 (클리퍼&싱글링)

학습내용(단원명)	수업 목표
쇼트레이어 (클리퍼&싱글링)	• 클리퍼 커트를 위해 모발의 수분함량을 조절할 수 있다. • 헤어커트 빗과 클리퍼 사용의 올바른 커트 동작을 할 수 있다. • 헤어커트 디자인에 따라 빗의 각도를 조절한 클리퍼 커트동작을 할 수 있다. • 두상의 곡선과 위치에 따라 빗과 클리퍼를 올바른 방법으로 잡을 수 있다.

[시술개요]

P

블로킹 : 4등분(Center Parting/Eat To Ear Parting)
섹셔닝 : 수평섹션/버티컬섹션/피봇섹션
헤드포지션 : 똑바로
시술각 : 천체축 45°
손가락 위치 : 평행
디자인 라인 : 이동
분배 : 자연분배, 직각분배
커트 테크닉 : 블런트

1. 베이직 헤어커트 준비하기

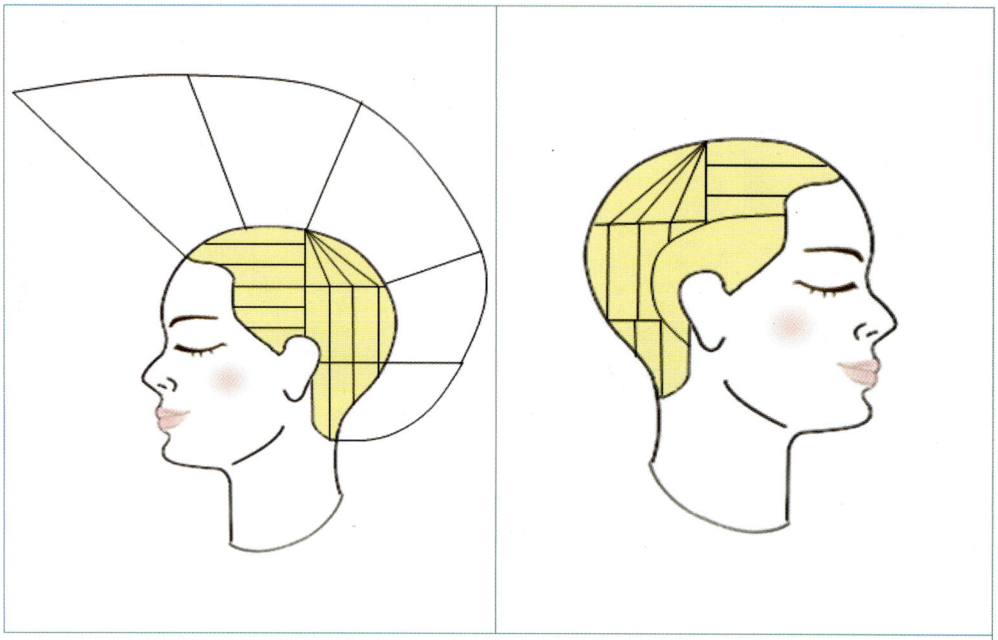

도해도

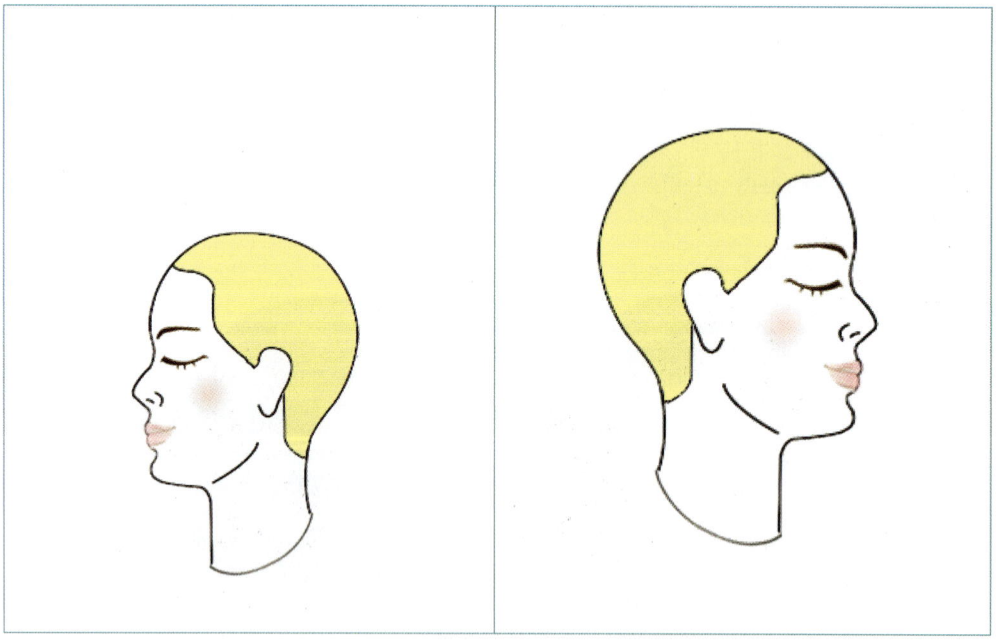

도해도 그려보기

2. 베이직 헤어커트 시술하기

①, ② 센터 파팅(center parting), 이어 투 이어 파팅(ear to ear parting)으로 나눈다.

③ 수평 섹션(horizontal section)으로 자연분배(natural distribution)하여 텐션(tension)에 주의하며 스퀘어 라인(square line)으로 커트한다.

④, ⑤ 나머지 섹션(section)도 가이드(guide) 길이를 설정한다.

⑥ 언더존의 가이드 길이를 기준으로 45° 시술각으로 진행한다. 버티컬 섹션(vertical section)과 온더 베이스(on the base)로 커트한다.

⑦, ⑧, ⑨ 백 포인트(back point)를 기준으로 동일한 방법으로 진행한다. 각도는 45° 그래쥬에이션(graduation), 온 더베이스(on the base)로 진행한다.

⑩, ⑪ 45° 각도를 유지하며 버티컬 섹션(vertical section), 온 더베이스(on the base)로 진행한다.

⑫ 45° 그래쥬에이션 완성(graduation)

 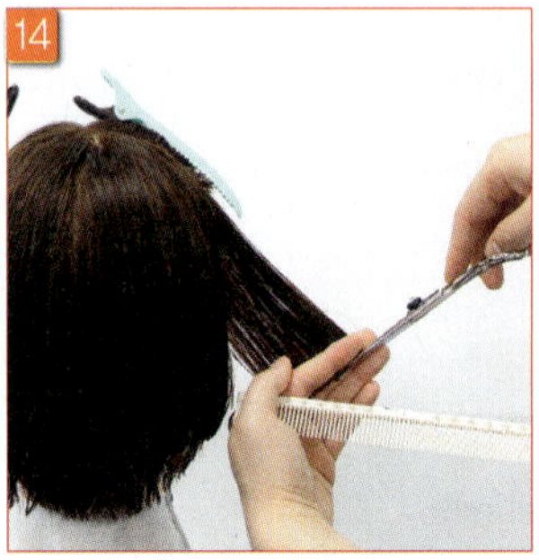 

⑬, ⑭ 버티컬 섹션(vertical section)으로 나누어 온 더베이스(on the base)로 그래쥬에이션(graduation)을 완성한다.

⑮ 오른쪽 사이드 파트(side part)와 백사이드(back side) 부분을 후대각(diagonal back secion)으로 디자인한다.

⑯, ⑰ 클리퍼를 사용하여 오른쪽 사이드 파트(side part)와 백사이드(back side) 부분이 자연스럽게 연결될 수 있도록 빗의 각도에 주의하여 짧은 그래쥬에이션(graduation)을 만든다. 햄라인을 깔끔하게 정리한다.

⑱ 나머지 섹션은 수평섹션(horizontal section)으로 백(back) 부분과 연결하여 45° 그래쥬에이션(graduation)으로 진행하며, 포인트 커트(point cut)로 질감을 부드럽게 한다.

⑲ 오른쪽 사이드(side) 부분 얼굴쪽이 약간 길어지게 수평섹션(horizontal section)으로 포인트 커트(point cut)한다.

⑳, ㉑ 왼쪽 사이드 부분은 전대각 섹션(diagonal forward secion)으로 백(back) 부분의 모발과 연결하여 얼굴쪽이 길어지게 45° 그래쥬에이션(graduation)으로 포인트 커트한다.

㉒ 왼쪽 사이드(side)부분의 디자인 라인 완성 모습.

㉓, ㉔ 다음 섹션(section)도 동일하게 진행한다. 직각분배(perpendicular distribution)

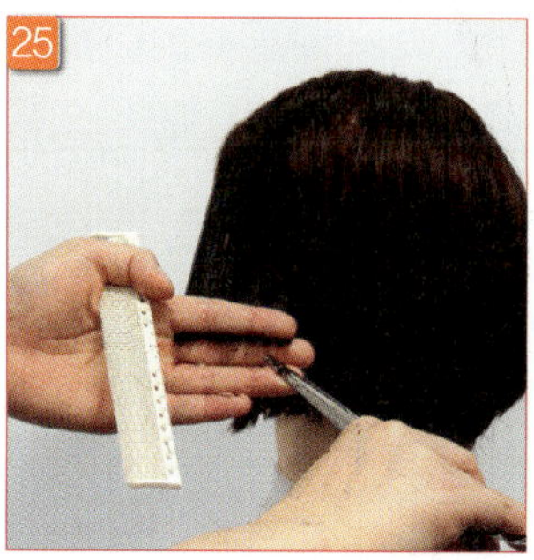  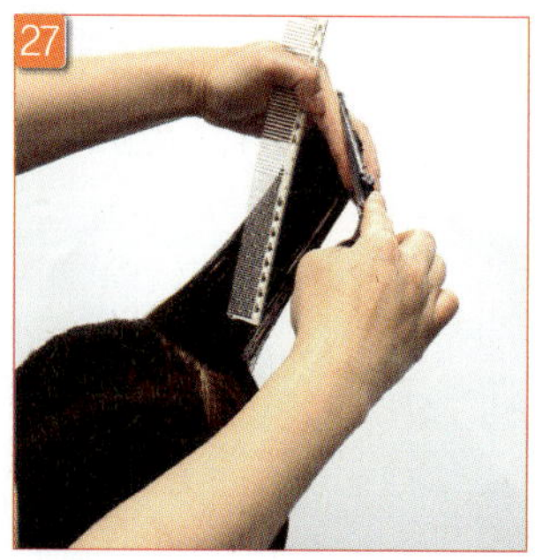

㉕ 왼쪽 사이드(side)의 마지막 섹션(section)까지 동일하게 진행한다.

㉖ 전제적인 커트 완성모습

㉗ 전두부 및 크라운(crown) 부분의 코너정리(얼굴 앞쪽이 길어질 수 있도록 사이드베이스(side base)로 시술)

㉘, ㉙ 전두부쪽은 뒤쪽방향으로 당겨서 코너를 정리한다.(얼굴쪽이 길어지도록)

㉚ 블로우 드라이(blow dry)하여 모발을 건조시킨다.

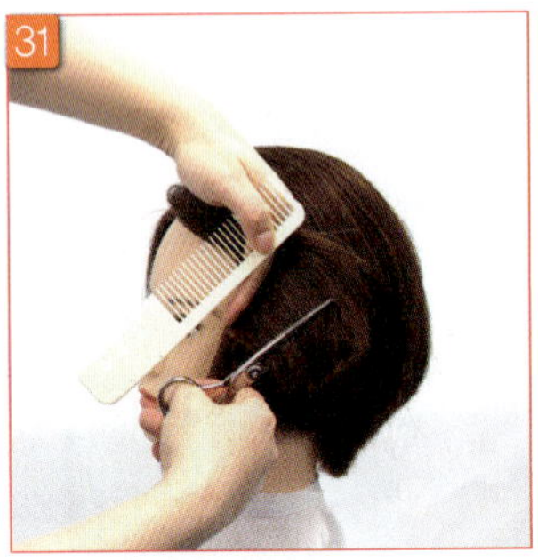

㉛ 틴닝가위를 사용하여 버티컬 섹션으로 질감(texture)처리를 한다.

㉜ 커트시술각과 동일하게 헤어롤을 이용하여 C컬 드라이하여 완성한다.

㉝ 커트의 완성 모습

3. 베이직 헤어커트 마무리하기

앞(front)

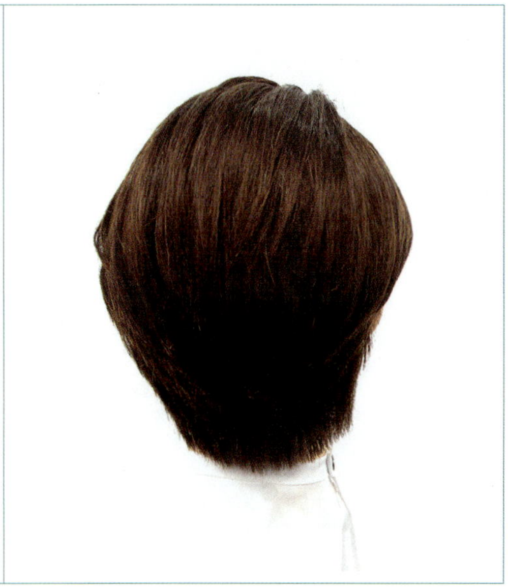

뒤(back)

우측(right side)

좌측(left side)

[시술개요] Technique : Graduation, Line, Scissors Over Comb
Shape : Square, Round
Parting & Section : Centre Parting, Horizontal, Diagonal
Texturising : Pointing

S

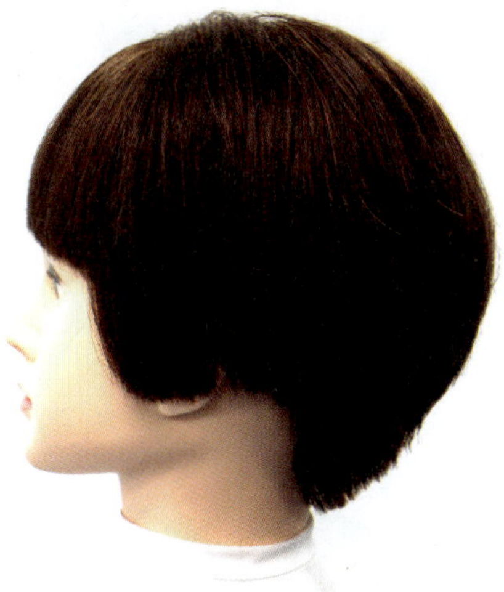

1. 베이직 헤어커트 준비하기

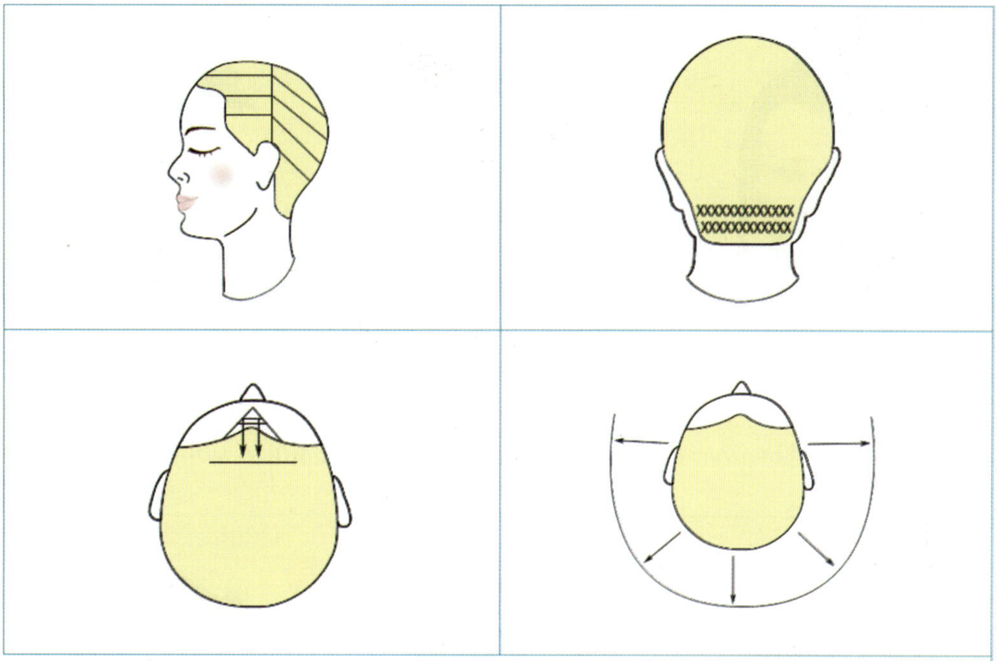

도해도

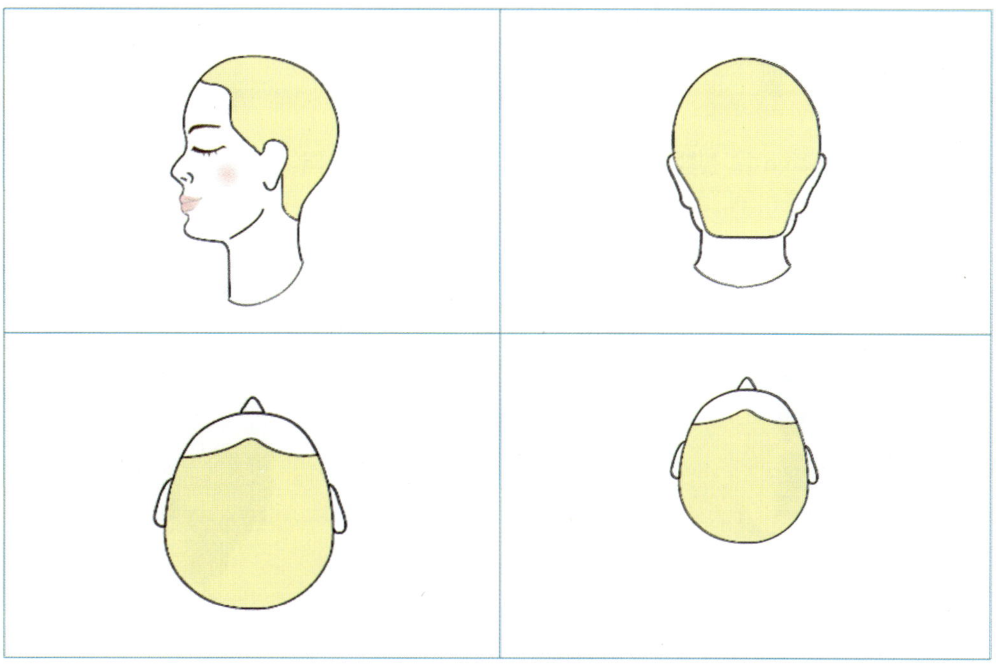

도해도 그려보기

2. 베이직 헤어커트 시술하기

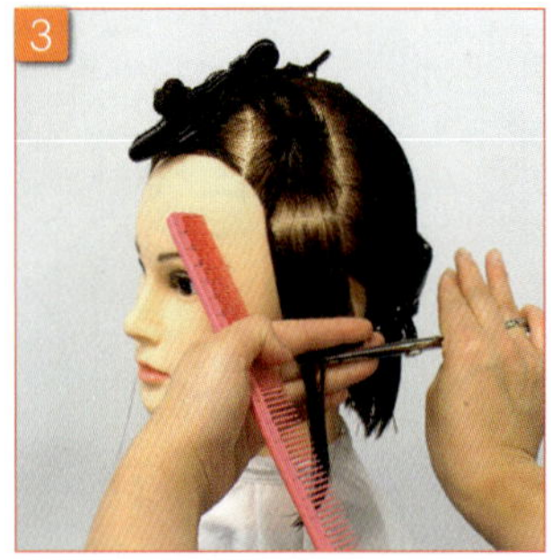

①, ② 앞머리(bang)가 될 부분을 따로 나눠놓고, 크라운(crown)에서 이어 백(ear back)까지 나눈다.

③ 호리존탈 섹션(horizontal section)으로 텐션(tension)에 주의하여 스퀘어 라인(square line)으로 커트한다.

④, ⑤ 섹션(section)을 진행할수록 엘리베이션(elevation)을 더 주며 그래쥬에이션(graduation)을 만든다.

⑥ 한쪽 사이드(side)가 완성된 모습

⑦, ⑧ 반대편도 동일한 방법으로 진행한다.

⑨ 반대편 사이드(side) 완성된 모습

⑩ 사이드(side) 커트가 완성된 모습

⑪, ⑫ 뒤쪽으로 넘어와서 사이드(side)에서 가이드(guide)를 가져와 다이어거널 섹션(diagonal section)으로 네이프(nape)쪽을 짧게 그래쥬에이션(graduation) 형태로 커트해 준다.

⑬ 다음 섹션(section)도 다이어거널 섹션(diagonal section)으로 나눈다.

⑭ 앞전 커트 섹션으로 오버 다이렉션(over direction)하여 짧은 그래쥬에이션(graduation)을 만든다.

⑮ 바디포지션(body position)을 옮겨가며 가이드를 보고 오버 다이렉션(over direction)에 주의하며 커트한다.

⑯ 계속해서 같은 방법으로 커트를 진행하고 크라운(Crown)부분의 남는 모발들은 라운드 형태로 무게감을 쌓는다.

⑰ 한쪽 완성 모습

⑱ 반대편 역시 같은 방법으로 계속해서 커트한다.

⑲ 뒤쪽 커트가 끝난 후 연결 부분의 코너를 제거한다.
⑳ 앞머리(bang) 길이를 설정하고 첫 섹션(section)을 스퀘어 라인(square line)으로 커트한다.
㉑ 마지막 섹션(section) 전까지 진행된 모습

㉒, ㉓ 살짝 엘리베이션(elevation)을 주어 가이드를 따라 스퀘어(square)로 커트한다.
㉔ 완성된 앞 모습

㉕, ㉖ 전용 브러쉬로 블로우 드라이(blow dry)한다.
㉗ 필요한 부분에 커트가 되어진 각도 그대로 포인팅(pointing)으로 질감처리를 한다.

㉘ 네이프(nape) 부분에 시저스 오버 콤(scissors over comb)을 한다.

㉙, ㉚ 빗의 큰 빗살을 이용해 가위의 날과 빗이 평행하게 놓고 진행하며, 중간에 멈추지 않고 자연스럽게 위쪽 그래주에이션(graduation)과 연결한다.

㉛ 네이프(nape) 헤어 라인(hair line)쪽을 더 짧게 하며 시저스 오브 콤(scissors over comb)으로 커트한다.

㉜ 앞머리(bang) 쪽도 포인팅(pointing)으로 질감처리를 한다.

㉝ 네이프(nape) 헤어 라인(hair line)쪽을 트리머(trimmer)로 정리한다.

3. 베이직 헤어커트 마무리하기

앞(front)

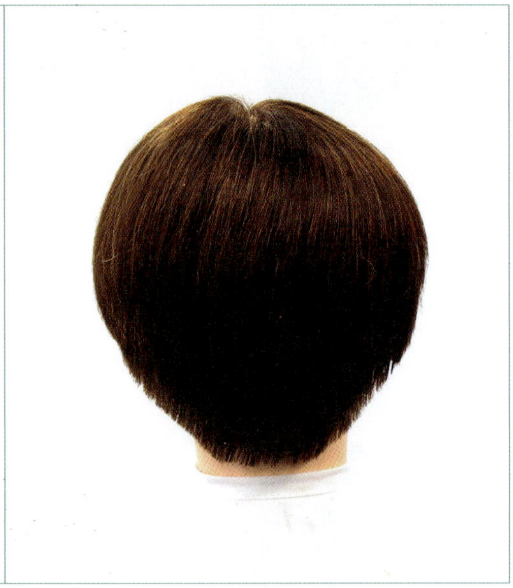
뒤(back)

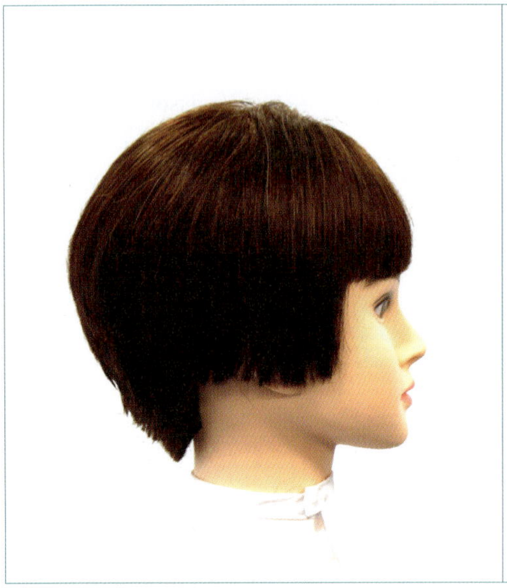
우측(right side)

좌측(left side)

[시술개요]

T

쇼트 레이어는 두상의 커브를 중심으로 홀슈파팅(Horseshoe Parting)을 이용해 홀슈 아랫부분은 언더컷 테크닉을 이용해 짧게 커트하고 홀슈(Horseshoe) 파팅 위쪽은 길이를 길게 남겨 서로 디스커넥션(Disconnection)이 되도록 하는 스타일이다.

Partings & Sections
Below Horseshoe : Diagonal Back
Above Horseshoe : Profile Section–Parallel Sections–Diagonal Back

Distribution
Below Horseshoe : 90° To Overdirected
Above Horseshoe : 90° To Overdirected

Elevation
Below Horseshoe : 90° To Overdirected
Above Horseshoe : 90° To Overdirected

Cut
Below Horseshoe : Vertical Graduation
Above Horseshoe : Cut To Increase In Length Towards The Face

1. 베이직 헤어커트 준비하기

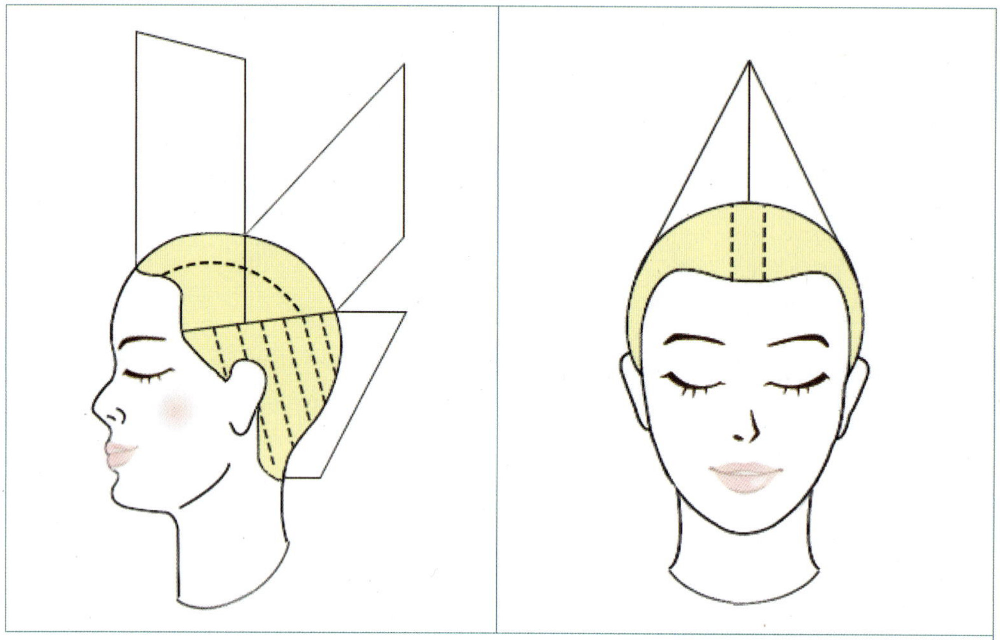

도해도

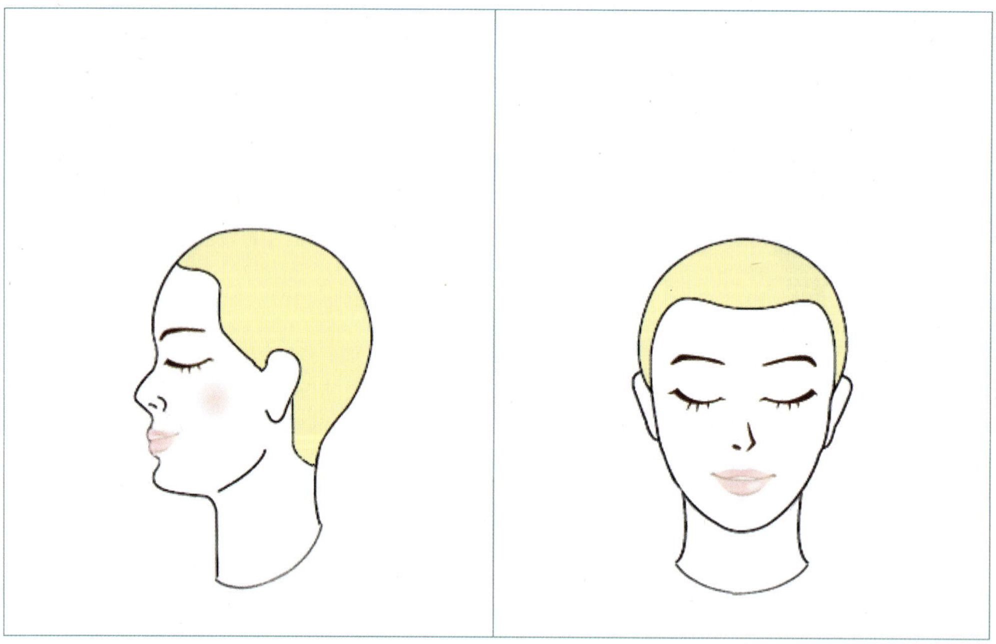

도해도 그려보기

2. 베이직 헤어커트 시술하기

①, ②, ③ 로우 홀슈(low horseshoe) 파팅으로 나눈다.

④, ⑤, ⑥ 후대각 섹션(diagonal back section)으로 나눈 90° 투 오버 다이렉티드(90° to over directed)로 빗질 후 버티컬 그래쥬에이션(vertical graduation)으로 커트한다.

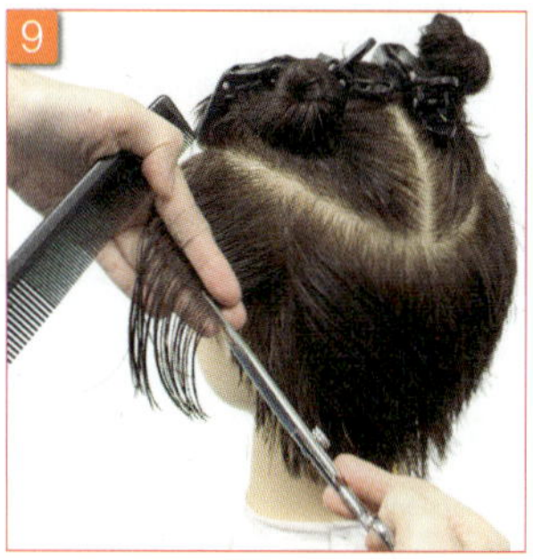

⑦, ⑧, ⑨ 반대쪽도 동일한 방법으로 진행한다.

⑩, ⑪, ⑫ 양쪽 커트 후 밸런스를 확인한다.

⑬, ⑭, ⑮ 커트 빗을 이용해 드라이한다.

⑯, ⑰, ⑱ 시저스 오버 콤(scissors over comb) 테크닉을 이용하여 쉐입을 정리한다.

⑲, ⑳, ㉑ 센터 프로파일 섹션(center profile section)을 이용해 가이드를 설정한다. 크라운(crown)에서 옥시피탈(occipital)로 갈수록 짧아지도록 커팅한다. 나머지 섹션은 모두 가운데로 오버 다이렉티드(over directed)한다.

㉒, ㉓, ㉔ 후대각 섹션(diagonal back section)으로 나눈 후 아래 길게 남아있는 길이를 슬라이싱(slicing)을 이용해 비쥬얼(visual)로 정리한다.

㉕, ㉖, ㉗ 센터 프로파일 섹션을 이용해 가이드를 설정한다. 크라운(crown)의 가이드를 이용해 앞쪽 헤어라인 방향으로 길이가 점점 길어지도록 가이드를 설정한 후 양쪽 모든 섹션을 센터 섹션(center section)으로 오버 다이렉티드(over directed)하여 커트한다.

㉘, ㉙ 양쪽 사이드에 남아있는 긴 길이의 모발은 슬라이딩(sliding) 테크닉을 이용해 얼굴방향으로 길어질 수 있도록 적당한 길이를 설정하여 커트한다. 가르마 방향을 설정한 후 가볍게 드라이한다.

3. 베이직 헤어커트 마무리하기

앞(front)

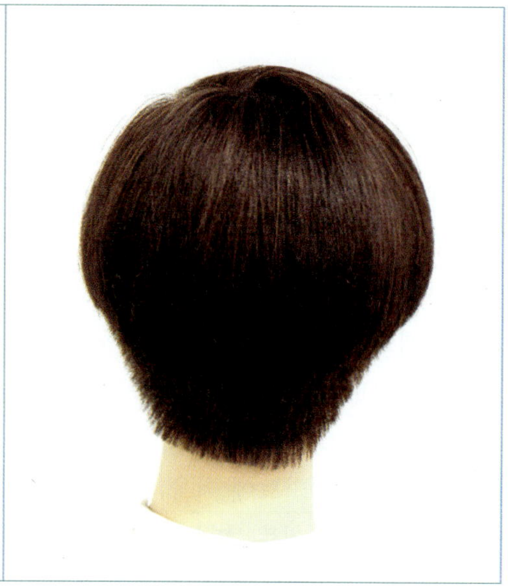

뒤(back)

우측(right side)

좌측(left side)

교수 방법

① 레이어 헤어커트 스타일에 따른 블로킹과 섹션 나누는 방법을 설명하고 시연한다.
② 레이어 헤어커트 스타일에 따른 빗질의 방향과 각도 조절 방법을 설명하고 시연한다.
③ 헤어커트 빗과 커트 가위를 정확하게 사용하여 레이어 커트하는 방법을 설명하고 시연한다.
④ 모량 조절이 필요한 부분에 틴닝 가위를 사용하는 방법을 설명하고 시연한다.
⑤ 고객의 얼굴과 목 등의 머리카락을 제거하는 방법을 설명하고 시연한다.
⑥ 헤어커트 후 고객 만족도를 파악하여 필요한 경우 수정 및 보완 커트하는 방법을 설명하고 시연한다.
⑦ 레이어 헤어커트에 어울리는 스타일로 마무리하는 방법을 설명하고 시연한다.
⑧ 레이어 헤어커트, 마무리하는 방법, 틴닝 가위 사용 방법 등에 대한 동영상 시청으로 실기 학습에 이해를 돕는다.
⑨ 사용한 헤어커트 도구는 청결하게 관리하고 주변을 정리 정돈하는 방법을 지도한다.
⑩ 학습자가 개별적으로 실습할 수 있도록 한 후 부족한 부분은 개별적으로 지도한다.
⑪ 미용실과 유사한 작업장에서 실습이 이루어지도록 준비한다.
⑫ 고객과 자신의 안전사고에 대한 주의 사항을 지도한다.

실습과정 사진		
사진		설명
		• • • • •
		• • • • •
		• • • • •
		• • • • •
		• • • • •

실습완료 사진	
앞(front)	뒤(back)
우측(right side)	좌측(left side)

학습 방법

① 레이어 헤어커트 스타일에 따른 블로킹과 섹션 나누는 방법을 반복하여 연습하고 숙지한다.
② 레이어 헤어커트 스타일에 따른 빗질의 방향과 각도 조절 방법을 반복하여 연습하고 숙지한다.
③ 헤어커트 빗과 커트 가위를 정확하게 사용하여 레이어 커트하는 방법을 반복하여 연습하고 숙지한다.
④ 모량 조절이 필요한 부분에 틴닝 가위를 사용하는 방법을 반복하여 연습하고 숙지한다.
⑤ 고객의 얼굴과 목 등의 머리카락을 제거하는 방법을 연습하고 숙지한다.
⑥ 헤어커트 후 고객 만족을 파악하여 필요한 경우 수정 및 보완 커트하는 방법을 반복하여 연습하고 숙지한다.
⑦ 레이어 헤어커트에 어울리는 스타일로 마무리하는 방법을 반복하여 연습하고 숙지한다.
⑧ 레이어 헤어커트, 마무리하는 방법, 틴닝 가위 사용 방법 등에 대한 동영상 시청과 교수자의 설명 및 시연을 보고 시술 방법을 반복하여 연습하고 숙지한다.
⑨ 사용한 헤어커트 도구는 청결하게 관리하고 주변을 정리 정돈하는 방법을 연습하고 숙지한다.
⑩ 학습자가 개별적으로 실습하고 부족한 부분은 개별적으로 질문한 후 반복하여 연습한다.
⑪ 미용실과 유사한 작업장에서의 실습을 반복하여 연습하고 숙지한다.
⑫ 고객과 자신의 안전사고에 대한 주의 사항을 숙지한다.

[학생자가진단 및 교수평가]

진단 영역		진 단 문 항	학생 평가 매우 미흡	미흡	보통	우수	매우 우수	교수 평가 매우 미흡	미흡	보통	우수	매우 우수	비고
레이어 헤어커트	레이어 헤어커트하기	1. 시술자는 레이어 헤어커트 스타일에 따른 블로킹과 섹션을 할 수 있다.	①	②	③	④	⑤	①	②	③	④	⑤	
		2. 시술자는 레이어 헤어커트 스타일에 따른 빗질의 방향과 각도를 조절할 수 있다.	①	②	③	④	⑤	①	②	③	④	⑤	레이어 헤어 커트 진행
		3. 시술자는 헤어커트 빗과 가위를 정확하게 사용하여 레이어 커트를 할 수 있다.	①	②	③	④	⑤	①	②	③	④	⑤	
		4. 시술자는 모량조절이 필요한 부분에 틴닝 가위를 사용할 수 있다.	①	②	③	④	⑤	①	②	③	④	⑤	
	레이어 헤어커트 마무리하기	1. 시술자는 고객의 얼굴과 목 등의 머리카락을 제거할 수 있다.	①	②	③	④	⑤	①	②	③	④	⑤	
		2. 시술자는 레이어 헤어 커트 마무리 후 고객 만족도를 파악하여 필요한 경우 수정 · 보완커트를 할 수 있다.	①	②	③	④	⑤	①	②	③	④	⑤	
		3. 시술자는 레이어 헤어커트 마무리가 종료 된 후 사용한 헤어커트 도구와 주변을 즉시 정리 · 정돈할 수 있다.	①	②	③	④	⑤	①	②	③	④	⑤	레이어 헤어 커트 마무리 하기
		4. 시술자는 레이어 헤어커트에 어울리게 헤어스타일을 마무리 할 수 있다.	①	②	③	④	⑤	①	②	③	④	⑤	

[서술형 시험]

학습 내용	평가 항목	성취 수준		
		상	중	하
레이어 헤어커트 진행	1. 헤어커트를 할 때 필요한 도구 준비의 이해와 지식			
	2. 레이어 헤어커트의 특징과 종류의 이해와 지식			
레이어 헤어커트 마무리	1. 헤어커트 마무리를 할 때 필요한 도구 준비의 이해와 지식			
	2. 레이어 헤어커트 스타일의 마무리 연출의 이해와 지식			
	3. 헤어커트 도구의 위생적 관리와 보관의 이해와 지식			

[진단결과]

진단영역		평가 문항 수	3점 미만 수	3점 이상 수
레이어 커트하기	레이어 헤어커트하기	5		
	레이어 헤어커트 마무리하기	4		

※ 3점 미만의 점수를 받은 문항이 있을 경우 직무수행 능력 부족으로 향상 학습이 요구되며 4점 이상의 점수를 받은 문항이 6개 이상일 경우 직무 수행 능력 우수로 심화학습이 요구 됨

Chapter 6 레이어 커트

15 th week

레자 (Razor) 커트

학습내용(단원명)	수업 목표
레자(razor)	• 레자(razor) 커트를 위해 모발의 수분함량을 조절할 수 있다. • 헤어커트 빗과 레이저 사용의 올바른 커트동작을 할 수 있다. • 헤어커트 디자인에 따라 레이저의 커트위치와 방향을 변경할 수 있다. • 헤어커트 디자인에 따라 모발의 패널과 레이저의 각도를 조절할 수 있다.

[시술개요] P

블로킹 : 4등분(Center Parting/Ear To Ear Parting)
섹션닝 : 후대각 섹션
분배 : 방향분배
각도 : 90˚
손가락 위치 : 비 평행
가이드 : 고정가이드라인

1. 베이직 헤어커트 준비하기

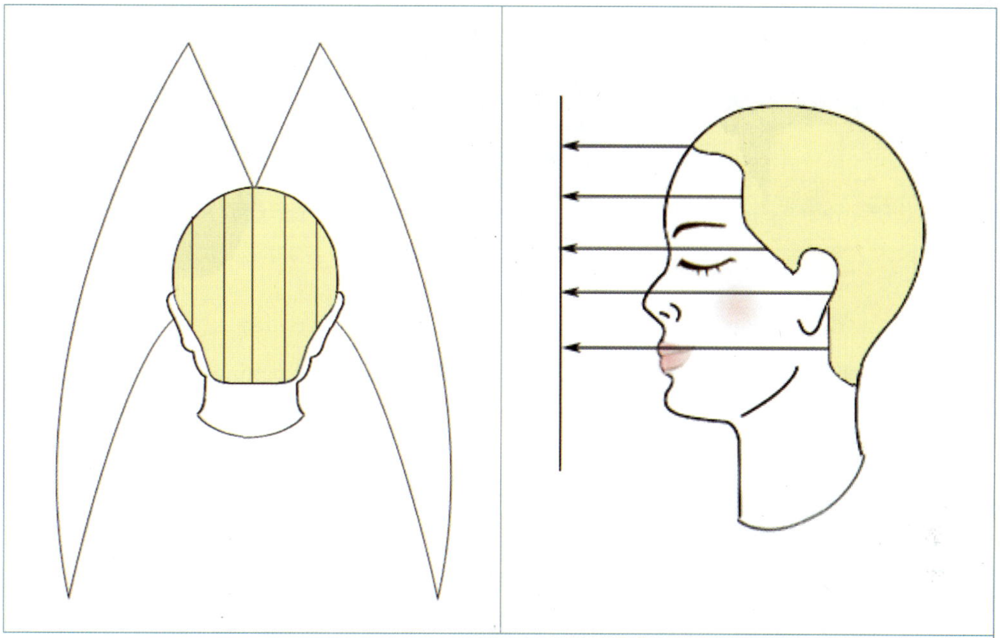

도해도

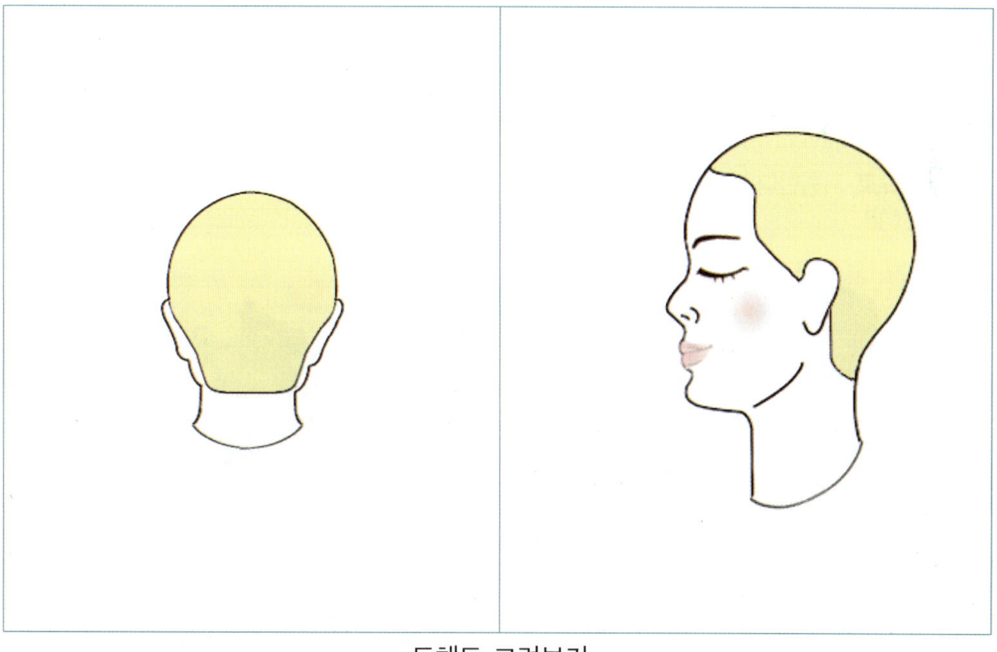

도해도 그려보기

2. 베이직 헤어커트 시술하기

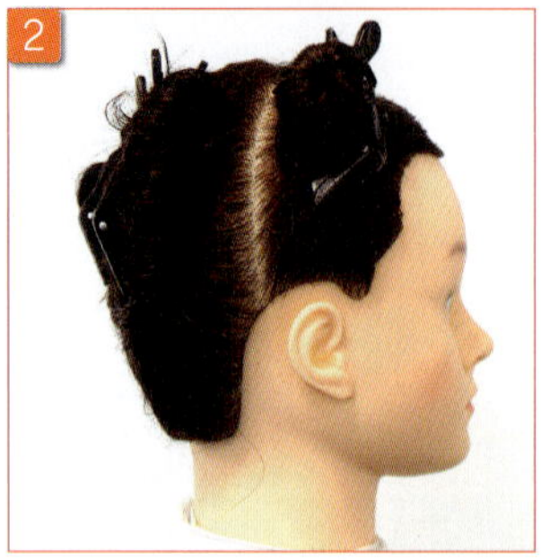

①, ②, ③ 센터 파팅(center parting), 이어 투 이어 파팅(ear to ear parting) 4등분으로 나눈다.

④, ⑤, ⑥ 사이드(side) 부분은 후대각 섹션(diagonal back section)으로 나눈다. 빗질은 방향 분배(direction distribution)이며, 각도는 90°로 가이드는 고정 가이드라인(stationary design line)으로 커팅한다.

⑦, ⑧, ⑨ 빗질은 방향 분배(direction distribution)이며, 각도는 90°로 가이드는 고정 가이드 라인으로 커팅한다.

⑩, ⑪, ⑫ 이전 섹션과 평행하게 후대각 섹션(diagonal back section)으로 나눈다. 빗질은 방향 분배(direction distribution)이며, 각도는 90°로 가이드는 고정 가이드라인(stationary design line)으로 커팅한다.

⑬, ⑭, ⑮ 빗질은 방향 분배이며, 각도는 90°로 가이드는 고정 가이드라인(stationary design line)으로 커팅한다.

⑯, ⑰, ⑱ 반대편 또한 동일한 방법으로 진행한다.

⑲, ⑳, ㉑ 빗질은 방향 분배(direction distribution)이며, 각도는 90°로 가이드는 고정 가이드 라인(stationary design line)으로 커팅한다.

㉒, ㉓, ㉔ 커트가 끝나고 난 모습

㉕, ㉖, ㉗ 블로우 드라이(blow dry) 한 후 마무리 스타일링(styling) 한다.

3. 베이직 헤어커트 마무리하기

앞(front)

뒤(back)

우측(right side)

좌측(left side)

[시술개요] 백 부분에는 원랭스와 앞쪽 페이스(얼굴)라인에 그래쥬에이션이 형성되는 혼합형 스타일(레자사용)

T

Partings & Sections

One Length : Profile Parting–Diagonal Foward–Horseshoe

Forward Graduation : Profile Parting–Radial–Diagonal Back–PArallel Diagonal Back

Distribution

One Length : Natural Fall To Over Directed

Forward Graduation : Natural Fall

Elevation

One Length : O In The Comb

Forward Graduation : Held At A Graduation Level–Into A Stationary Level Of Graduation

Cut

One Length : Square

Forward Graduation : Visually From The Base Line Up

1. 베이직 헤어커트 준비하기

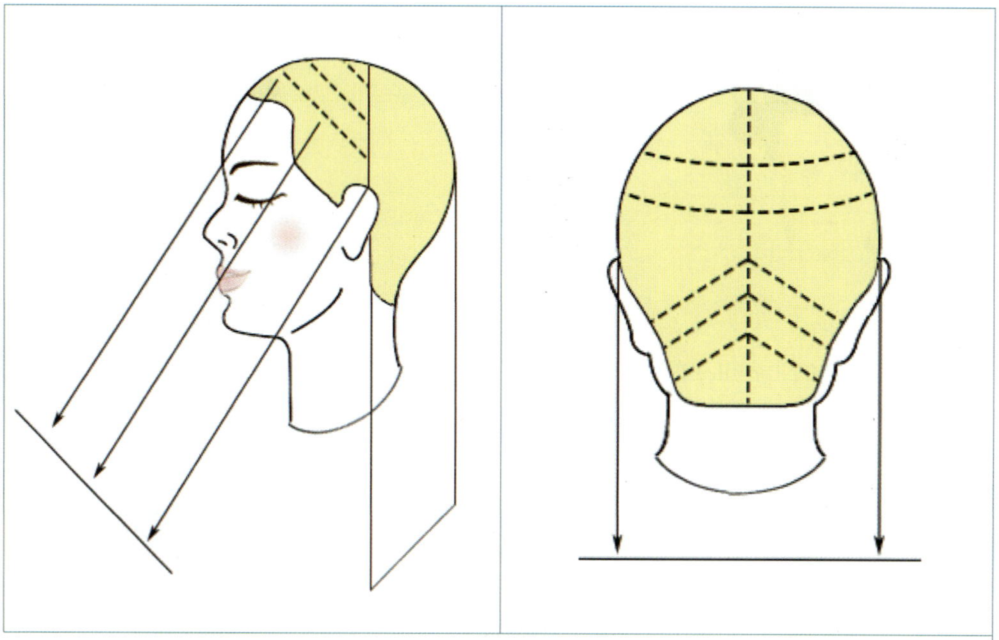

도해도

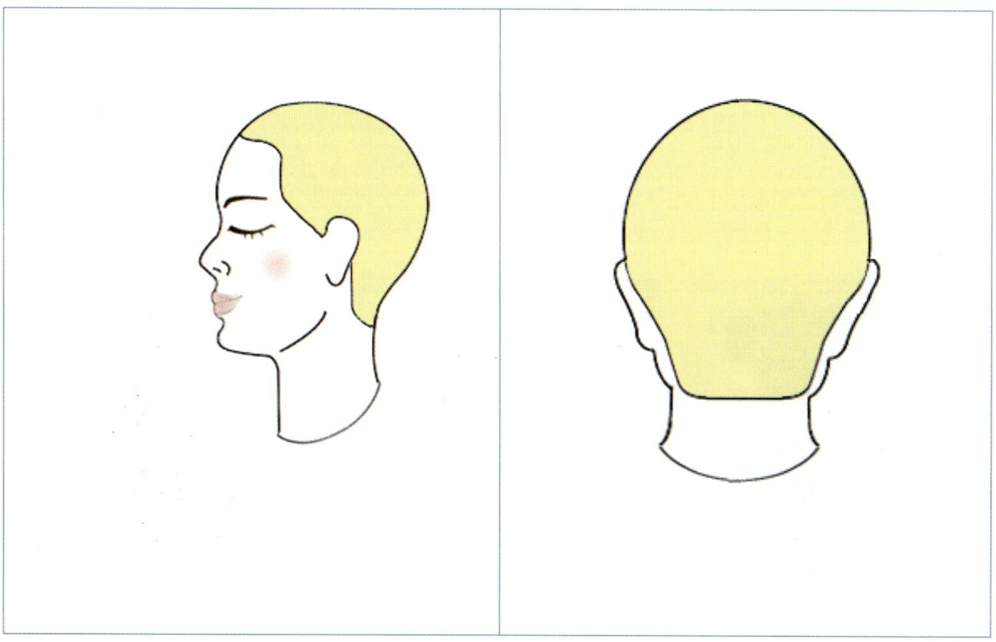

도해도 그려보기

2. 베이직 헤어커트 시술하기

①, ②, ③ 프로파일(profile) 파팅 후 전대각 섹션(diagonal forward section)으로 나눈다.

④, ⑤, ⑥ 자연방향과 오버 다이렉티드(natural fall to over directed)로 빗질하고, 원 핑거스 뎁스(1 fingers depth)로 각도(elevation) 설정하여 스퀘어 쉐입(square shape)으로 커트한다.

⑦, ⑧, ⑨ 양쪽을 모두 홀슈(horseshoe) 파팅으로 나눈다.

⑩, ⑪, ⑫ 자연방향과 오버 다이렉티드(natural fall to over directed)로 빗질하고, 원 핑거스 뎁스(1 fingers depth)로 각도(elevation)를 설정하여 스퀘어 쉐입으로 커트한다.

⑬, ⑭, ⑮ 동일한 방법으로 계속 진행한다.

⑯, ⑰, ⑱ 레디얼(radial) 파팅으로 나눈 후 후대각 섹션(diagonal back section)으로 나눈다.

⑲, ⑳, ㉑ 티 투더 파팅(T to the parting)으로 빗질하고 그래쥬에이션(graduation level)으로 각도(elevation) 설정 후 베이스라인에서 얼굴방향으로 점점 짧아지는 라인(visually from the base line up)으로 커트한다.

㉒, ㉓, ㉔ 가이드 섹션과 평행하게 후대각 섹션(diagonal back section)으로 나눈다. 티 투 더 파팅(T to the parting)으로 빗질하고, 각도는 가이드에서 설정한 그래쥬에이션(graduation)으로 고정하여 가이드라인 따라 커트한다.

㉕, ㉖, ㉗ 동일한 방법으로 반대쪽도 진행한다.

㉘, ㉙ 롤 브러쉬로 블로우 드라이(blow dry)하여 마무리한다.

3. 베이직 헤어커트 마무리하기

앞(front)

뒤(back)

우측(right side)

좌측(left side)

교수 방법

① 레이어 헤어커트 스타일에 따른 블로킹과 섹션 나누는 방법을 설명하고 시연한다.
② 레이어 헤어커트 스타일에 따른 빗질의 방향과 각도 조절 방법을 설명하고 시연한다.
③ 헤어커트 빗과 커트 가위를 정확하게 사용하여 레이어 커트하는 방법을 설명하고 시연한다.
④ 모량 조절이 필요한 부분에 틴닝 가위를 사용하는 방법을 설명하고 시연한다.
⑤ 고객의 얼굴과 목 등의 머리카락을 제거하는 방법을 설명하고 시연한다.
⑥ 헤어커트 후 고객 만족도를 파악하여 필요한 경우 수정 및 보완 커트하는 방법을 설명하고 시연한다.
⑦ 레이어 헤어커트에 어울리는 스타일로 마무리하는 방법을 설명하고 시연한다.
⑧ 레이어 헤어커트, 마무리하는 방법, 틴닝 가위 사용 방법 등에 대한 동영상 시청으로 실기 학습에 이해를 돕는다.
⑨ 사용한 헤어커트 도구는 청결하게 관리하고 주변을 정리 정돈하는 방법을 지도한다.
⑩ 학습자가 개별적으로 실습할 수 있도록 한 후 부족한 부분은 개별적으로 지도한다.
⑪ 미용실과 유사한 작업장에서 실습이 이루어지도록 준비한다.
⑫ 고객과 자신의 안전사고에 대한 주의 사항을 지도한다.

실습과정 사진		
사진		설명
		• • • • •
		• • • • •
		• • • • •
		• • • • •
		• • • • •

실습완료 사진	
앞(front)	뒤(back)
우측(right side)	좌측(left side)

학습 방법

① 레이어 헤어커트 스타일에 따른 블로킹과 섹션 나누는 방법을 반복하여 연습하고 숙지한다.

② 레이어 헤어커트 스타일에 따른 빗질의 방향과 각도 조절 방법을 반복하여 연습하고 숙지한다.

③ 헤어커트 빗과 커트 가위를 정확하게 사용하여 레이어 커트하는 방법을 반복하여 연습하고 숙지한다.

④ 모량 조절이 필요한 부분에 틴닝 가위를 사용하는 방법을 반복하여 연습하고 숙지한다.

⑤ 고객의 얼굴과 목 등의 머리카락을 제거하는 방법을 연습하고 숙지한다.

⑥ 헤어커트 후 고객 만족을 파악하여 필요한 경우 수정 및 보완 커트하는 방법을 반복하여 연습하고 숙지한다.

⑦ 레이어 헤어커트에 어울리는 스타일로 마무리하는 방법을 반복하여 연습하고 숙지한다.

⑧ 레이어 헤어커트, 마무리하는 방법, 틴닝 가위 사용 방법 등에 대한 동영상 시청과 교수자의 설명 및 시연을 보고 시술 방법을 반복하여 연습하고 숙지한다.

⑨ 사용한 헤어커트 도구는 청결하게 관리하고 주변을 정리 정돈하는 방법을 연습하고 숙지한다.

⑩ 학습자가 개별적으로 실습하고 부족한 부분은 개별적으로 질문한 후 반복하여 연습한다.

⑪ 미용실과 유사한 작업장에서의 실습을 반복하여 연습하고 숙지한다.

⑫ 고객과 자신의 안전사고에 대한 주의 사항을 숙지한다.

[학생자가진단 및 교수평가]

진단 영역		진 단 문 항	학생 평가					교수 평가					비고
			매우 미흡	미흡	보통	우수	매우 우수	매우 미흡	미흡	보통	우수	매우 우수	
레이어 헤어커트	레이어 헤어커트 하기	1. 시술자는 레이어 헤어커트 스타일에 따른 블로킹과 섹션을 할 수 있다.	①	②	③	④	⑤	①	②	③	④	⑤	
		2. 시술자는 레이어 헤어커트 스타일에 따른 빗질의 방향과 각도를 조절할 수 있다.	①	②	③	④	⑤	①	②	③	④	⑤	레이어 헤어 커트 진행
		3. 시술자는 헤어커트 빗과 가위를 정확하게 사용하여 레이어 커트를 할 수 있다.	①	②	③	④	⑤	①	②	③	④	⑤	
		4. 시술자는 모량조절이 필요한 부분에 틴닝 가위를 사용할 수 있다.	①	②	③	④	⑤	①	②	③	④	⑤	
	레이어 헤어커트 마무리하기	1. 시술자는 고객의 얼굴과 목 등의 머리카락을 제거할 수 있다.	①	②	③	④	⑤	①	②	③	④	⑤	
		2. 시술자는 레이어 헤어 커트 마무리 후 고객 만족도를 파악하여 필요한 경우 수정 · 보완커트를 할 수 있다.	①	②	③	④	⑤	①	②	③	④	⑤	
		3. 시술자는 레이어 헤어커트 마무리가 종료 된 후 사용한 헤어커트 도구와 주변을 즉시 정리 · 정돈할 수 있다.	①	②	③	④	⑤	①	②	③	④	⑤	레이어 헤어 커트 마무리 하기
		4. 시술자는 레이어 헤어커트에 어울리게 헤어스타일을 마무리 할 수 있다.	①	②	③	④	⑤	①	②	③	④	⑤	

[서술형 시험]

학습 내용	평가 항목	성취 수준		
		상	중	하
레이어 헤어커트 진행	1. 헤어커트를 할 때 필요한 도구 준비의 이해와 지식			
	2. 레이어 헤어커트의 특징과 종류의 이해와 지식			
레이어 헤어커트 마무리	1. 헤어커트 마무리를 할 때 필요한 도구 준비의 이해와 지식			
	2. 레이어 헤어커트 스타일의 마무리 연출의 이해와 지식			
	3. 헤어커트 도구의 위생적 관리와 보관의 이해와 지식			

[진단결과]

진단영역		평가 문항 수	3점 미만 수	3점 이상 수
레이어 커트하기	레이어 헤어커트하기	5		
	레이어 헤어커트 마무리하기	4		
※ 3점 미만의 점수를 받은 문항이 있을 경우 직무수행 능력 부족으로 향상 학습이 요구되며 4점 이상의 점수를 받은 문항이 6개 이상일 경우 직무 수행 능력 우수로 심화학습이 요구 됨				

헤어커트 분석표

작성날짜 :　　　　　　　　　　　　작성자 :　　　　　　　　(인)

특징					
형태					
영역	세부영역				
	정면	뒷면	우측면	좌측면	앞머리
도해도	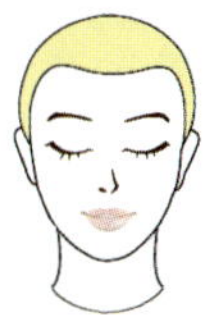	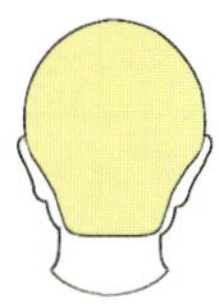	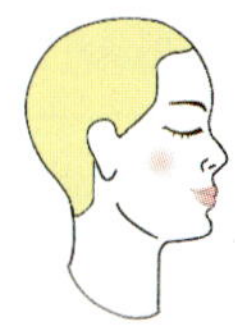	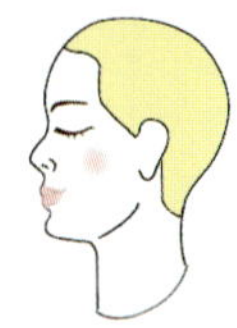	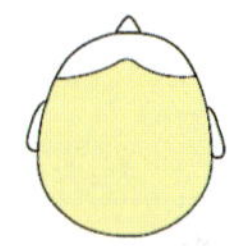
커트방향	가로 · 세로 · 사선	가로 · 세로 · 사선	가로 · 세로 · 사선	가로 · 세로 · 사선	가로 · 세로 · 사선
길이					
S · L	평행 · A · V	평행 · A · V	평행 · A · V	평행 · A · V	평행 · A · V
베이스					
시술각도					
질감					
비고					

※ 해당되는 곳에 O표 하거나 필요에 따라 작성 하세요.

<table>
<tr><th colspan="3">교과명 : 베이직 헤어커트 (　　　차) 수행 평가서</th></tr>
<tr><td>교수명
(학습자명)</td><td colspan="2"></td></tr>
<tr><td>학생명
(피 평가자명)</td><td colspan="2"></td></tr>
<tr><td>평가방법</td><td colspan="2">평가자 체크리스트</td></tr>
<tr><td>능력 단위명(코드)/
능력단위 요소명</td><td colspan="2">원랭스 헤어커트 〈1201010128_17v4〉</td></tr>
<tr><td rowspan="4">평가계획</td><td>• 평가 1　: (Pass/Fail)</td><td>날짜 : 20　년　월　일</td></tr>
<tr><td>• 재평가 2 : (Pass/Fail)</td><td>날짜 : 20　년　월　일</td></tr>
<tr><td>• 재평가 3 : (Pass/Fail)</td><td>날짜 : 20　년　월　일</td></tr>
<tr><td>• 최종 수행 완료 시점</td><td>〈　　번〉</td></tr>
<tr><td rowspan="2">학습내용
(단원명)</td><td></td><td></td></tr>
<tr><td></td><td></td></tr>
</table>

평가항목(수행준거)		성취수준 매우 미흡	부족	통과	우수	매우 우수
원랭스 헤어커트하기	1. 시술자는 고객에게 어깨 보, 커트보 등을 착용해 줄 수 있다.	①	②	③	④	⑤
	2. 시술자는 헤어커트 유형에 따라 모발의 수분 함량을 조절하거나 오염이 심한 모발은 사전 샴푸를 할 수 있다.	①	②	③	④	⑤
	3. 시술자는 헤어커트 도구 및 공간을 정리하여 작업을 준비할 수 있다.	①	②	③	④	⑤
	4. 시술자는 원랭스 스타일(수평, 사선)에 따라 블로킹과 섹션을 정확하게 사용할 수 있다.	①	②	③	④	⑤
	5. 시술자는 헤어 커트용 블런트 가위와 헤어커트 빗을 사용한 올바른 커트 동작으로 원랭스 블런트 커트를 완성할 수 있다.	①	②	③	④	⑤
	6. 시술자는 커트 후 양쪽의 밸런스 및 완성도를 체크할 수 있다.	①	②	③	④	⑤
원랭스 헤어커트 마무리하기	1. 시술자는 고객의 얼굴과 목 등에 남아있는 머리카락을 제거할 수 있다.	①	②	③	④	⑤
	2. 시술자는 헤어커트 후 고객 만족을 파악하여 필요한 경우 수정 및 보정 커트를 할 수 있다.	①	②	③	④	⑤
	3. 시술자는 헤어커트 후 원랭스 스타일에 따라 모발을 건조하여 마무리할 수 있다.	①	②	③	④	⑤
	4. 시술자는 사용한 헤어커트 도구는 청결하게 관리하고 주변을 정리 · 정돈할 수 있다.	①	②	③	④	⑤

[평가결과]

평가영역	평가 문항 수	3점 미만 수	3점 이상 수
원랭스 헤어커트하기	6		
원랭스 헤어커트 마무리하기	4		

※ 3점 미만의 점수를 받은 문항이 있을 경우 직무 수행 능력 부족으로 향상 학습이 요구되며 4점 이상의 점수를 받은 문항이 6개 이상일 경우 직무 수행 능력 우수로 심화학습이 요구됨.

교과명 : 베이직 헤어커트 (차) 수행 평가서

교수명 (학습자명)		
학생명 (피 평가자명)		
평가방법	평가자 체크리스트	
능력 단위명(코드)/ 능력단위 요소명	그래쥬에이션 헤어커트 〈1201010131_17v4〉	
평가계획	• 평가 1 : (Pass/Fail)	날짜 : 20 년 월 일
	• 재평가 2 : (Pass/Fail)	날짜 : 20 년 월 일
	• 재평가 3 : (Pass/Fail)	날짜 : 20 년 월 일
	• 최종 수행 완료 시점	〈 번〉
학습내용 (단원명)		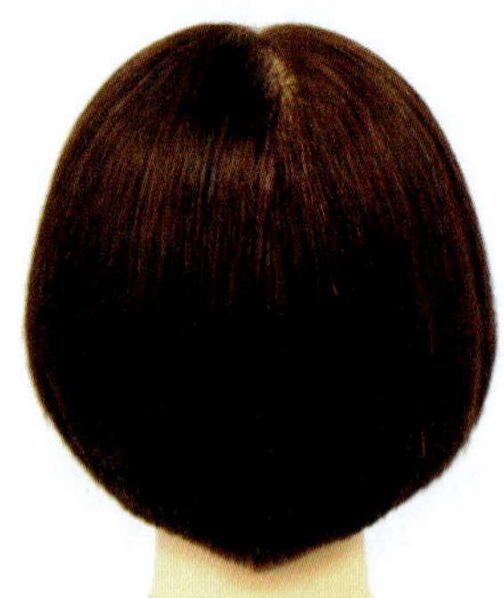

평가항목(수행준거)		성취수준 매우 미흡	부족	통과	우수	매우 우수
그래쥬에이션 헤어커트하기	1. 시술자는 모량조절이 필요한 부분에 틴닝 가위를 사용할 수 있다.	①	②	③	④	⑤
	2. 시술자는 빗과 커트도구를 정확하게 사용하여 그래쥬에이션 커트를 할 수 있다.	①	②	③	④	⑤
	3. 시술자는 그래쥬에이션 스타일에 따른 빗질의 방향과 각도를 조절할 수 있다.	①	②	③	④	⑤
	4. 시술자는 그래쥬에이션 스타일에 따른 블로킹과 섹션을 할 수 있다.	①	②	③	④	⑤
	5. 시술자는 가위 또는 클리퍼를 사용하여 아웃라인을 정리할 수 있다.	①	②	③	④	⑤
그래쥬에이션 헤어커트 마무리하기	1. 시술자는 고객의 얼굴과 목 등의 머리카락을 제거할 수 있다.	①	②	③	④	⑤
	2. 시술자는 헤어커트 후 고객 만족을 파악하여 필요한 경우 수정 및 보정 커트를 할 수 있다.	①	②	③	④	⑤
	3. 시술자는 그래쥬에이션 커트에 어울리는 스타일로 마무리 할 수 있다.	①	②	③	④	⑤
	4. 시술자는 사용한 헤어커트 도구는 청결하게 관리하고 주변을 정리 · 정돈할 수 있다.	①	②	③	④	⑤

[평가결과]

평가영역	평가 문항 수	3점 미만 수	3점 이상 수
그래쥬에이션 헤어커트하기	5		
그래쥬에이션 헤어커트 마무리하기	4		

※ 3점 미만의 점수를 받은 문항이 있을 경우 직무 수행 능력 부족으로 향상 학습이 요구되며 4점 이상의 점수를 받은 문항이 6개 이상일 경우 직무 수행 능력 우수로 심화학습이 요구됨.

<table>
<tr><th colspan="3">교과명 : 베이직 헤어커트 (　　차) 수행 평가서</th></tr>
<tr><td>교수명
(학습자명)</td><td colspan="2"></td></tr>
<tr><td>학생명
(피 평가자명)</td><td colspan="2"></td></tr>
<tr><td>평가방법</td><td colspan="2">평가자 체크리스트</td></tr>
<tr><td>능력 단위명(코드)/
능력단위 요소명</td><td colspan="2">레이어 헤어커트 〈1201010132_19v5〉</td></tr>
<tr><td rowspan="4">평가계획</td><td>• 평가 1　 : (Pass/Fail)</td><td>날짜 : 20　년　월　일</td></tr>
<tr><td>• 재평가 2 : (Pass/Fail)</td><td>날짜 : 20　년　월　일</td></tr>
<tr><td>• 재평가 3 : (Pass/Fail)</td><td>날짜 : 20　년　월　일</td></tr>
<tr><td>• 최종 수행 완료 시점</td><td>〈　　번〉</td></tr>
<tr><td rowspan="2">학습내용
(단원명)</td><td></td><td></td></tr>
<tr><td></td><td>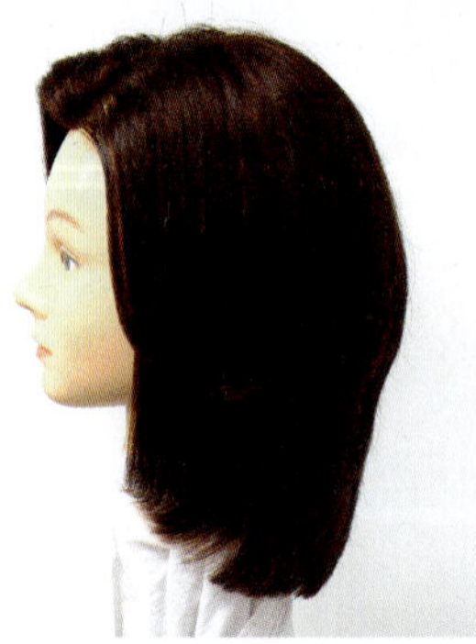</td></tr>
</table>

<table>
<tr><th colspan="2" rowspan="2">평가항목(수행준거)</th><th colspan="5">성취수준</th></tr>
<tr><th>매우 미흡</th><th>부족</th><th>통과</th><th>우수</th><th>매우 우수</th></tr>
<tr><td rowspan="4">레이어 헤어커트하기</td><td>1. 시술자는 레이어 헤어커트 스타일에 따른 블로킹 과 섹션을 할 수 있다.</td><td>①</td><td>②</td><td>③</td><td>④</td><td>⑤</td></tr>
<tr><td>2. 시술자는 레이어 헤어커트 스타일에 따른 빗질의 방향과 각도를 조절할 수 있다.</td><td>①</td><td>②</td><td>③</td><td>④</td><td>⑤</td></tr>
<tr><td>3. 시술자는 헤어커트 빗과 가위를 정확하게 사용하여 레이어 커트를 할 수 있다.</td><td>①</td><td>②</td><td>③</td><td>④</td><td>⑤</td></tr>
<tr><td>4. 시술자는 모량조절이 필요한 부분에 틴닝 가위를 사용할 수 있다.</td><td>①</td><td>②</td><td>③</td><td>④</td><td>⑤</td></tr>
<tr><td rowspan="4">레이어 헤어커트 마무리하기</td><td>1. 시술자는 고객의 얼굴과 목 등의 머리카락을 제거할 수 있다.</td><td>①</td><td>②</td><td>③</td><td>④</td><td>⑤</td></tr>
<tr><td>2. 시술자는 서비스 후 고객 만족도를 파악하여 필요한 경우 수정 · 보완커트를 할 수 있다.</td><td>①</td><td>②</td><td>③</td><td>④</td><td>⑤</td></tr>
<tr><td>3. 시술자는 서비스가 종료 된 후 사용한 헤어커트 도구와 주변을 즉시 정리 · 정돈할 수 있다.</td><td>①</td><td>②</td><td>③</td><td>④</td><td>⑤</td></tr>
<tr><td>4. 시술자는 레이어 헤어커트에 어울리게 헤어스타일을 마무리 할 수 있다.</td><td>①</td><td>②</td><td>③</td><td>④</td><td>⑤</td></tr>
</table>

[평가결과]

평가영역	평가 문항 수	3점 미만 수	3점 이상 수
레이어 헤어커트하기	4		
레이어 헤어커트 마무리하기	4		

※ 3점 미만의 점수를 받은 문항이 있을 경우 직무 수행 능력 부족으로 향상 학습이 요구되며 4점 이상의 점수를 받은 문항이 6개 이상일 경우 직무 수행 능력 우수로 심화학습이 요구됨.

참고 문헌

1) 국제헤어디자인연구회, 김영미 외(2011). "C.C.C 디자인 커트". 서울: 청구문화사. p.25

2) Pivot Point(2002). Hair sculpture ladies (S·A 헤어스컬프춰 레이디즈). 피봇포인트 코리아. pp.12~23

3) 김주섭·유세은(2018). Basic CUT. 서울: 구민사. p.69

4) 이수희·조상훈(2014). "NCS기본 교육에 따른 기초커트". 서울: 청구문화사. pp.15~19

5) 최은정·문금옥·임선희·최순옥·정애라(2017). "응용헤어 디자인 커트". 경기도: 광문각. p.29

6) 김선희·김동형(2011). "헤어 커트 디자인 드릴". 서울: 훈민사. pp.43~44

7) 최은정·문금옥·임선희·최순옥·정애라(2017). 앞의 책. p.33

8) 강갑연·최은정(2011). "디자인 헤어 커트". 경기도: 광문각. pp.45~46

9) 강갑연·최은정(2011). "디자인 헤어 커트". 경기도: 광문각. pp.38~39
김문주 외(2003). "Milady's Standard 표준미용학". 서울: 정담미디어. p.71~75

10) 홍도화 외(2006). "미용장 개론". 서울: 청구문화사. p.300

11) 김성철(2016). "이용사 필기/실기 시험문제". 서울: 크라운 출판사. p.110

12) 권오혁 외(2017). "미용사(일반)헤어 필기". 경기도: 메시디언. p.243

13) 이주영 외(2005). "기초에서 응용 및 실용단계까지 퍼머넨트 이론 및 실습". 서울: 형설출판사. pp.258~25

찾아 보기

* 이 외에도 p.78~85의 용어해설 참고

Index

ㅂ

ㅅ

ㅇ

교육역량 강화를 위한

베이직 헤어커트 Basic Hair Cut

2021년 3월 10일 초판 인쇄
2021년 3월 15일 초판 발행

저 자 박은준 · 권은실 · 김우빈 · 서예지 · 임미지
전근옥 · 차경희 · 최부경 · 최지연

발행인 주병오 / 주민기

발행처 메디시인

주 소 경기도 파주시 회동길 209
파주출판문화도시

영업팀 (031) 955 - 7566 · 7577
편집디자인팀 (031) 955 - 7731
F A X (031) 955 - 7730
홈페이지 www.ji-gu.co.kr
전자우편 jigupub@hanmail.net
등록번호 2005년 2월 16일 제 406-2005-000045호

ISBN 979-11-90839-19-8 값 28,000원